Lineare Algebra für die Informatik

Kurt-Ulrich Witt

Lineare Algebra für die Informatik

Vektorräume, Gleichungssysteme, Codierung, Quantenalgorithmen

Springer Vieweg

Kurt-Ulrich Witt
Hochschule Bonn-Rhein-Sieg
Sankt Augustin, Deutschland
kurt-ulrich.witt@h-brs.de

ISBN 978-3-658-00188-9
ISBN 978-3-658-00189-6 (eBook)
DOI 10.1007/978-3-658-00189-6

Die Deutsche Nationalbibliothek verzeichnet diese Publikation in der Deutschen Nationalbibliografie; detaillierte bibliografische Daten sind im Internet über http://dnb.d-nb.de abrufbar.

Springer Vieweg

Lektorat: Ulrike Schmickler-Hirzebruch | Barbara Gerlach

Gedruckt auf säurefreiem und chlorfrei gebleichtem Papier.

Springer Vieweg ist eine Marke von Springer DE. Springer DE ist Teil der Fachverlagsgruppe Springer Science+Business Media
www.springer-vieweg.de

Vorwort

Informations- und Kommunikationstechnologien basieren auf mathematischen Grundlagen. Professioneller und privater Einsatz und Gebrauch von Medien und Geräten wie z.B. das Internet, Smartphones, DVDs, digitaler Rundfunk und digitales Fernsehen, sind nur deshalb in der vorhandenen Qualität möglich, weil mathematisch abgesicherte Verfahren zu deren Sicherstellung zur Verfügung stehen und eingesetzt werden. Dieses Buch vermittelt Einsichten in grundlegende mathematische Konzepte und Methoden der Linearen Algebra, auf denen diese Verfahren beruhen. Am Beispiel fehlertoleranter Codierung von Daten wird einführend gezeigt, wie diese Konzepte und Methoden in der Praxis eingesetzt werden. Quantencomputing, Quanteninformation und Quantenrechner sind in letzter Zeit Themen, die in der wissenschaftlichen Literatur wie in populären Medien Aufmerksamkeit erzielen. Im letzten Kapitel zeigen wir am Beispiel einer Problemstellung elementare Ideen für den gewinnbringenden Einsatz von Quantenalgorithmen. Diese verwenden ebenfalls vorher dargestellte Konzepte und Methoden der Linearen Algebra. An den beiden Anwendungsszenarien wird deutlich, dass die Mathematik, hier das Gebiet der Linearen Algebra, zeitinvariante Konzepte, Methoden und Verfahren bereitstellt, mit denen IT-Technologien konzipiert, implementiert, angewendet und weiterentwickelt werden können.

Das Buch richtet sich an Bachelor-Studierende in Informatik-Studiengängen aller Art sowie an Bachelor-Studierende der Mathematik im Haupt- oder Nebenfach. Das Studium dieses Buches vermittelt nicht nur Wissen zu den oben genannten Gebieten, sondern die Auseinandersetzung mit seinen Inhalten schult die Fähigkeiten, abstrakt und logisch zu denken, sich klar und präzise auszudrücken, neue Probleme anzugehen und zu wissen, wann ein Problem noch nicht vollständig gelöst ist. Es liefert ein zeitinvariantes methodisches Rüstzeug für die Beschreibung und die Lösung von Problemen. Viele Lösungsansätze sind so aufbereitet, dass sie als Ausgangspunkt für den Entwurf von Algorithmen und deren Programmierung auf Rechnern dienen können.

Das Buch ist als Begleitlektüre zu entsprechenden Lehrveranstaltungen an Hochschulen aller Art und insbesondere zum Selbststudium geeignet. Jedes Kapitel beginnt mit einer seinen Inhalt motivierenden Einleitung und der Auflistung von Lernzielen, die durch das Studium des Kapitels erreicht werden sollen. Zusammenfassungen am Ende von Abschnitten oder am Ende von Kapiteln bieten Gelegenheit, den Stoff zu reflektieren. Die meisten Beweise sind vergleichsweise ausführlich und mit Querverweisen versehen, die die Zusammenhänge aufzeigen. Eingestreut sind über fünfzig Aufgaben, deren Bearbeitung zur Festigung des Wissens und zum Üben der dargestellten Methoden und Verfahren dienen. Zu fast allen Aufgaben sind am Ende des Buches oder im Text Musterlösungen aufgeführt. Die Aufgaben und Lösungen sind als integraler Bestandteil des Buches konzipiert. Wichtige Begriffe sind als Marginalien aufgeführt; der Platz zwischen den Marginalien bietet Raum für eigene Notizen. Unterschiedliche Schrifttypen für mathematische Symbole erleichtern deren Einordnung und tragen zum besseren Verständnis der Darstellungen bei. Im Anhang sind Definitionen und Eigenschaften von Rechenstrukturen aufgeführt, die in der Linearen Algebra verwendet werden.

Das Schreiben und das Publizieren eines solchen Buches ist nicht möglich ohne die Hilfe und ohne die Unterstützung von vielen Personen, von denen ich an dieser Stelle allerdings nur einige nennen kann: Als Erstes erwähne ich die Autoren der Publikationen, die ich im Literaturverzeichnis aufgeführt habe. Alle dort aufgeführten Werke habe ich für den einen oder anderen Aspekt verwendet. Ich kann sie allesamt für weitere ergänzende Studien empfehlen. Zu Dank verpflichtet bin ich auch vielen Studierenden, deren kritische Anmerkungen in meinen Lehrveranstaltungen zu Themen dieses Buches ich beim Schreiben berücksichtigt habe. Trotz dieser Hilfen wird das Buch Fehler und Unzulänglichkeiten enthalten. Diese verantworte ich allein – für Hinweise zu deren Beseitigung bin ich dankbar.

Die Publikation eines Buches ist nicht möglich ohne einen Verlag, der es herausgibt. Ich danke dem Springer-Verlag für die Bereitschaft der Publikation und insbesondere Frau Schmickler-Hirzebruch für ihre Ermunterung zur und ihre Unterstützung bei der Publikation des Buches.

Mein größter und herzlichster Dank gilt allerdings meiner Familie für den Freiraum, den sie mir für das Schreiben dieses Buches gegeben hat.

Bedburg, im August 2012

K.-U. Witt

Inhaltsverzeichnis

Einleitung 1

1 Vektorräume 3
1.1 Grundlegende Definitionen und Eigenschaften 3
1.2 Lineare Unabhängigkeit 8
1.3 Basis und Dimension eines Vektorraums 11
1.4 Lineare Abbildungen 15
1.5 Basistransformationen 22
1.6 Orthogonalräume 24
1.7 Zusammenfassung 28

2 Matrizen 29
2.1 Definitionen und elementare Eigenschaften 29
2.2 Elementare Matrizenoperationen 33
2.3 Rang einer Matrix 38
2.4 Zusammenfassung 41

3 Lineare Gleichungssysteme 43
3.1 Grundlegende Definitionen 43
3.2 Lösung linearer Gleichungssysteme 44
3.2.1 Zeilenreduktion 45
3.2.2 Gausssches Eliminationsverfahren 47
3.3 Gleichungssysteme als lineare Abbildungen 53
3.4 Zusammenfassung 54

4 Determinanten und invertierbare Matrizen 55
4.1 Determinanten 55
4.2 Invertierbare Matrizen 65
4.3 Hauptsätze für Determinanten 69
4.4 Basistransformationen und lineare Abbildungen (Fortsetzung) 73
4.5 Zusammenfassung 78

5 Einführung in die algebraische Codierungstheorie 79
5.1 Grundbegriffe 80
5.2 Einfache Block-Codes 82
5.2.1 Repetitionscode 84
5.2.2 Codes mit Paritätsbit 84
5.2.3 Codes mit Blocksicherung 85
5.2.4 Zusammenfassung 86
5.3 Linearcodes 86
5.3.1 Grundlegende Definitionen 87
5.3.2 Fehlererkennung 89
5.3.3 Fehlerkorrektur 92
5.3.4 Zusammenfassung 97

5.4 Perfekte Codes 97
5.4.1 Triviale perfekte Codes 100
5.4.2 Hamming-Codes 101
5.4.3 Zusammenfassung 104
5.5 Prüfzeichencodierung 104
5.5.1 Prüfzeichenverfahren: Definitionen und allgemeine Eigenschaften 105
5.5.2 Prüfziffernsysteme 106
5.5.3 ISBN-Codierung 109
5.5.4 EAN-Codierung 113
5.5.5 Zusammenfassung 116

6 Quantenalgorithmen 117
6.1 Quantenzustände, Tensorprodukte und unitäre Matrizen . . 117
6.1.1 Quantenzustände 117
6.1.2 Tensorprodukte 120
6.1.3 Unitäre Matrizen 121
6.2 Quantenbits 124
6.3 Zwei Beispiele für Quantenalgorithmen 133
6.3.1 Der Deutsch-Algorithmus 133
6.3.2 Der Deutsch-Jozsa-Algorithmus 138
6.4 Zusammenfassung 141

A Anhang: Algebraische Strukturen 143
A.1 Halbgruppen, Monoide, Gruppen 143
A.2 Alphabete und Wörter 144
A.3 Ringe, Integritätsbereiche 145
A.4 Körper 147

Lösungen zu den Aufgaben 149

Literatur 181

Stichwortverzeichnis 183

Einleitung

Dieses Buch stellt algebraische Konzepte, Methoden und Verfahren vor, welche Grundlage für viele Anwendungen der Informatik sind. Im ersten Teil betrachten wir Vektorräume und lineare Gleichungssysteme. Wir werden sehen, dass Vektorräume und lineare Gleichungssysteme in Zusammenhang stehen, und wir werden Matrizen und Determinanten als wichtige Hilfsmittel für die Beschreibung und Lösung von Gleichungssystemen kennen lernen. Im zweiten Teil beschäftigen wir uns einführend mit der Codierung von Nachrichten sowie beispielhaft mit Grundideen von Quantenalgorithmen. Wir betrachten insbesondere Linearcodes. Linearcodes werden in der Praxis zur fehlertoleranten Nachrichtenübertragung und -speicherung eingesetzt und haben wesentliche Bedeutung bei der fehlertoleranten Speicherung und Übertragung von Daten. Quantenalgorithmen, Quantencomputing und Quanteninformation sind Themen, die in der letzten Zeit eine gewisse Popularität gewonnen haben. Wir werden am Ende des Buches ein Problem kennen lernen, welches mithilfe eines Quantenalgorithmus in einem gewissen Sinne effizienter gelöst werden kann, als das auf den heute verfügbaren Rechnertechnologien möglich ist. Dabei werden bestimmte Arten von Matrizen eine Rolle spielen.

Lernziele

Nach dem Durcharbeiten dieses Buches sollten Sie

- grundlegende Begriffe und Eigenschaften von Vektorräumen und Matrizen kennen,
- Elementarmatrizen kennen sowie diese für die Bestimmung des Rangs einer Matrix, bei der Berechnung von Determinanten und der Lösung von Gleichungssystemen anwenden können,
- die Lösbarkeit von linearen Gleichungssystemen feststellen und gegebenenfalls die Lösungen bestimmen können,
- die Bedeutung der Determinante für die Lösbarkeit von Gleichungssystemen und die Invertierbarkeit von Matrizen kennen,
- Verfahren zur Berechnung von Determinanten kennen und anwenden können,
- wissen, wie man die Invertierbarkeit einer Matrix feststellen und gegebenenfalls deren Inverse berechnen kann,
- die Grundprinzipien der fehlertoleranten algebraischen Codierung mit Linearcodes verstehen und anwenden können,
- Beispiele für Linearcodes aus der Praxis kennen und deren Eigenschaften erklären können,
- am Beispiel des Deutsch-Algorithmus elementare Eigenschaften von Quantenalgorithmen erklären können.

Die Beschäftigung mit Themen, die in diesem Buch behandelt werden, setzt Kenntnisse über „alltägliche“ Rechenstrukturen wie Gruppen, Ringe, Integritätsbereiche und Körper voraus. Deshalb werden im Anhang diese Strukturen und einige ihrer Eigenschaften, die im Verlaufe dieses Buches verwendet werden, aufgelistet. Ich empfehle Ihnen, sich damit vertraut zu machen, bevor Sie mit dem Studium des Buches beginnen.

1 Vektorräume

Wir betrachten eine algebraische Struktur mit zwei Trägermengen, in der eine additive Gruppe und ein Körper miteinander verknüpft werden. Auf die geometrische Interpretation von Vektoren und deren Eigenschaften gehen wir dabei nicht ein.

Lernziele

Nach dem Durcharbeiten dieses Kapitels sollten Sie

- die Vektorraumaxiome kennen und Beispiele für Vektorräume nennen können,
- überprüfen können, ob eine Untermenge von Vektoren eines Vektorraums einen Unterraum dieses Raumes bildet,
- den Begriff der linearen Unabhängigkeit von Vektoren erklären und überprüfen können,
- die Begriffe Basis und Dimension von Vektorräumen erläutern können,
- wissen, was eine lineare Abbildung ist, und Beispiele dafür angeben und überprüfen können, ob eine gegebene Abbildung zwischen Vektorräumen eine lineare Abbildung oder sogar ein Isomorphismus ist,
- Basiswechsel und Koordinatentransformationen durchführen können,
- wissen, was der Orthogonalraum eines Unterraums ist.

1.1 Grundlegende Definitionen und Eigenschaften

Vektorraum
Vektor
Nullvektor
Skalar

Definition 1.1 **a)** Es sei $\mathcal{V}$ eine additive abelsche Gruppe, deren Verknüpfung wir mit $+_{\mathcal{V}}$ notieren wollen, und $\mathcal{K}$ sei ein Körper, dessen additive Verknüpfung wir mit $+_{\mathcal{K}}$ und dessen multiplikative Verknüpfung wir mit $\cdot$ notieren wollen und der das additive Einselement 0 und das multiplikative Einselement 1 besitzt.

Gibt es eine Verknüpfung $* : \mathcal{K} \times \mathcal{V} \to \mathcal{V}$ mit den Eigenschaften

$$1 * \mathbf{x} = \mathbf{x} \qquad \text{für } \mathbf{x} \in \mathcal{V} \tag{1.1}$$

$$\alpha * (\mathbf{x} +_{\mathcal{V}} \mathbf{y}) = \alpha * \mathbf{x} +_{\mathcal{V}} \alpha * \mathbf{y} \qquad \text{für } \alpha \in \mathcal{K},\ \mathbf{x}, \mathbf{y} \in \mathcal{V} \tag{1.2}$$

$$(\alpha +_{\mathcal{K}} \beta) * \mathbf{x} = \alpha * \mathbf{x} +_{\mathcal{V}} \beta * \mathbf{x} \qquad \text{für } \alpha, \beta \in \mathcal{K},\ \mathbf{x} \in \mathcal{V} \tag{1.3}$$

$$(\alpha \cdot \beta) * \mathbf{x} = \alpha * (\beta * \mathbf{x}) \qquad \text{für } \alpha, \beta \in \mathcal{K},\ \mathbf{x} \in \mathcal{V} \tag{1.4}$$

so heißt $\mathcal{V}$ ein *Vektorraum* über $\mathcal{K}$. Die Elemente von $\mathcal{V}$ heißen *Vektoren*, die Elemente von $\mathcal{K}$ heißen *Skalare*. Das additive Einselement von $\mathcal{V}$ notieren wir mit $\mathbf{0}$ und nennen dieses den *Nullvektor* von $\mathcal{V}$.

b) $\mathcal{U} \subseteq \mathcal{V}$ heißt *Teil-* oder *Unterraum* von $\mathcal{V}$, falls $\mathcal{U}$ einen Vektorraum über $\mathcal{K}$ bildet, d.h. die Axiome (1.1 – 1.4) erfüllt. □

Wenn im Folgenden klar ist, welche Addition gemeint ist, lassen wir die Indizes bei der Addition weg, unterscheiden also die Vektor- und die Körperaddition äußerlich nicht. Ebenso notieren wir die Operation „$*$" zwischen Skalaren und Vektoren mit dem üblichen Multiplikationssymbol „$\cdot$" und nennen diese Operation ebenfalls Multiplikation oder *skalare Multiplikation.*

Skalare Multiplikation

Beispiel 1.1 Es sei $a, b \in \mathbb{R}$ mit $a < b$. Dann bildet die Menge $\mathbb{R}^{[a,b]}$ der Abbildungen des Intervalls $[a, b] \subseteq \mathbb{R}$ in die Menge $\mathbb{R}$ einen Vektorraum über $\mathbb{R}$, wenn wir für Abbildungen $\mathbf{f}, \mathbf{g} \in \mathbb{R}^{[a,b]}$ Folgendes festlegen:

$$(\mathbf{f} + \mathbf{g})(x) = \mathbf{f}(x) + \mathbf{g}(x) \qquad \text{für } x \in [a, b] \tag{1.5}$$

$$(\alpha * \mathbf{f})(x) = \alpha \cdot \mathbf{f}(x) \qquad \text{für } \alpha \in \mathbb{R},\ x \in [a, b] \tag{1.6}$$

Zunächst müssen wir überlegen, dass $\mathbb{R}^{[a,b]}$ mit der in Gleichung (1.5) festgelegten Addition eine abelsche Gruppe bildet: Aus (1.5) folgt unmittelbar, dass die Addition von Funktionen aus $\mathbb{R}^{[a,b]}$ abgeschlossen ist: Sind $\mathbf{f}, \mathbf{g} \in \mathbb{R}^{[a,b]}$, dann ist auch $\mathbf{f}+\mathbf{g} \in \mathbb{R}^{[a,b]}$. Die Addition ist assoziativ und kommutativ; das Einselement ist die Nullfunktion $\boldsymbol{\mathcal{O}}$ definiert durch $\boldsymbol{\mathcal{O}}(x) = 0$ für alle $x \in [a, b]$; das inverse Element zur Funktion $\mathbf{f}$ ist die Funktion $\mathbf{f}^{-1}$ definiert durch $\mathbf{f}^{-1}(x) = -\mathbf{f}(x)$.

Nun überprüfen wir die Vektorraumaxiome (1.1 – 1.4):

Für alle Abbildungen $\mathbf{f}$ gilt $(1 * \mathbf{f})(x) = 1 \cdot \mathbf{f}(x) = \mathbf{f}(x)$, also gilt $1 * \mathbf{f} = \mathbf{f}$ für alle $\mathbf{f} \in \mathbb{R}^{[a,b]}$, damit ist Axiom (1.1) erfüllt.

Es gilt

$$\begin{aligned}
(\alpha * (\mathbf{f} + \mathbf{g}))(x) &= \alpha \cdot (\mathbf{f} + \mathbf{g})(x) && \text{wegen (1.6)}\\
&= \alpha \cdot (\mathbf{f}(x) + \mathbf{g}(x)) && \text{wegen (1.5)}\\
&= \alpha \cdot \mathbf{f}(x) + \alpha \cdot \mathbf{g}(x) && \text{wegen Distributivität in } \mathbb{R}\\
&= (\alpha * \mathbf{f})(x) + (\alpha * \mathbf{g})(x) && \text{wegen (1.6)}\\
&= (\alpha * \mathbf{f} + \alpha * \mathbf{g})(x) && \text{wegen (1.5)}
\end{aligned}$$

woraus folgt, dass $\alpha * (\mathbf{f} + \mathbf{g}) = \alpha * \mathbf{f} + \alpha * \mathbf{g}$ ist, womit Axiom (1.2) erfüllt ist.

Es gilt

$$\begin{aligned}
((\alpha + \beta) * \mathbf{f})(x) &= (\alpha + \beta) \cdot \mathbf{f}(x) && \text{wegen (1.6)}\\
&= \alpha \cdot \mathbf{f}(x) + \beta \cdot \mathbf{f}(x) && \text{wegen Distributivität in } \mathbb{R}\\
&= (\alpha * \mathbf{f})(x) + (\beta * \mathbf{f})(x) && \text{wegen (1.6)}\\
&= (\alpha * \mathbf{f} + \beta * \mathbf{f})(x) && \text{wegen (1.5)}
\end{aligned}$$

woraus $(\alpha + \beta) * \mathbf{f} = \alpha * \mathbf{f} + \beta * \mathbf{f}$ folgt, womit Axiom (1.3) gezeigt ist.

Es gilt

$$\begin{aligned} ((\alpha \cdot \beta) * \mathbf{f})(x) &= (\alpha \cdot \beta) \cdot \mathbf{f}(x) && \text{wegen (1.6)} \\ &= \alpha \cdot (\beta \cdot \mathbf{f}(x)) && \text{wegen Assoziativität in } \mathbb{R} \\ &= \alpha \cdot (\beta * \mathbf{f})(x) && \text{wegen (1.6)} \\ &= (\alpha * (\beta * \mathbf{f}))(x) && \text{wegen (1.6)} \end{aligned}$$

Damit gilt $(\alpha \cdot \beta) * \mathbf{f} = \alpha * (\beta * \mathbf{f})$, und Axiom (1.4) ist auch erfüllt. □

Folgerung 1.1 **a)** Sei $\mathcal{K}$ ein Körper. Dann bildet $\mathcal{K}^n$ für alle $n \in \mathbb{N}$ einen Vektorraum über $\mathcal{K}$, wenn die Addition $\mathbf{x} + \mathbf{y}$ von $\mathbf{x} = (x_1, \ldots, x_n) \in \mathcal{K}^n$ und $\mathbf{y} = (y_1, \ldots, y_n) \in \mathcal{K}^n$ komponentenweise definiert ist durch

$$\mathbf{x} + \mathbf{y} = (x_1 + y_1, \ldots, x_n + y_n)$$

und die skalare Multiplikation $\alpha * \mathbf{x}$ mit $\alpha \in \mathcal{K}$ ebenfalls komponentenweise definiert ist durch

$$\alpha * \mathbf{x} = (\alpha \cdot x_1, \ldots, \alpha \cdot x_n)$$

b) Sei $\mathcal{K}$ ein Körper und sei $\mathcal{K}[x]^{(n)}$ die Menge der Polynome über $\mathcal{K}$ mit einem Grad kleiner n. Dann bildet $\mathcal{K}[x]^{(n)}$ einen Vektorraum über $\mathcal{K}$. □

n-dimensionaler Raum $\mathbb{R}^n$

Aus obiger Folgerung a) folgt unmittelbar, dass $\mathbb{R}^n$ für alle $n \in \mathbb{N}$ einen Vektorraum über dem Körper $\mathbb{R}$, den sogenannten *n-dimensionalen Raum*, bildet.

Entsprechend bildet $\mathbb{F}_p^n$ mit $p \in \mathbb{P}$ bei komponentenweiser Addition und Multiplikation einen Vektorraum über $\mathbb{F}_p$. Der Fall $p = 2$ wird uns bei der Codierung noch intensiv beschäftigen, und $\mathbb{F}_{11}^{10}$ bildet den Vektorraum, in dem die ISBN-Codierung stattfindet, auf die wir ebenfalls noch eingehen werden.

Übungsaufgaben

1.1 Sei M eine Menge und $\mathcal{V} = \mathcal{P}(M)$ die Potenzmenge von M. Wir setzen für $\mathbf{A}, \mathbf{B} \in \mathcal{V}$

$$\mathbf{A} + \mathbf{B} = (\mathbf{A} - \mathbf{B}) \cup (\mathbf{B} - \mathbf{A})$$

sowie

$$0 * \mathbf{A} = \emptyset \tag{1.7}$$

$$1 * \mathbf{A} = \mathbf{A} \tag{1.8}$$

$\mathbf{A} + \mathbf{B}$ ist die sogenannte symmetrische Differenz der beiden Mengen $\mathbf{A}$ und $\mathbf{B}$. Alternative Möglichkeiten zur Festlegung dieser Operation sind

$$\begin{aligned}\mathbf{A}+\mathbf{B} &= (\mathbf{A}\cup\mathbf{B})-(\mathbf{A}\cap\mathbf{B})\\ &= (\mathbf{A}\cap\overline{\mathbf{B}})\cup(\mathbf{B}\cap\overline{\mathbf{A}})\end{aligned}$$

Zeigen Sie, dass $\mathcal{V}$ einen Vektorraum über $\mathbb{F}_2$ bildet! □

Der folgende Satz listet elementare Regeln für das Rechnen mit Vektoren auf.

Satz 1.1 Sei $\mathcal{V}$ ein Vektorraum über dem Körper $\mathcal{K}$ sowie $\alpha, \beta \in \mathcal{K}$ und $\mathbf{a}, \mathbf{b} \in \mathcal{V}$. Dann gilt:

a) $\alpha * \mathbf{0} = \mathbf{0}$.

b) $\alpha * (-\mathbf{a}) = -(\alpha * \mathbf{a})$.

c) $0 * \mathbf{a} = \mathbf{0}$.

d) $(-1) * \mathbf{a} = -\mathbf{a}$.

e) Ist $\mathbf{a} = \alpha * \mathbf{b}$ und $\mathbf{b} = \beta * \mathbf{a}$ mit $\alpha \neq 0$ und $\beta \neq 0$, dann ist $\beta = \alpha^{-1}$.

Beweis **a)** Es gilt mit Axiom (1.2) und Kürzungsregel in $\mathcal{V}$:

$$\begin{aligned}\alpha * \mathbf{0} = \alpha * (\mathbf{0}+\mathbf{0}) \quad &\text{genau dann, wenn } \alpha * \mathbf{0} = \alpha * \mathbf{0} + \alpha * \mathbf{0}\\ &\text{genau dann, wenn } \mathbf{0} + \alpha * \mathbf{0} = \alpha * \mathbf{0} + \alpha * \mathbf{0}\\ &\text{genau dann, wenn } \mathbf{0} = \alpha * \mathbf{0}\end{aligned}$$

b) Es gilt mit a) und Axiom (1.2):

$$\begin{aligned}\alpha * \mathbf{0} = \mathbf{0} \quad &\text{genau dann, wenn } \alpha * (\mathbf{a} + (-\mathbf{a})) = \mathbf{0}\\ &\text{genau dann, wenn } \alpha * \mathbf{a} + \alpha * (-\mathbf{a}) = \mathbf{0}\\ &\text{genau dann, wenn } \alpha * (-\mathbf{a}) = -(\alpha * \mathbf{a})\end{aligned}$$

c) Es gilt mit Axiom (1.3), b) und Axiom (1.1):

$$0 * \mathbf{a} = (1-1) * \mathbf{a} = 1 * \mathbf{a} + (-1) * \mathbf{a} = 1 * \mathbf{a} + (-(1 * \mathbf{a})) = \mathbf{a} + (-\mathbf{a}) = \mathbf{0}$$

d) Es gilt mit c) sowie den Axiomen (1.3) und (1.1):

$$\mathbf{0} = \mathbf{0} * \mathbf{a} = (1 +_{\mathcal{K}} (-_{\mathcal{K}}1)) * \mathbf{a} = 1 * \mathbf{a} +_{\mathcal{V}} (-_{\mathcal{K}}1) * \mathbf{a} = \mathbf{a} +_{\mathcal{V}} (-_{\mathcal{K}}1) * \mathbf{a}$$

Daraus folgt $(-_{\mathcal{K}}1) * \mathbf{a} = -_{\mathcal{V}}\mathbf{a}$ und damit (mit Weglassen der Operationsindizes) $(-1) * \mathbf{a} = -\mathbf{a}$.

e) Es gilt mit den Axiomen (1.4) und (1.1):

$$\begin{aligned}\mathbf{a} = \alpha * \mathbf{b} \quad &\text{genau dann, wenn } \mathbf{a} = \alpha * (\beta * \mathbf{a})\\ &\text{genau dann, wenn } \mathbf{a} = (\alpha \cdot \beta) * \mathbf{a})\\ &\text{genau dann, wenn } (\alpha \cdot \beta) = 1\\ &\text{genau dann, wenn } \beta = \alpha^{-1}\end{aligned}$$

□

Jeder Vektorraum $\mathcal{V}$ besitzt zwei „triviale" Unterräume, nämlich $\mathcal{U} = \{\mathbf{0}\}$ und $\mathcal{U} = \mathcal{V}$.

Der folgende Satz gibt eine notwendige und hinreichende Bedingung dafür an, dass eine Untermenge von Vektoren eines Vektorraums einen Unterraum dieses Raumes bildet.

Satz 1.2 Sei $\mathcal{V}$ ein Vektorraum über dem Körper $\mathcal{K}$, dann gilt: $\mathcal{U} \subseteq \mathcal{V}$ ist genau dann ein Unterraum von $\mathcal{V}$, wenn für alle $\alpha, \beta \in \mathcal{K}$ und alle $\mathbf{a}, \mathbf{b} \in \mathcal{U}$ gilt: $\alpha * \mathbf{a} + \beta * \mathbf{b} \in \mathcal{U}$.

Beweis „$\Rightarrow$": Sei $\mathcal{U}$ Unterraum von $\mathcal{V}$. Dann ist $\alpha * \mathbf{a} \in \mathcal{U}$ für jedes $\mathbf{a} \in \mathcal{U}$ und jedes $\alpha \in \mathcal{K}$ sowie $\beta * \mathbf{b} \in \mathcal{U}$ für jedes $\mathbf{b} \in \mathcal{U}$ und jedes $\beta \in \mathcal{K}$. Wegen der Abgeschlossenheit von $\mathcal{U}$ ist auch $\alpha * \mathbf{a} + \beta * \mathbf{b} \in \mathcal{U}$.

„$\Leftarrow$": Für alle $\alpha, \beta \in \mathcal{K}$ und alle $\mathbf{a}, \mathbf{b} \in \mathcal{U}$ gelte $\alpha * \mathbf{a} + \beta * \mathbf{b} \in \mathcal{U}$. Wir zeigen, dass dann $\mathcal{U}$ ein Vektorraum ist, d.h. die Vektorraumaxiome erfüllt sind:

(1) Wähle $\alpha = 1$, $\mathbf{a} = \mathbf{x}$ und $\beta = 0$, dann ist $1 * \mathbf{x} = \mathbf{x}$ für alle $\mathbf{x} \in \mathcal{U}$.

(2) Wähle $\beta = \alpha$ und $\mathbf{a} = \mathbf{x}$ und $\mathbf{b} = \mathbf{y}$, dann ist $\alpha * (\mathbf{x} + \mathbf{y}) = \alpha * \mathbf{x} + \alpha * \mathbf{y}$.

(3) Wähle $\mathbf{a} = \mathbf{b} = \mathbf{x}$, dann ist $(\alpha + \beta) * \mathbf{x} = \alpha * \mathbf{x} + \beta * \mathbf{x}$.

(4) Wähle $\alpha = \gamma \cdot \delta$, $\beta = 0$ sowie $\mathbf{a} = \mathbf{x}$ und $\mathbf{b} = \mathbf{y}$, dann ist $\gamma * (\delta * \mathbf{x}) = (\gamma \cdot \delta) * \mathbf{x} = \alpha * \mathbf{x} + \beta * \mathbf{y}$. □

Übungsaufgaben

1.2 **a)** Wir betrachten den Vektorraum $\mathbb{R}^2$ über dem Körper $\mathbb{R}$. Bilden die folgenden Teilmengen $U_1, U_2 \subseteq \mathbb{R}^2$ Unterräume von $\mathbb{R}^2$?

$$U_1 = \{\, (x, y) \mid 3x - 4y = 0 \,\}$$
$$U_2 = \{\, (x, y) \mid x - 2y = 1 \,\}$$

Beweisen Sie Ihre Antworten!

b) Zeigen Sie, dass die Menge der Unterräume eines Vektorraums abgeschlossen gegen Durchschnittsbildung ist! □

Der folgende Satz besagt, dass die skalaren Vielfachen eines Vektors einen Unterraum bilden.

Satz 1.3 Sei $\mathcal{V}$ ein Vektorraum über dem Körper $\mathcal{K}$ und $\mathbf{x} \in \mathcal{V}$. Dann gilt:

a) $\mathit{Span}_{\mathcal{K}}(\mathbf{x}) = \{\, \mathbf{y} \mid \mathbf{y} = \alpha * \mathbf{x},\ \alpha \in \mathcal{K} \,\}$ ist ein Unterraum von $\mathcal{V}$.

b) Sei $\mathbf{y} \in \mathit{Span}_{\mathcal{K}}(\mathbf{x})$ mit $\mathbf{y} \neq \mathbf{0}$. Dann ist $\mathit{Span}_{\mathcal{K}}(\mathbf{x}) = \mathit{Span}_{\mathcal{K}}(\mathbf{y})$ (jedes Element von $\mathit{Span}_{\mathcal{K}}(\mathbf{x})$ – außer dem Nullvektor – kann also als „Vertreter" dieses Unterraums gewählt werden). □

Definition 1.2 Es sei $\mathcal{V}$ ein Vektorraum über $\mathcal{K}$ sowie $\alpha_1, \ldots, \alpha_m \in \mathcal{K}$ und $\mathbf{a_1}, \ldots, \mathbf{a_m} \in \mathcal{V}$, $m \geq 1$. Dann heißt

$$\mathbf{a} = \sum_{i=1}^{m} \alpha_i \mathbf{a_i} = \alpha_1 \mathbf{a_1} + \ldots + \alpha_m \mathbf{a_m}$$

Triviale und nicht triviale Linearkombinationen

eine *Linearkombination* von $\mathbf{a_1}, \ldots, \mathbf{a_m}$. Ist $\alpha_1 = \ldots = \alpha_m = 0$, dann heißt die Linearkombination *trivial*, ansonsten *nicht trivial*. □

Der folgende Satz ist eine Verallgemeinerung der Aussage a) in Satz 1.3.

Satz 1.4 Sei $\mathcal{V}$ ein Vektorraum über dem Körper $\mathcal{K}$ und

$$A = \{\, \mathbf{x_1}, \ldots, \mathbf{x_m} \,\} \subseteq \mathcal{V}$$

eine nicht leere Menge von Vektoren aus $\mathcal{V}$. Dann ist

$$Span_{\mathcal{K}}(A) = \{\, \alpha_1 \mathbf{x_1} + \alpha_2 \mathbf{x_2} + \ldots + \alpha_m \mathbf{x_m} \mid \alpha_i \in \mathcal{K},\ 1 \leq i \leq m \,\} \tag{1.9}$$

ein Unterraum von $\mathcal{V}$. □

Übungsaufgaben

1.3 Beweisen Sie (1) Satz 1.3 a) und b) sowie (2) Satz 1.4! □

Aufgespannter Vektorraum

Definition 1.3 Sei $\mathcal{V}$ ein Vektorraum über dem Körper $\mathcal{K}$ und $A = \{\, \mathbf{x_1}, \ldots, \mathbf{x_m} \,\} \subseteq \mathcal{V}$ mit $A \neq \emptyset$. Dann heißt $Span_{\mathcal{K}}(A)$ der von A in $\mathcal{V}$ über $\mathcal{K}$ *aufgespannte Vektorraum.* □

Der Satz 1.4 besagt also, dass die Menge der Linearkombinationen von Vektoren eines Vektorraums immer einen – den von diesen Vektoren aufgespannten – Unterraum bildet.

1.2 Lineare Unabhängigkeit

Definition 1.4 Sei $\mathcal{V}$ Vektorraum über $\mathcal{K}$. Die Vektoren $\mathbf{a_1}, \ldots, \mathbf{a_m} \in \mathcal{V}$ heißen *linear abhängig*, falls es eine nicht triviale Linearkombination gibt mit

Lineare Unabhängigkeit
Lineare Abhängigkeit

$$\alpha_1 \mathbf{a_1} + \ldots + \alpha_m \mathbf{a_m} = \mathbf{0}$$

Sie heißen *linear unabhängig*, falls sie nicht linear abhängig sind, d.h. die Linearkombination $\alpha_1 \mathbf{a_1} + \ldots + \alpha_m \mathbf{a_m}$ ist dann und nur dann gleich $\mathbf{0}$, falls $\alpha_i = 0$ ist für alle i, $1 \leq i \leq m$. □

Der folgende Satz gibt eine hinreichende und notwendige Bedingung für die lineare Abhängigkeit einer Menge von Vektoren an.

Satz 1.5 Sei $\mathcal{V}$ Vektorraum über $\mathcal{K}$, dann sind die Vektoren $\mathbf{a_1}, \ldots, \mathbf{a_m} \in \mathcal{V}$ linear abhängig genau dann, wenn mindestens ein Vektor $\mathbf{a_i}$ Linearkombination der anderen ist:

$$\mathbf{a_i} = \sum_{j=1, j\neq i}^{m} \alpha_j \mathbf{a_j}$$

Beweis „$\Rightarrow$": Seien $\mathbf{a_1}, \ldots, \mathbf{a_m}$ linear abhängig. Dann gibt es eine nicht triviale Linearkombination $\sum_{j=1}^{m} \beta_j \mathbf{a_j} = \mathbf{0}$, d.h. es gibt mindestens ein i, $1 \leq i \leq m$, mit $\beta_i \neq 0$. Dann gilt:

$$\begin{aligned} \sum_{j=1}^{m} \beta_j \mathbf{a_j} = \mathbf{0} \text{ genau dann, wenn } & \beta_i \mathbf{a_i} = -\sum_{j=1, j\neq i}^{m} \beta_j \mathbf{a_j} \\ \text{genau dann, wenn } & \mathbf{a_i} = -\beta_i^{-1} \sum_{j=1, j\neq i}^{m} \beta_j \mathbf{a_j} \end{aligned}$$

Wir setzen $\alpha_j = -\beta_j \beta_i^{-1}$, $1 \leq j \leq m$, $j \neq i$. Dann gilt $\mathbf{a_i} = \sum_{j=1, j\neq i}^{m} \alpha_j \mathbf{a_j}$, was zu zeigen war.

„$\Leftarrow$: Es sei $\mathbf{a_i} = \sum_{j=1, j\neq i}^{m} \alpha_j \mathbf{a_j}$. Daraus folgt:

$$-\alpha_1 \mathbf{a_1} - \ldots - \alpha_{i-1} \mathbf{a_{i-1}} + 1 \cdot \mathbf{a_i} - \alpha_{i+1} \mathbf{a_{i+1}} - \ldots - \alpha_m \mathbf{a_m} = \mathbf{0}$$

Da $1 \neq 0$ ist, ist dies eine nicht triviale Linearkombination, die $\mathbf{0}$ ergibt, d.h. die Vektoren $\mathbf{a_1}, \ldots, \mathbf{a_m}$ sind linear abhängig. □

Aus dem Satz folgt unmittelbar

Folgerung 1.2 Eine Menge von Vektoren ist linear unabhängig genau dann, wenn sich keines ihrer Elemente als Linearkombination der anderen Elemente darstellen lässt. □

Für die folgenden Aussagen und Definitionen ist der folgende Satz ein wesentlicher Ausgangspunkt.

Satz 1.6 Es seien die Vektoren $\mathbf{a_1}, \ldots, \mathbf{a_m}$ linear abhängig und die Vektoren $\mathbf{a_1}, \ldots, \mathbf{a_r}$, $1 \leq r \leq m$, (durch Umnummerierung immer erreichbar) linear unabhängig, dann ist mindestens einer der Vektoren $\mathbf{a_{r+1}}, \ldots, \mathbf{a_m}$ als Linearkombination der übrigen $m-1$ Vektoren darstellbar.

Beweis Da die Vektoren $\mathbf{a_1}, \ldots, \mathbf{a_m}$ linear abhängig sind, gibt es eine nicht triviale Linearkombination

$$\alpha_1 \mathbf{a_1} + \ldots + \alpha_r \mathbf{a_r} + \alpha_{r+1} \mathbf{a_{r+1}} + \ldots + \alpha_m \mathbf{a_m} = \mathbf{0}$$

Wären alle $\alpha_i = 0$ mit $r+1 \leq i \leq m$, dann wäre

$$\alpha_1 \mathbf{a_1} + \ldots + \alpha_r \mathbf{a_r} = \mathbf{0}$$

eine nicht triviale Linearkombination, was ein Widerspruch zur linearen Unabhängigkeit der Vektoren $\mathbf{a_1}, \ldots, \mathbf{a_r}$ wäre. Somit existiert also mindestens ein i mit $r+1 \leq i \leq m$, so dass $\alpha_i \neq 0$ ist, womit sich $\mathbf{a_i}$ als Linearkombination der anderen Vektoren darstellen lässt. □

Satz 1.7 Sei $\mathcal{V}$ ein Vektorraum über dem Körper $\mathcal{K}$ und $\{\mathbf{a_1}, \ldots, \mathbf{a_m}\} \subseteq \mathcal{V}$ eine Menge linear abhängiger Vektoren, d.h. es gebe also mindestens einen Vektor $\mathbf{a} \in \{\mathbf{a_1}, \ldots, \mathbf{a_m}\}$, der Linearkombination der anderen ist, dann gilt:

$$Span_{\mathcal{K}}(\{\mathbf{a_1}, \ldots, \mathbf{a_m}\}) = Span_{\mathcal{K}}(\{\mathbf{a_1}, \ldots, \mathbf{a_m}\} - \{\mathbf{a}\})$$

Beweis Durch Umbenennung kann erreicht werden, dass $\mathbf{a} = \mathbf{a_1}$ ist. Wir müssen also zeigen, dass $Span_{\mathcal{K}}(\{\mathbf{a_1}, \ldots, \mathbf{a_m}\}) = Span_{\mathcal{K}}(\{\mathbf{a_2}, \ldots, \mathbf{a_m}\})$ gilt. Die Inklusion $Span_{\mathcal{K}}(\{\mathbf{a_2}, \ldots, \mathbf{a_m}\}) \subseteq Span_{\mathcal{K}}(\{\mathbf{a_1}, \ldots, \mathbf{a_m}\})$ ist unmittelbar einsichtig. Es bleibt also zu zeigen: $Span_{\mathcal{K}}(\{\mathbf{a_1}, \ldots, \mathbf{a_m}\}) \subseteq Span_{\mathcal{K}}(\{\mathbf{a_2}, \ldots, \mathbf{a_m}\})$. Da $\mathbf{a_1}$ Linearkombination der anderen Vektoren ist, gilt:

$$\mathbf{a_1} = \sum_{i=2}^{m} \beta_i \mathbf{a_i}$$

Sei $\mathbf{a} \in Span_{\mathcal{K}}(\{\mathbf{a_1}, \ldots, \mathbf{a_m}\})$, dann gilt:

$$\mathbf{a} = \alpha_1 \mathbf{a_1} + \sum_{i=2}^{m} \alpha_i \mathbf{a_i} = \alpha_1 \sum_{i=2}^{m} \beta_i \mathbf{a_i} + \sum_{i=2}^{m} \alpha_i \mathbf{a_i} = \sum_{i=2}^{m} (\alpha_1 \beta_i + \alpha_i) \mathbf{a_i}$$

woraus folgt, dass $\mathbf{a} \in Span_{\mathcal{K}}(\{\mathbf{a_1}, \ldots, \mathbf{a_m}\})$ ist. □

Austauschsatz von Steinitz

Satz 1.8[1] Es sei $\mathcal{V}$ ein Vektorraum über dem Körper $\mathcal{K}$, $\mathbf{a_1}, \ldots, \mathbf{a_m} \in \mathcal{V}$ sowie $\mathbf{b_1}, \ldots, \mathbf{b_r} \in Span_{\mathcal{K}}(\{\mathbf{a_1}, \ldots, \mathbf{a_m}\})$ linear unabhängige Vektoren. Dann gilt:

a) $r \leq m$,

b) r der Vektoren $\mathbf{a_1}, \ldots, \mathbf{a_m}$ – nach Umnummerierung $\mathbf{a_1}, \ldots, \mathbf{a_r}$ – können durch die Vektoren $\mathbf{b_1}, \ldots, \mathbf{b_r}$ ersetzt werden, so dass

$$Span_{\mathcal{K}}(\{\mathbf{b_1}, \ldots, \mathbf{b_r}, \mathbf{a_{r+1}}, \ldots, \mathbf{a_m}\}) = Span_{\mathcal{K}}(\{(\mathbf{a_1}, \ldots, \mathbf{a_m}\})$$

gilt.

Beweis **a)** Da $\mathbf{b_i} \in Span_{\mathcal{K}}(\{\mathbf{a_1}, \ldots, \mathbf{a_m}\})$ für $1 \leq i \leq r$ ist, lässt sich $\mathbf{b_i}$ darstellen als

$$\mathbf{b_i} = \sum_{j=1}^{m} \alpha_{ij} \mathbf{a_j}$$

Für eine Linearkombination

$$\mathbf{b} = \sum_{k=1}^{r} \beta_k \mathbf{b_k}$$

1 Benannt nach dem deutschen Mathematiker Ernst Steinitz (1871 - 1928), der wichtige Beiräge zur Algebra, Zahlentheorie und Topologie lieferte.

gilt dann

$$\mathbf{b} = \sum_{k=1}^{r} \beta_k \sum_{j=1}^{m} \alpha_{kj} \mathbf{a_j}$$

Der Koeffizient von $\mathbf{a_j}$ ist $\sum_{k=1}^{r} \beta_k \alpha_{kj}$. Ist dieser Koeffizient für jedes j Null, dann ist auch $\mathbf{b} = \mathbf{0}$. Um eine Abhängigkeitsbeziehung zwischen den Vektoren $\mathbf{b_1}, \ldots, \mathbf{b_r}$ zu finden, reicht es also, das Gleichungssystem

$$\sum_{k=1}^{r} \beta_k \alpha_{kj} = 0,\ 1 \leq j \leq m$$

von m Gleichungen mit r Unbekannten zu lösen. Wäre $r > m$, dann hat das System eine nicht triviale Lösung (siehe Kapitel 3) und die Vektoren $\mathbf{b_1}, \ldots, \mathbf{b_r}$ wären linear abhängig, ein Widerspruch zur Voraussetzung. Also muss $r \leq m$ sein.

b) Die Behauptung folgt durch entsprechendes Umstellen der Gleichungen im Beweis von a). □

1.3 Basis und Dimension eines Vektorraums

Definition 1.5 Sei $\mathcal{V}$ Vektorraum. $U \subseteq \mathcal{V}$, $U \neq \emptyset$, heisst *linear unabhängig* in $\mathcal{V}$, falls je endlich viele Vektoren aus U linear unabhängig sind, ansonsten heißt U *linear abhängig.* □

Beispiel 1.2 Im Vektorraum $\mathbb{R}[x]$ der Polynome mit reellwertigen Koeffizienten ist die Teilmenge $U = \{x^0, x^1, x^2, \ldots\}$ linear unabhängig. Dazu betrachten wir die Linearkombinationen $\alpha_0 x^0 + \alpha_1 x^1 + \alpha_2 x^2 + \ldots + \alpha_m x^m = 0$ für $m \in \mathbb{N}_0$. Diese Gleichung besitzt höchstens m reelle Nullstellen und kann somit für alle $x \in \mathbb{R}$ nur dann erfüllt sein, wenn $\alpha_i = 0$ für alle i mit $1 \leq i \leq m$ ist. Hieraus folgt, dass U linear unabhängig ist. □

Basis
Basisvektoren

Definition 1.6 Sei $\mathcal{V}$ ein Vektorraum über dem Körper $\mathcal{K}$, und $\mathcal{B} \subseteq \mathcal{V}$ sei eine Menge linear unabhängiger Vektoren. $\mathcal{B}$ heißt *Basis* von $\mathcal{V}$ genau dann, wenn $Span_{\mathcal{K}}(\mathcal{B}) = \mathcal{V}$ ist. Die Elemente von $\mathcal{B}$ werden dann auch *Basisvektoren* von $\mathcal{V}$ genannt. Ein Vektorraum heißt *endlichdimensional*, wenn er eine endliche Basis besitzt. □

Beispiel 1.3 **a)** Sei $\mathcal{K}$ ein Körper. Jede Menge von n Vektoren

$$\mathbf{e_i} = (x_{i1}, \ldots, x_{in}) \in \mathcal{K}^n,\ 1 \leq i \leq n,\ n \geq 1$$

definiert durch $x_{ij} = 0$ für $1 \leq j \leq n$, $j \neq i$ und $x_{ii} \in \mathcal{K}^*$ bildet eine Basis für $\mathcal{K}^n$. $\mathcal{K}^n$ ist also endlichdimensional. Es ist leicht einzusehen, dass die Vektoren $\mathbf{e_1}, \ldots, \mathbf{e_n}$ linear unabhängig sind. Außerdem gibt es für jeden

Vektor $\mathbf{y} = (y_1, \ldots y_n) \in \mathcal{K}^n$ Skalare $\alpha_i \in \mathcal{K}$, $1 \leq i \leq n$, mit $y_i = \alpha_i \cdot x_{ii}$. Wir müssen nur $\alpha_i = y_i \cdot x_{ii}^{-1}$ wählen. Dann gilt:

$$\mathbf{y} = (y_1, \ldots, y_n) = \sum_{i=1}^{n} \alpha_i \mathbf{e_i}$$

Es folgt: $\mathit{Span}_{\mathcal{K}}(\{ \mathbf{e}_1, \ldots, \mathbf{e_n} \}) = \mathcal{K}^n$. Jeder Vektorraum $\mathcal{K}^n$ ist also endlichdimensional.Wählt man speziell $x_{ii} = 1$ für $1 \leq i \leq n$, dann heißen die $\mathbf{e_i}$ *Einheitsvektoren* von $\mathcal{K}^n$, und $\{ \mathbf{e}_1, \ldots, \mathbf{e_n} \}$ heißt *Einheitsbasis* von $\mathcal{K}^n$.

Einheitsvektoren
Einheitsbasis

b) $U = \{ x^0, x^1, x^2, \ldots \}$ bildet eine Basis für $\mathbb{R}[x]$ (siehe Beispiel 1.2). $\mathbb{R}[x]$ ist also nicht endlichdimensional. □

Übungsaufgaben

1.4 Geben Sie eine Basis für den n-dimensionalen Raum $\mathbb{R}^n$ an! □

Jede Menge linear unabhängiger Vektoren kann zu einer Basis erweitert werden.

Satz 1.9 Sei $\mathcal{V}$ ein endlichdimensionaler Vektorraum über dem Körper $\mathcal{K}$ und $U \subseteq \mathcal{V}$ eine Menge linear unabhängiger Vektoren. U kann zu einer Basis von $\mathcal{V}$ ergänzt werden.

Beweis Sei B eine Menge von Vektoren, die $\mathcal{V}$ aufspannt: $\mathit{Span}_{\mathcal{K}}(B) = \mathcal{V}$. Gilt $B \subseteq \mathit{Span}_{\mathcal{K}}(U)$, dann gilt $\mathit{Span}_{\mathcal{K}}(U) = \mathcal{V}$ und, da U linear unabhängig ist, ist U eine Basis für $\mathcal{V}$. Ist $B \not\subseteq \mathit{Span}_{\mathcal{K}}(U)$, wählt man einen Vektor $\mathbf{x} \in B$, der nicht in $\mathit{Span}_{\mathcal{K}}(U)$ liegt, und fügt diesen zu U hinzu. $U' = U \cup \{\mathbf{x}\}$ ist linear unabhängig. Mit U' fährt man wie mit U fort, bis man eine Basis generiert hat. □

Wir werden nun mithilfe des Austauschsatzes von Steinitz feststellen, dass verschiedene Basen eines endlichdimensionalen Vektorraums dieselbe Anzahl von Elementen haben. Diese Zahl werden wir dann als Dimension des Vektorraums deklarieren.

Satz 1.10 Seien $\mathcal{B}_1$ und $\mathcal{B}_2$ Basen des endlichdimensionalen Vektorraums $\mathcal{V}$ über dem Körper $\mathcal{K}$. Dann gilt: $|\mathcal{B}_1| = |\mathcal{B}_2|$.

Beweis Es seien $\mathcal{B}_1 = \{ \mathbf{a_1}, \ldots, \mathbf{a_m} \}$ und $\mathcal{B}_2 = \{ \mathbf{b_1}, \ldots, \mathbf{b_n} \}$. Es gilt: $\mathcal{V} = \mathit{Span}_{\mathcal{K}}(\mathcal{B}_1) = \mathit{Span}_{\mathcal{K}}(\mathcal{B}_2)$. Hieraus folgt einerseits, dass $\mathbf{a_1}, \ldots, \mathbf{a_m} \in \mathit{Span}_{\mathcal{K}}(\mathcal{B}_2)$ ist. Mit dem Austauschsatz von Steinitz (Satz 1.8) folgt hieraus $m \leq n$. Andererseits folgt ebenso, dass $\mathbf{b_1}, \ldots, \mathbf{b_n} \in \mathit{Span}_{\mathcal{K}}(\mathcal{B}_1)$ ist, woraus mit dem Austauschsatz $n \leq m$ folgt. Insgesamt folgt $m = n$, also $|\mathcal{B}_1| = |\mathcal{B}_2|$, was zu zeigen war. □

Definition 1.7 Sei $\mathcal{V}$ ein endlichdimensionaler Vektorraum über dem Körper $\mathcal{K}$ und $\mathcal{B} \subseteq \mathcal{V}$ eine Basis von $\mathcal{V}$. Dann heißt $\dim(\mathcal{V}) = |\mathcal{B}|$ die *Dimension* von $\mathcal{V}$. Für den Vektorraum $\mathcal{V} = \{\,\mathbf{0}\,\}$ setzen wir $\dim(\mathcal{V}) = 0$.□

Dimension

Beispiel 1.4 Aus Beispiel 1.3 a) folgt unmittelbar, dass für jeden Körper $\mathcal{K}$ gilt: $\dim(\mathcal{K}^n) = n$. □

Folgerung 1.3 Sei $\mathcal{K}$ ein Körper und $\mathcal{V}$ ein Unterraum von $\mathcal{K}^n$. Dann ist jede Menge von Vektoren $\{\,\mathbf{x_1}, \ldots, \mathbf{x_m}\,\} \subseteq \mathcal{V}$ mit $m > \dim(\mathcal{V})$ linear abhängig in $\mathcal{V}$. □

Satz 1.11 Sei $\mathcal{V}$ ein endlichdimensionaler Vektorraum über dem Körper $\mathcal{K}$ und $\mathcal{B} = \{\,\mathbf{a_1}, \ldots, \mathbf{a_m}\,\}$ eine Basis von $\mathcal{V}$. Dann ist jeder Vektor $\mathbf{a} \in \mathcal{V}$ eindeutig darstellbar als Linearkombination der Basisvektoren aus $\mathcal{B}$:

$$\mathbf{a} = \sum_{i=1}^{m} \alpha_i \mathbf{a_i}$$

Beweis Wir nehmen an, es gäbe eine zweite Darstellung:

$$\mathbf{a} = \sum_{i=1}^{m} \beta_i \mathbf{a_i}$$

Dann gilt:

$$\mathbf{0} = \mathbf{a} - \mathbf{a} = \sum_{i=1}^{m} (\alpha_i - \beta_i) \mathbf{a_i}$$

Da die Basisvektoren $\mathbf{a_i}$, $1 \leq i \leq m$, linear unabhängig sind, folgt: $\alpha_i - \beta_i = 0$, $1 \leq i \leq m$. Hieraus folgt unmittelbar: $\alpha_i = \beta_i$, $1 \leq i \leq m$, d.h. die Darstellung ist eindeutig. □

Definition 1.8 Sei $\mathcal{V}$ ein endlichdimensionaler Vektorraum über dem Körper $\mathcal{K}$ und $\mathcal{B} = \{\,\mathbf{a_1}, \ldots, \mathbf{a_m}\,\}$ eine Basis von $\mathcal{V}$. Ist

$$\mathbf{a} = \sum_{i=1}^{m} \alpha_i \mathbf{a_i}$$

die (eindeutige) Darstellung von $\mathbf{a} \in \mathcal{V}$ als Linearkombination der Basisvektoren aus $\mathcal{B}$, dann heißen $\alpha_1, \ldots, \alpha_m$ die *Koordinaten* von a bezüglich $\mathcal{B}$. α_i, $1 \leq i \leq m$, heißt die *i-te Koordinate* von $\mathbf{a}$ bezüglich $\mathcal{B}$. Wir nennen

Koordinaten
Koordinatenvektor

$$\mathbf{a}^{\mathcal{B}} = (\,\alpha_1, \ldots, \alpha_m\,) \in \mathcal{K}^m$$

den *Koordinatenvektor* von $\mathbf{a}$ bezüglich $\mathcal{B}$. □

Folgerung 1.4 Ist $\mathcal{B} = \{\mathbf{a_1}, \ldots, \mathbf{a_m}\}$ eine Basis eines m-dimensionalen Vektorraums $\mathcal{V}$ über dem Körper $\mathcal{K}$, dann gilt $\mathbf{a_i^{\mathcal{B}}} = (\,0, \ldots, 1, \ldots, 0\,) = \mathbf{e_i}$ (i-ter Einheitsvektor von $\mathcal{K}^m$) für $1 \leq i \leq m$, denn es ist $\mathbf{a_i} = 0 \cdot \mathbf{a_1} + \ldots + 1 \cdot \mathbf{a_i} + \ldots + 0 \cdot \mathbf{a_m}$. □

Für den Koordinatenvektor $(\alpha_1, \ldots, \alpha_m)$ eines Vektors $\mathbf{a} \in \mathcal{K}^m$ bezüglich der Einheitsbasis $\mathcal{B}_e = \{\mathbf{e_1}, \ldots, \mathbf{e_m}\}$ schreiben wir in aller Regel nur $\mathbf{a}$ anstelle von $\mathbf{a}^{\mathcal{B}_e}$, denn diese sind ja identisch.

Beispiel 1.5 Wir zeigen, dass $\mathcal{B} = \{(1,1,1),(1,1,2),(1,2,1)\}$ eine Basis von $\mathbb{R}^3$ ist und berechnen die Koordinaten des Vektors $\mathbf{a} = (1,2,3) \in \mathbb{R}^3$ bezüglich dieser Basis (gemaäß obiger Vereinbarung ist $(1,2,3)$ der Koordinatenvektor von $\mathbf{a}$ bezüglich der Einheitsbasis).

Wir zeigen zunächst, (1) dass die Elemente von $\mathcal{B}$ linear unabhängig sind und (2) dass $Span_{\mathbb{R}^3}(\mathcal{B}) = \mathbb{R}^3$ gilt.

(1) Das Gleichungssystem (Lösungsverfahren für lineare Gleichungssysteme werden in Kapitel 3 vorgestellt)

$$\alpha \begin{pmatrix}1\\1\\1\end{pmatrix} + \beta \begin{pmatrix}1\\1\\2\end{pmatrix} + \gamma \begin{pmatrix}1\\2\\1\end{pmatrix} = \begin{pmatrix}0\\0\\0\end{pmatrix}$$

hat die einzige Lösung $\alpha = \beta = \gamma = 0$, denn die erweiterte Koeffizientenmatrix

$$\begin{pmatrix}1 & 1 & 1 & 0\\1 & 1 & 2 & 0\\1 & 2 & 1 & 0\end{pmatrix}$$

lässt sich transformieren zu (z.B. durch Subtraktion der ersten von der zweiten Zeile, Subtraktion der ersten von der dritten Zeile, Subtraktion der dritten von der ersten Zeile, Subtraktion der zweiten von der ersten Zeile, Vertauschen der zweiten und dritten Zeile)

$$\begin{pmatrix}1 & 0 & 0 & 0\\0 & 1 & 0 & 0\\0 & 0 & 1 & 0\end{pmatrix}$$

woraus die Lösung $\alpha = \beta = \gamma = 0$ ablesbar ist. Damit ist $\mathcal{B}$ linear unabhängig.

(2) Wir müssen zeigen, dass für alle $\mathbf{x} = (x, y, z) \in \mathbb{R}^3$ Skalare $\alpha, \beta, \gamma \in \mathbb{R}$ existieren, so dass

$$\alpha \begin{pmatrix}1\\1\\1\end{pmatrix} + \beta \begin{pmatrix}1\\1\\2\end{pmatrix} + \gamma \begin{pmatrix}1\\2\\1\end{pmatrix} = \begin{pmatrix}x\\y\\z\end{pmatrix}$$

gilt. Dieselben Transformationen wie unter (1) führen zur äquivalenten erweiterten Koeffizientenmatrix

$$\begin{pmatrix}1 & 0 & 0 & 3x - y - z\\0 & 1 & 0 & z - x\\0 & 0 & 1 & y - x\end{pmatrix}$$

woraus die Lösung $\alpha = 3x - y - z, \beta = z - x, \gamma = y - x$ ablesbar ist. Somit gilt $Span_{\mathbb{R}^3}(\mathcal{B}) = \mathbb{R}^3$.

Es gilt also

$$\mathbf{x} = \begin{pmatrix} x \\ y \\ z \end{pmatrix} = (3x - y - z) \begin{pmatrix} 1 \\ 1 \\ 1 \end{pmatrix} + (z - x) \begin{pmatrix} 1 \\ 1 \\ 2 \end{pmatrix} + (y - x) \begin{pmatrix} 1 \\ 2 \\ 1 \end{pmatrix}$$

d.h. für $\mathbf{x} = (\, x, y, z \,) \in \mathbb{R}^3$ ist $\mathbf{x}^{\mathcal{B}} = (\, 3x - y - z, z - x, y - x \,)$

Darus folgt unmittelbar $\mathbf{a}^{\mathcal{B}} = (\, -2, 2, 1 \,)$, d.h. es ist

$$\begin{pmatrix} 1 \\ 2 \\ 3 \end{pmatrix} = -2 \begin{pmatrix} 1 \\ 1 \\ 1 \end{pmatrix} + 2 \begin{pmatrix} 1 \\ 1 \\ 2 \end{pmatrix} + 1 \begin{pmatrix} 1 \\ 2 \\ 1 \end{pmatrix}$$

Die Koordinaten von $(1, 2, 3)$ bezüglich $\mathcal{B}$ sind also $(-2, 2, 1)$. □

Übungsaufgaben

1.5 **a)** Ist $U = \{\, (x, x, y) \mid x, y \in \mathbb{R} \,\}$ ein Unterraum von $\mathbb{R}^3$? Bestimmen Sie im gegebenen Fall eine Basis und die Dimension von U!

b) Es sei $\mathcal{B} = \{\, (1, 1, 0), (1, 0, 1), (0, 1, 1) \,\} \subset \mathbb{R}^3$.

(1) Zeigen Sie, dass $\mathcal{B}$ eine Basis für $\mathbb{R}^3$ ist!

(2) Geben Sie die Koordinaten von $(1, 1, 1) \in \mathbb{R}^3$ bezüglich $\mathcal{B}$ an! □

1.4 Lineare Abbildungen

Wir führen nun die Begriffe Homo- und Isomorphismus für Vektorräume ein, d.h. Abbildungen zwischen Vektorräumen, die verträglich sowohl mit der Vektorraumaddition als auch mit der skalaren Multiplikation sind. Bei Vektorräumen heißen diese Abbildungen lineare Abbildungen.

Definition 1.9 Seien $\mathcal{V}$ und $\mathcal{W}$ Vektorräume über dem Körper $\mathcal{K}$, und die Abbildung $\varphi : \mathcal{V} \to \mathcal{W}$ sei definiert durch

Lineare Abbildung Vektorraum-isomorphismus

$$\varphi(\mathbf{a} +_{\mathcal{V}} \mathbf{b}) = \varphi(\mathbf{a}) +_{\mathcal{W}} \varphi(\mathbf{b})$$
$$\varphi(\alpha *_{\mathcal{V}} \mathbf{a}) = \alpha *_{\mathcal{W}} \varphi(\mathbf{a})$$

für alle $\mathbf{a}, \mathbf{b} \in \mathcal{V}$ und $\alpha \in \mathcal{K}$, dann heißt φ *linear*. Ist φ zudem bijektiv, dann heißt φ ein *Vektorraumisomorphismus* von $\mathcal{V}$ nach $\mathcal{W}$. Zwei Vektorräume $\mathcal{V}$ und $\mathcal{W}$ über dem Körper $\mathcal{K}$ heißen *isomorph*, falls es einen Isomorphismus von $\mathcal{V}$ nach $\mathcal{W}$ gibt. Sind zwei Vektorräume $\mathcal{V}$ und $\mathcal{W}$ über dem Körper $\mathcal{K}$ isomorph, dann notieren wir dies durch $\mathcal{V} \cong \mathcal{W}$. □

Satz 1.12 Sei $\varphi : \mathcal{V} \to \mathcal{W}$ eine lineare Abbildung des Vektorraums $\mathcal{V}$ auf den Vektorraum $\mathcal{W}$. Dann gilt:

a) $\varphi(\mathbf{0}_\mathcal{V}) = \mathbf{0}_\mathcal{W}$,

b) $\varphi(\alpha *_\mathcal{V} \mathbf{a} +_\mathcal{V} \beta *_\mathcal{V} \mathbf{b}) = \alpha *_\mathcal{W} \varphi(\mathbf{a}) +_\mathcal{W} \beta *_\mathcal{W} \varphi(\mathbf{b})$ für alle $\mathbf{a}, \mathbf{b} \in \mathcal{V}$ und alle $\alpha, \beta \in \mathcal{K}$.

c) $\varphi(-_\mathcal{V}\mathbf{a}) = -_\mathcal{W}\varphi(\mathbf{a})$ für alle $\mathbf{a} \in \mathcal{V}$.

Bildraum einer linearen Abbildung

d) Die Menge $\mathit{Bild}(\varphi) = \{\, \varphi(\mathbf{x}) \mid \mathbf{x} \in \mathcal{V} \,\}$ ist ein Unterraum von $\mathcal{W}$, der sogenannte *Bildraum* von φ.

Kern einer linearen Abbildung

e) Die Menge $\mathit{Kern}(\varphi) = \{\, \mathbf{x} \in \mathcal{V} \mid \varphi(\mathbf{x}) = \mathbf{0}_\mathcal{W} \,\}$ ist ein Unterraum von $\mathcal{V}$, der sogenannte *Kern* von φ.

Übungsaufgaben

1.6 Beweisen Sie Satz 1.12! □

Aus Satz 1.12 folgen unmittelbar die folgenden Aussagen.

Folgerung 1.5 Es seien $\mathcal{V}$ und $\mathcal{W}$ zwei Vektorräume. Dann gilt für alle linearen Abbildungen $\varphi : \mathcal{V} \to \mathcal{W}$:

a) $\mathbf{0}_\mathcal{V} \in \mathit{Kern}(\varphi)$. Der Kern ist also niemals leer, er enthält mindestens den Nullvektor von $\mathcal{V}$.

b) φ ist injektiv genau dann, wenn $\mathit{Kern}(\varphi) = \{\mathbf{0}_\mathcal{V}\}$ gilt.

c) φ ist surjektiv genau dann, wenn $\mathit{Bild}(\varphi) = \mathcal{W}$ gilt.

d) Ist φ bijektiv, dann ist φ^{-1} eine lineare Abbildung von $\mathcal{W}$ nach $\mathcal{V}$. □

Beispiel 1.6 Die Abbildung $\varphi : \mathbb{R}^3 \to \mathbb{R}$ definiert durch

$$\varphi(x, y, z) = x + y + z$$

ist eine lineare Abbildung, denn es gilt

$$\begin{aligned}\varphi(\alpha \cdot (a,b,c) + \beta \cdot (d,e,f)) &= \varphi((\alpha a, \alpha b, \alpha c) + (\beta d, \beta e, \beta f)) \\ &= \varphi(\alpha a + \beta d, \alpha b + \beta e, \alpha c + \beta f) \\ &= \alpha a + \beta d + \alpha b + \beta e + \alpha c + \beta f \\ &= \alpha a + \alpha b + \alpha c + \beta d + \beta e + \beta f \\ &= \alpha \cdot (a + b + c) + \beta \cdot (d + e + f) \\ &= \alpha \cdot \varphi(a,b,c) + \beta \cdot \varphi(d,e,f)\end{aligned}$$

womit $\varphi(\alpha \cdot (a,b,c) + \beta \cdot (d,e,f)) = \alpha \cdot \varphi(a,b,c) + \beta \cdot \varphi(d,e,f)$ gezeigt ist.

Es gilt $\mathit{Bild}(\varphi) = \mathbb{R}$, denn zu jeder Zahl $z \in \mathbb{R}$ existiert z.B. das Tripel $(0,0,z) \in \mathbb{R}^3$ mit $\varphi(0,0,z) = 0 + 0 + z = z$. Des Weiteren ist

$$\begin{aligned}\mathit{Kern}(\varphi) &= \{\, (a,b,c) \in \mathbb{R}^3 \mid \varphi(a,b,c) = 0 \,\} \\ &= \{\, (a,b,c) \in \mathbb{R}^3 \mid a + b + c = 0 \,\} \\ &= \{\, (a,b,c) \in \mathbb{R}^3 \mid a + b = -c \,\} \\ &= \{\, (a,b,-(a+b)) \mid a,b \in \mathbb{R} \,\}\end{aligned}$$

Es folgt, da $|\mathit{Kern}(\varphi)| > 1$ ist, dass φ nicht injektiv und damit kein Isomorphismus ist. □

Übungsaufgaben

1.7 Beweisen Sie Folgerung 1.5!

1.8 Die Abbildung $\varphi : \mathbb{R}^4 \to \mathbb{R}^2$ sei definiert durch

$$\varphi(a,b,c,d) = (a + b, c + d)$$

Zeigen Sie:

(1) φ ist eine lineare Abbildung von $\mathbb{R}^4$ nach $\mathbb{R}^2$!

(2) Bestimmen Sie $\mathit{Bild}(\varphi)$!

(3) Bestimmen Sie $\mathit{Kern}(\varphi)$!

(4) Ist φ ein Isomorphismus? Begründen Sie Ihre Antwort!

1.9 Sei $\mathcal{K}$ ein Körper. Nach Folgerung 1.1 sind $\mathcal{K}^n$ und $\mathcal{K}[x]^{(n)}$ Vektorräume über $\mathcal{K}$. Zeigen Sie, dass die Abbildung $\varphi : \mathcal{K}^n \to \mathcal{K}[x]^{(n)}$ definiert durch

$$\varphi(a_0, a_1, \ldots, a_{n-1}) = a_0 + a_1 x + \ldots + a_{n-1} x^{n-1}$$

ein Vektorraumisomorphismus von $\mathcal{K}^n$ nach $\mathcal{K}[x]^{(n)}$ ist! □

Im nächsten Satz wird die *Dimensionsformel* angegeben. Sie besagt, dass sich die Dimension des Kerns und die Dimension des Bildraums einer linearen Abbildung zur Dimension des Vektorraums addieren.

Dimensionsformel

Satz 1.13 Es seien $\mathcal{V}$ und $\mathcal{W}$ endlichdimensionale Vektorräume über dem Körper $\mathcal{K}$ sowie $\varphi : \mathcal{V} \to \mathcal{W}$ eine lineare Abbildung von $\mathcal{V}$ nach $\mathcal{W}$. Dann gilt:

$$\dim(\mathcal{V}) = \dim(\mathit{Kern}(\varphi)) + \dim(\mathit{Bild}(\varphi))$$

Beweis Es sei $\dim(\mathcal{V}) = n$ und $\dim(\mathit{Kern}(\varphi)) = d$. Wir müssen zeigen, dass $\dim(\mathit{Bild}(\varphi)) = n - d$ gilt. Sei $\mathbf{u_1}, \ldots, \mathbf{u_d}$ eine Basis von $\mathit{Kern}(\varphi)$. Diese lässt sich gemäß Satz 1.9 zu einer Basis $\mathcal{A} = \{\mathbf{u_1}, \ldots, \mathbf{u_d}, \mathbf{v_1}, \ldots, \mathbf{v_{n-d}}\}$ von $\mathcal{V}$ erweitern. Es sei $\mathbf{w}_i = \varphi(\mathbf{v}_i)$, $1 \le i \le n - d$. Wir zeigen, dass $\mathcal{B} = \{\mathbf{w_1}, \ldots, \mathbf{w_{n-d}}\}$ eine Basis von $\mathit{Bild}(\varphi)$ ist, woraus dann $\dim(\mathit{Bild}(\varphi)) = n - d$ folgt, was wir zeigen wollen.

$\mathcal{B}$ ist eine Basis für $\mathit{Bild}(\varphi)$, falls (1) $\mathit{Span}_{\mathcal{K}}(\mathcal{B}) = \mathit{Bild}(\varphi)$ und (2) $\mathcal{B}$ linear unabhängig ist.

Zu (1): Sei $\mathbf{w} \in \mathit{Bild}(\varphi)$. Zu $\mathbf{w}$ gibt es ein $\mathbf{v} \in \mathcal{V}$ mit $\mathbf{w} = \varphi(\mathbf{v})$. $\mathbf{v}$ lässt sich als Linearkombination der Basis $\mathcal{A}$ von $\mathcal{V}$ darstellen:

$$\mathbf{v} = \alpha_1\mathbf{u_1} + \ldots + \alpha_d\mathbf{u_d} + \beta_1\mathbf{v_1} + \ldots + \beta_{n-d}\mathbf{v_{n-d}}$$

Wir wenden φ darauf an und berücksichtigen dabei, dass $\varphi(\mathbf{u_j}) = \mathbf{0}$, $1 \le j \le d$, ist, weil $\mathbf{u_j} \in \mathit{Kern}(\varphi)$ ist, sowie, dass $\mathbf{w_i} = \varphi(\mathbf{v_i})$, $1 \le i \le n - d$, ist:

$$\mathbf{w} = \varphi(\mathbf{v}) = \mathbf{0} + \ldots + \mathbf{0} + \beta_1\mathbf{w_1} + \ldots + \beta_{n-d}\mathbf{w_{n-d}}$$

Es gilt also $\mathbf{w} \in \mathit{Span}_{\mathcal{K}}(\mathcal{B})$ und damit $\mathit{Span}_{\mathcal{K}}(\mathcal{B}) = \mathit{Bild}(\varphi)$.

Zu (2): Wir betrachten eine Linearkombination von $\mathcal{B}$ und müssen zeigen, dass diese trivial sein muss (siehe Definition 1.2):

$$\gamma_1\mathbf{w_1} + \ldots + \gamma_{n-d}\mathbf{w_{n-d}} = \mathbf{0} \tag{1.10}$$

Wir betrachten mit denselben Koeffizienten eine Linearkombination der Vektoren $\mathbf{v}_i$ in $\mathcal{A}$:

$$\mathbf{v} = \gamma_1\mathbf{v_1} + \ldots + \gamma_{n-d}\mathbf{v_{n-d}} = \mathbf{0} \tag{1.11}$$

Darauf wenden wir φ an und erhalten mit (1.10) und $\mathbf{w_i} = \varphi(\mathbf{v_i})$, $1 \le i \le n - d$:

$$\varphi(\mathbf{v}) = \gamma_1\mathbf{w_1} + \ldots + \gamma_{n-d}\mathbf{w_{n-d}} = \mathbf{0}$$

Es gilt also $\mathbf{v} \in \mathit{Kern}(\varphi)$, d.h. $\mathbf{v}$ kann mit der Basis von $\mathit{Kern}(\varphi)$ dargestellt werden:

$$\mathbf{v} = \alpha_1\mathbf{u_1} + \ldots + \alpha_d\mathbf{u_d}$$

Mit (1.11) folgt:

$$-\alpha_1\mathbf{u_1} - \ldots - \alpha_d\mathbf{u_d} + \gamma_1\mathbf{v_1}1 + \ldots + \gamma_{n-d}\mathbf{v_{n-d}} = \mathbf{0}$$

Da die Vektoren $\mathbf{u}_1, \ldots, \mathbf{u}_d, \mathbf{v}_1, \ldots, \mathbf{v}_{n-d}$ die Basis $\mathcal{A}$ von $\mathcal{V}$ bilden, müssen alle Koeffizienten α_i, $1 \leq i \leq d$, und γ_j, $1 \leq j \leq n-d$, gleich Null sein. Daraus folgt, dass die Linearkombination (1.10) trivial ist. Die Vektoren $\mathbf{w}_1, \ldots, \mathbf{w}_{n-d}$ sind also linear unabhängig.

Damit haben wir gezeigt, dass $\mathcal{B}$ eine Basis für *Bild*(φ) ist. □

Definition 1.10 Es seien $\mathcal{V}$ und $\mathcal{W}$ endlichdimensionale Vektorräume über dem Körper $\mathcal{K}$ sowie $\varphi : \mathcal{V} \to \mathcal{W}$ eine lineare Abbildung von $\mathcal{V}$ nach $\mathcal{W}$. Dann heißt $\dim(Kern(\varphi))$ der *Defekt* oder die *Nullität* und $\dim(Bild(\varphi))$ heißt der *Rang* von φ.

Wenn wir auf der Menge der linearen Abbildungen zwischen zwei Vektorräumen eine Addition definieren, dann bildet die so entstehende Struktur eine abelsche Gruppe (siehe auch Beispiel 1.1).

Satz 1.14 Sei $\mathcal{L}(\mathcal{V}, \mathcal{W}) = \{\boldsymbol{\varphi} : \mathcal{V} \to \mathcal{W} \mid \boldsymbol{\varphi} \text{ linear}\}$ die Menge der linearen Abbildungen des Vektorraums $\mathcal{V}$ auf den Vektorraum $\mathcal{W}$. Für $\boldsymbol{\varphi}, \boldsymbol{\psi} \in \mathcal{L}(\mathcal{V}, \mathcal{W})$ sei eine Verknüpfung $+$ („Addition“) definiert durch: $\boldsymbol{\varphi} + \boldsymbol{\psi} : \mathcal{V} \to \mathcal{W}$ mit

$$(\boldsymbol{\varphi} + \boldsymbol{\psi})(\mathbf{x}) = \boldsymbol{\varphi}(\mathbf{x}) +_{\mathcal{W}} \boldsymbol{\psi}(\mathbf{x})$$

Dann bildet $(\mathcal{L}(\mathcal{V}, \mathcal{W}), +)$ eine abelsche Gruppe.

Beweis $\mathcal{L}(\mathcal{V}, \mathcal{W})$ ist abgeschlossen gegenüber $+$, und $+$ ist offensichtlich assoziativ und kommutativ.

Die Abbildung $\boldsymbol{\mathcal{O}} : \mathcal{V} \to \mathcal{W}$ definiert durch $\boldsymbol{\mathcal{O}}(\mathbf{x}) = \mathbf{0}_{\mathcal{W}}$ für alle $\mathbf{x} \in \mathcal{V}$ heißt Nullabbildung. Für diese gilt

$$\boldsymbol{\varphi} + \boldsymbol{\mathcal{O}} = \boldsymbol{\varphi} \text{ für alle } \boldsymbol{\varphi} \in \mathcal{L}(\mathcal{V}, \mathcal{W})$$

denn es ist

$$(\boldsymbol{\varphi} + \boldsymbol{\mathcal{O}})(\mathbf{x}) = \boldsymbol{\varphi}(\mathbf{x}) + \boldsymbol{\mathcal{O}}(\mathbf{x}) = \boldsymbol{\varphi}(\mathbf{x}) + \mathbf{0}_{\mathcal{W}} = \boldsymbol{\varphi}(\mathbf{x}) \text{ für alle } \mathbf{x} \in \mathcal{V}$$

$\boldsymbol{\mathcal{O}}$ ist also das Einselement in $\mathcal{L}(\mathcal{V}, \mathcal{W})$.

Zu $\boldsymbol{\varphi} \in \mathcal{L}(\mathcal{V}, \mathcal{W})$ sei $(-\boldsymbol{\varphi})$ definiert durch: $(-\boldsymbol{\varphi})(\mathbf{x}) = -\boldsymbol{\varphi}(\mathbf{x})$. Es folgt für alle $\boldsymbol{\varphi} \in \mathcal{L}(\mathcal{V}, \mathcal{W})$: $(-\boldsymbol{\varphi}) \in \mathcal{L}(\mathcal{V}, \mathcal{W})$ sowie

$$\boldsymbol{\varphi} + (-\boldsymbol{\varphi}) = \boldsymbol{\mathcal{O}} \text{ für alle } \boldsymbol{\varphi} \in \mathcal{L}(\mathcal{V}, \mathcal{W})$$

denn es ist

$$(\boldsymbol{\varphi} + (-\boldsymbol{\varphi}))(\mathbf{x}) = \boldsymbol{\varphi}(\mathbf{x}) + (-\boldsymbol{\varphi})(\mathbf{x}) = \boldsymbol{\varphi}(\mathbf{x}) - \boldsymbol{\varphi}(\mathbf{x}) = \mathbf{0} \text{ für alle } \mathbf{x} \in \mathcal{V}$$

Zu jedem $\boldsymbol{\varphi} \in \mathcal{L}(\mathcal{V}, \mathcal{W})$ existiert also ein Inverses.

Insgesamt folgt: $(\mathcal{L}(\mathcal{V}, \mathcal{W}), +)$ bildet eine abelsche Gruppe. □

Im folgenden Satz führen wir eine skalare Verknüpfung zwischen den Elementen eines Körpers $\mathcal{K}$ und den linearen Abbildungen zwischen zwei Vektorräumen $\mathcal{V}$ und $\mathcal{W}$ über $\mathcal{K}$ ein und zeigen, dass mit dieser Skalarverknüpfung die Menge $\mathcal{L}(\mathcal{V}, \mathcal{W})$ der linearen Abbildungen von $\mathcal{V}$ nach $\mathcal{W}$ einen Vektorraum bildet.

Satz 1.15 $\mathcal{V}$ und $\mathcal{W}$ seien Vektorräume über dem Körper $\mathcal{K}$. Für $\alpha \in \mathcal{K}$ und $\varphi \in \mathcal{L}(\mathcal{V}, \mathcal{W})$ sei $\alpha * \varphi : \mathcal{V} \to \mathcal{W}$ definiert durch

$$(\alpha * \boldsymbol{\varphi})(x) = \alpha *_{\mathcal{W}} \boldsymbol{\varphi}(x)$$

Dann gilt: $(\mathcal{L}(\mathcal{V}, \mathcal{W}), +)$ bildet mit dieser skalaren Verknüpfung $*$ einen Vektorraum über $\mathcal{K}$.

Beweis Im Satz 1.14 haben wir gezeigt, dass $\mathcal{L}(\mathcal{V}, \mathcal{W})$ eine abelsche Gruppe bildet. Wir müssen also noch zeigen, dass die Axiome (1.1 – 1.4) der Definition 1.1 erfüllt sind (siehe auch Beispiel 1.1):

(1) Es gilt $1 * \boldsymbol{\varphi} = \boldsymbol{\varphi}$ für jedes $\boldsymbol{\varphi} \in \mathcal{L}(\mathcal{V}, \mathcal{W})$, denn es ist

$$(1 * \boldsymbol{\varphi})(\mathbf{x}) = 1 *_{\mathcal{W}} \boldsymbol{\varphi}(\mathbf{x}) = \boldsymbol{\varphi}(\mathbf{x})$$

(2) Es gilt $\alpha * (\boldsymbol{\varphi} + \boldsymbol{\psi}) = \alpha * \boldsymbol{\varphi} + \alpha * \boldsymbol{\psi}$ für alle $\alpha \in \mathcal{K}$ und $\boldsymbol{\varphi}, \boldsymbol{\psi} \in \mathcal{L}(\mathcal{V}, \mathcal{W})$, denn es ist

$$\begin{aligned}
(\alpha * (\boldsymbol{\varphi} + \boldsymbol{\psi}))(\mathbf{x}) &= \alpha *_{\mathcal{W}} (\boldsymbol{\varphi} + \boldsymbol{\psi})(\mathbf{x}) \\
&= \alpha *_{\mathcal{W}} (\boldsymbol{\varphi}(\mathbf{x}) +_{\mathcal{W}} \boldsymbol{\psi}(\mathbf{x})) \\
&= \alpha *_{\mathcal{W}} \boldsymbol{\varphi}(\mathbf{x}) +_{\mathcal{W}} \alpha *_{\mathcal{W}} \boldsymbol{\psi}(\mathbf{x}) \\
&= (\alpha * \boldsymbol{\varphi})(\mathbf{x}) +_{\mathcal{W}} (\alpha * \boldsymbol{\psi})(\mathbf{x}) \\
&= (\alpha * \boldsymbol{\varphi} + \alpha * \boldsymbol{\psi})(\mathbf{x})
\end{aligned}$$

(3) Es gilt $(\alpha + \beta) * \boldsymbol{\varphi} = \alpha * \boldsymbol{\varphi} + \beta * \boldsymbol{\varphi}$ für alle $\alpha, \beta \in \mathcal{K}$ und $\boldsymbol{\varphi} \in \mathcal{L}(\mathcal{V}, \mathcal{W})$, denn es ist

$$\begin{aligned}
((\alpha +_{\mathcal{K}} \beta) * \boldsymbol{\varphi})(\mathbf{x}) &= (\alpha +_{\mathcal{K}} \beta) *_{\mathcal{W}} \boldsymbol{\varphi}(\mathbf{x}) \\
&= \alpha *_{\mathcal{W}} \boldsymbol{\varphi}(\mathbf{x}) +_{\mathcal{W}} \beta *_{\mathcal{W}} \boldsymbol{\varphi}(\mathbf{x}) \\
&= (\alpha * \boldsymbol{\varphi})(\mathbf{x}) +_{\mathcal{W}} (\beta * \boldsymbol{\varphi})(\mathbf{x}) \\
&= (\alpha * \boldsymbol{\varphi} + \beta * \boldsymbol{\varphi})(\mathbf{x})
\end{aligned}$$

(4) Es gilt $(\alpha \cdot \beta) * \boldsymbol{\varphi} = \alpha * (\beta * \boldsymbol{\varphi})$ für alle $\alpha, \beta \in \mathcal{K}$ und $\boldsymbol{\varphi} \in \mathcal{L}(\mathcal{V}, \mathcal{W})$, denn es ist

$$\begin{aligned}
((\alpha \cdot \beta) * \boldsymbol{\varphi})(\mathbf{x}) &= (\alpha \cdot \beta) *_{\mathcal{W}} \boldsymbol{\varphi}(\mathbf{x}) \\
&= (\alpha *_{\mathcal{W}} (\beta *_{\mathcal{W}} \boldsymbol{\varphi}(\mathbf{x}))) \\
&= (\alpha *_{\mathcal{W}} (\beta * \boldsymbol{\varphi})(\mathbf{x})) \\
&= (\alpha * (\beta * \boldsymbol{\varphi}))(\mathbf{x})
\end{aligned}$$

□

Satz 1.16 Seien $\mathcal{V} \neq \{ \mathbf{0}_{\mathcal{V}} \}$ und $\mathcal{W}$ endlichdimensionale Vektorräume und $\mathcal{B}_{\mathcal{V}} = \{ \mathbf{v_1}, \ldots, \mathbf{v_m} \}$ eine Basis von $\mathcal{V}$. Dann ist jede lineare Abbildung $\boldsymbol{\varphi} \in \mathcal{L}(\mathcal{V}, \mathcal{W})$ eindeutig festgelegt durch: $\mathbf{w_i} = \boldsymbol{\varphi}(\mathbf{v_i})$, $1 \leq i \leq m$.

Beweis Jedes $\mathbf{v}$ ist eindeutig darstellbar: $\mathbf{v} = \sum_{i=1,\mathcal{V}}^{m} \alpha_i *_{\mathcal{V}} \mathbf{v_i}$. Damit gilt:

$$\begin{aligned}\boldsymbol{\varphi}(\mathbf{v}) &= \boldsymbol{\varphi}\left(\sum_{i=1,\mathcal{V}}^{m} \alpha_i *_{\mathcal{V}} \mathbf{v_i}\right) = \sum_{i=1,\mathcal{W}}^{m} \boldsymbol{\varphi}(\alpha_i *_{\mathcal{V}} \mathbf{v_i}) = \sum_{i=1,\mathcal{W}}^{m} \alpha_i *_{\mathcal{W}} \boldsymbol{\varphi}(\mathbf{v_i}) \\ &= \sum_{i=1,\mathcal{W}}^{m} \alpha_i *_{\mathcal{W}} \mathbf{w_i}\end{aligned}$$

Damit ist $\boldsymbol{\varphi}$ eindeutig durch die Werte $\mathbf{w_i} = \boldsymbol{\varphi}(\mathbf{v_i})$, $1 \leq i \leq m$, bestimmt.

Andererseits ist durch jede Auswahl $\langle\, \mathbf{w_1}, \ldots, \mathbf{w_m} \,\rangle$ von Vektoren aus $\mathcal{W}$ eine lineare Abbildung $\boldsymbol{\varphi} \in \mathcal{L}(\mathcal{V}, \mathcal{W})$ eindeutig festgelegt, indem man für jedes $\mathbf{v} \in \mathcal{V}$ mit den eindeutigen Koordinaten $\alpha_1, \ldots, \alpha_m$, d.h. für

$$\mathbf{v} = \alpha_1 \mathbf{v_1} + \ldots + \alpha_m \mathbf{v_m}$$

festsetzt, dass

$$\boldsymbol{\varphi}(\mathbf{v}) = \alpha_1 \mathbf{w_1} + \ldots + \alpha_m \mathbf{w_m} \tag{1.12}$$

ist. Es folgt unmittelbar, dass $\boldsymbol{\varphi}(\mathbf{v_i}) = \mathbf{w_i}$ für $1 \leq i \leq m$ ist. □

Übungsaufgaben

1.10 **a)** Seien $\mathcal{V}$ und $\mathcal{W}$ Vektorräume über dem Körper $\mathcal{K}$. Zeigen Sie, dass $\mathcal{L}(\mathcal{V}, \mathcal{W})$ abgeschlossen gegen Komposition ist, d.h., wenn $\boldsymbol{\varphi}, \boldsymbol{\psi} \in \mathcal{L}(\mathcal{V}, \mathcal{W})$ ist, dann ist auch $\boldsymbol{\varphi} \circ \boldsymbol{\psi} \in \mathcal{L}(\mathcal{V}, \mathcal{W})$. Die Komposition von $\boldsymbol{\varphi}$ und $\boldsymbol{\psi}$ ist definiert durch: $(\boldsymbol{\varphi} \circ \boldsymbol{\psi})(\mathbf{x}) = \boldsymbol{\varphi}(\boldsymbol{\psi}(\mathbf{x}))$ für alle $\mathbf{x} \in \mathcal{V}$.

b) Zeigen Sie, dass die im obigen Beweis festgelegte Abbildung $\boldsymbol{\varphi}$ tatsächlich eine lineare Abbildung von $\mathcal{V}$ nach $\mathcal{W}$ ist. □

Es sei $\mathcal{V}$ ein m-dimensionaler Vektorraum über dem Körper $\mathcal{K}$ und $\mathcal{B} = \{\mathbf{v_1}, \ldots, \mathbf{v_m}\}$ eine Basis von $\mathcal{V}$.

Für $\mathbf{v}, \mathbf{w} \in \mathcal{V}$ mit den Koordinatenvektoren $\mathbf{v}^{\mathcal{B}} = (\, \alpha_1, \ldots, \alpha_m \,)$ bzw. $\mathbf{w}^{\mathcal{B}} = (\, \beta_1, \ldots, \beta_m \,)$ und $\alpha, \beta \in \mathcal{K}$ gilt

$$\begin{aligned}(\, \alpha\mathbf{v} + \beta\mathbf{w} \,)^{\mathcal{B}} &= (\, \alpha\alpha_1 + \beta\beta_1, \ldots, \alpha\alpha_m + \beta\beta_m \,) \\ &= \alpha\,(\, \alpha_1, \ldots, \alpha_m \,) + \beta\,(\, \beta_1, \ldots, \beta_m \,) \\ &= \alpha\mathbf{v}^{\mathcal{B}} + \beta\mathbf{w}^{\mathcal{B}}\end{aligned} \tag{1.13}$$

Satz 1.17 Es sei $\mathcal{V}$ ein m-dimensionaler Vektorraum über dem Körper $\mathcal{K}$ und $\mathcal{B}$ eine Basis von $\mathcal{V}$. Dann ist die Abbildung $\varphi_{\mathcal{B}} : \mathcal{V} \to \mathcal{K}^m$ definiert durch $\varphi(\mathbf{v}) = \mathbf{v}^{\mathcal{B}}$ linear, d.h. es ist $\varphi_{\mathcal{B}} \in \mathcal{L}(\mathcal{V}, \mathcal{K}^m)$; $\varphi_{\mathcal{B}}$ ist sogar ein Isomorphismus.

Beweis $\varphi_{\mathcal{B}}$ ist offensichtlich total, injektiv und surjektiv, also bijektiv, und des Weiteren folgt aus (1.13) unmittelbar

$$\varphi_{\mathcal{B}}(\alpha\mathbf{v} + \beta\mathbf{w}) = (\alpha\mathbf{v} + \beta\mathbf{w})^{\mathcal{B}} = \alpha\mathbf{v}^{\mathcal{B}} + \beta\mathbf{w}^{\mathcal{B}} = \alpha\varphi_{\mathcal{B}}(\mathbf{v}) + \beta\varphi_{\mathcal{B}}(\mathbf{w})$$

womit die Linearität von $\varphi_{\mathcal{B}}$ gezeigt ist. □

Folgerung 1.6 Es sei $\mathcal{V}$ ein m-dimensionaler Vektorraum über dem Körper $\mathcal{K}$, dann ist $\mathcal{V} \cong \mathcal{K}^m$. □

Wir kommen im Kapitel 4.4 noch einmal auf lineare Abbildungen zurück. Dort werden wir sehen, dass sich lineare Abbildungen als Matrizen darstellen lassen.

1.5 Basistransformationen

Im Beispiel 1.5 und in der Aufgabe 1.5 b) haben wir Koordinaten im Vektorraum $\mathbb{R}^3$ bezüglich der Einheitsbasis in Koordinaten bezüglich einer anderen Basis transformiert. In diesem Abschnitt betrachten Basiswechsel und Koordinatentransformationen allgemeiner. Zunächst betrachten wir wie in den

Basiswechsel

erwähnten Beispielen Basiswechsel in einem m-dimensionalen Vektorraum $\mathcal{V}$ über einem Körper $\mathcal{K}$. Seien $\mathcal{B}_1 = \{\mathbf{b_1}, \ldots, \mathbf{b_m}\}$ und $\mathcal{B}_2 = \{\mathbf{b_1}', \ldots, \mathbf{b_m}'\}$ zwei Basen von $\mathcal{V}$. Der Vektor $\mathbf{x} \in \mathcal{V}$ habe bezüglich $\mathcal{B}_1$ die Koordinaten $\mathbf{x}^{\mathcal{B}_1} = \left(x_1^{\mathcal{B}_1}, \ldots, x_m^{\mathcal{B}_1}\right)$, d.h. es ist

$$\mathbf{x} = \sum_{j=1}^{m} x_j^{\mathcal{B}_1}\mathbf{b_j} \tag{1.14}$$

und bezüglich der Basis $\mathcal{B}_2$ die Koordinaten $\mathbf{x}^{\mathcal{B}_2} = \left(x_1^{\mathcal{B}_2}, \ldots, x_m^{\mathcal{B}_2}\right)$, d.h. es ist

$$\mathbf{x} = \sum_{i=1}^{m} x_i^{\mathcal{B}_2}\mathbf{b_i}' \tag{1.15}$$

Jeder Vektor $\mathbf{b_j}$ der Basis $\mathcal{B}_1$ kann selbstverständlich als Linearkombination der Vektoren aus der Basis $\mathcal{B}_2$ dargestellt werden, d.h. zu $\mathbf{b_j} \in \mathcal{B}_1$, $1 \leq j \leq m$, existieren Koordinaten b_{ij}, $1 \leq i \leq m$, mit

$$\mathbf{b_j} = \sum_{i=1}^{m} b_{ij}\mathbf{b_i}' \tag{1.16}$$

Durch Einsetzen von (1.16) in (1.14) erhalten wir

$$\mathbf{x} = \sum_{j=1}^{m} x_j^{\mathcal{B}_1} \sum_{i=1}^{m} b_{ij} \mathbf{b_i}' = \sum_{i=1}^{m} \left(\sum_{j=1}^{m} b_{ij} x_j^{\mathcal{B}_1} \right) \mathbf{b_i}' \tag{1.17}$$

Wir vergleichen die Koordinaten der Darstellungen von $\mathbf{x}$ in (1.15) und (1.17) und erhalten

$$x_i^{\mathcal{B}_2} = \sum_{j=1}^{m} b_{ij} x_j^{\mathcal{B}_1} \tag{1.18}$$

Koordinatentransformation

Damit können wir die Koordinaten des Vektors $\mathbf{x}$ bezüglich der Basis $\mathcal{B}_1$ in die Koordinaten von $\mathbf{x}$ bezüglich der Basis $\mathcal{B}_2$ transformieren.

Beispiel 1.7 In Beispiel 1.5 ist die Basis $\mathcal{B}_1 = \{(1,0,0),(0,1,0),(0,0,1)\}$ die Einheitsbasis und $\mathcal{B}_2 = \{(1,1,1),(1,1,2),(1,2,1)\}$ die gegebene Basis, bezüglich der die Koordinaten des Vektors $\mathbf{x} = \mathbf{x}^{\mathcal{B}_1} = (1,2,3)$ bestimmt werden sollen. Wir müssen zunächst die Basisvektoren von $\mathcal{B}_1$ als Linearkombinationen der Basisvektoren von $\mathcal{B}_2$ darstellen. Wir berechnen (z.B. durch Lösen entsprechender Gleichungssysteme)

$$\begin{aligned}
\mathbf{b_1} &= (1,0,0) = 3 \cdot (1,1,1) - 1 \cdot (1,1,2) - 1 \cdot (1,2,1) \\
&= \quad 3\mathbf{b_1}' - \mathbf{b_2}' - \mathbf{b_3}' \\
\mathbf{b_2} &= (0,1,0) = -1 \cdot (1,1,1) + 0 \cdot (1,1,2) + 1 \cdot (1,2,1) \\
&= -\mathbf{b_1}' + \mathbf{b_3}' \\
\mathbf{b_3} &= (1,0,0) = -1 \cdot (1,1,1) + 1 \cdot (1,1,2) + 0 \cdot (1,2,1) \\
&= -\mathbf{b_1}' + \mathbf{b_2}'
\end{aligned}$$

Mithilfe von (1.18) können wir jetzt die Koordinaten $\mathbf{x}^{\mathcal{B}_2} = \left(x_1^{\mathcal{B}_2}, x_2^{\mathcal{B}_2}, x_3^{\mathcal{B}_2} \right)$ von $\mathbf{x}$ berechnen:

$$\begin{aligned}
x_1^{\mathcal{B}_2} &= 3x_1^{\mathcal{B}_1} - x_2^{\mathcal{B}_1} - x_3^{\mathcal{B}_1} = 3 \cdot 1 - 2 - 3 = -2 \\
x_2^{\mathcal{B}_2} &= -x_1^{\mathcal{B}_1} + x_3^{\mathcal{B}_1} = -1 + 3 = 2 \\
x_3^{\mathcal{B}_2} &= -x_1^{\mathcal{B}_1} + x_2^{\mathcal{B}_1} = -1 + 2 = 1
\end{aligned}$$

Wir erhalten also $\mathbf{x}^{\mathcal{B}_2} = (-2, 2, 1)$ als Koordinaten von $\mathbf{x}$ bezüglich der Basis $\mathcal{B}_2$ und damit natürlich dasselbe Ergebnis wie in Beispiel 1.5. □

Übungsaufgaben

1.11 Lösen Sie mit der obigen Methode die Aufgabe 1.5 b) (2)! □

Aus den obigen Überlegungen, Satz 1.17 und Aufgabe 1.10 a) folgt

Folgerung 1.7 Seien $\mathcal{B}_1$ und $\mathcal{B}_2$ Basen des m-dimensionalen Vektorraums $\mathcal{V}$ über dem Körper $\mathcal{K}$, dann ist die Koordinatentransformation von $\mathbf{x}^{\mathcal{B}_1}$ in $\mathbf{x}^{\mathcal{B}_2}$ für $\mathbf{x} \in \mathcal{V}$ eine lineare Abbildung von $\mathcal{K}^m$ nach $\mathcal{K}^m$.

Beweis Die Abbildungen $\varphi_{\mathcal{B}_1}$ und $\varphi_{\mathcal{B}_2}$ sind Isomorphismen von $\mathcal{V}$ nach $\mathcal{K}^m$. $\varphi_{\mathcal{B}_1}^{-1}$ ist ein Isomorphismus von $\mathcal{K}^m$ nach $\mathcal{V}$, und $\varphi_{\mathcal{B}_2} \circ \varphi_{\mathcal{B}_2}^{-1}$ ist dann ein Isomorphismus von $\mathcal{K}^m$ nach $\mathcal{K}^m$, und es gilt

$$\varphi_{\mathcal{B}_2}\left(\varphi_{\mathcal{B}_1}^{-1}\left(\mathbf{x}^{\mathcal{B}_1}\right)\right) = \varphi_{\mathcal{B}_2}(\mathbf{x}) = \mathbf{x}^{\mathcal{B}_2}$$

woraus die Behauptung folgt. □

Wir kommen im Kapitel 4.4 noch einmal auf Basistransformationen zurück, denn diese lassen sich mithilfe von Matrizen, die wir in den nächsten Kapiteln kennenlernen, „komfortabler“ beschreiben, als wir das in diesem Kapitel mit den bisherigen Mitteln können.

1.6 Orthogonalräume

Im Kapitel 5 werden wir sehen, dass Orthogonalräume ein wesentliches Hilfsmittel bei der Generierung und Überprüfung von Codewörtern linearer Codes darstellen. Deswegen betrachten wir in diesem Abschnitt einige im Hinblick darauf wichtige Begriffe und Eigenschaften.

Bilinearform
Symmetrische Bilinearform

Definition 1.11 Sei $\mathcal{V}$ ein Vektorraum über dem Körper $\mathcal{K}$. Gelten für die Abbildung $\langle\ |\ \rangle : \mathcal{V} \times \mathcal{V} \to \mathcal{K}$ die Beziehungen

$$\langle \alpha * \mathbf{x} +_{\mathcal{V}} \beta * \mathbf{y} \,|\, \mathbf{z} \rangle = \alpha \cdot \langle \mathbf{x} \,|\, \mathbf{z} \rangle +_{\mathcal{K}} \beta \cdot \langle \mathbf{y} \,|\, \mathbf{z} \rangle$$
$$\langle \mathbf{x} \,|\, \alpha * \mathbf{y} +_{\mathcal{V}} \beta * \mathbf{z} \rangle = \alpha \cdot \langle \mathbf{x} \,|\, \mathbf{y} \rangle +_{\mathcal{K}} \beta \cdot \langle \mathbf{x} \,|\, \mathbf{z} \rangle$$

für alle $\mathbf{x}, \mathbf{y}, \mathbf{z} \in \mathcal{V}$ und $\alpha, \beta \in \mathcal{K}$, dann heißt $\langle\ |\ \rangle$ eine *Bilinearform*. Gilt zusätzlich $\langle \mathbf{x} \,|\, \mathbf{y} \rangle = \langle \mathbf{y} \,|\, \mathbf{x} \rangle$, dann heißt $\langle\ |\ \rangle$ *symmetrische Bilinearform*. □

Für die Elemente eines Vektorraums $\mathcal{V}$ kennen wir bisher nur eine Verknüpfung untereinander, nämlich die Addition $+_{\mathcal{V}}$ von Vektoren. Mithilfe von Bilinearformen haben wir nun eine Operation auf Vektoren zur Verfügung, die Vektoren zu Skalare verknüpft.

Definition 1.12 Sei $\mathcal{V}$ ein Vektorraum über dem Körper $\mathcal{K}$ und $\langle\ |\ \rangle$ eine symmetrische Bilinearform auf $\mathcal{V}$ sowie $\mathcal{U}$ ein Unterraum von $\mathcal{V}$, dann ist $\mathcal{U}^{\perp} = \{\mathbf{v} \in \mathcal{V} \mid \langle \mathbf{u} \,|\, \mathbf{v} \rangle = \mathbf{0} \text{ für alle } \mathbf{u} \in \mathcal{U}\}$. □

Orthogonalraum

Satz 1.18 Sei $\mathcal{V}$ ein Vektorraum über dem Körper $\mathcal{K}$ und $\langle\ |\ \rangle$ eine symmetrische Bilinearform auf $\mathcal{V}$. Dann ist $\mathcal{U}^{\perp}$ ein Unterraum von $\mathcal{V}$, der *Orthogonalraum* von $\mathcal{U}$.

Beweis Wir verwenden Satz 1.2 und zeigen, dass für $\mathbf{x}, \mathbf{y} \in \mathcal{U}^\perp$ und $\alpha, \beta \in \mathcal{K}$ gilt: $\alpha\mathbf{x} + \beta\mathbf{y} \in \mathcal{U}^\perp$. Dieses gilt gemäß Definition 1.12 genau dann, wenn $\langle\, \mathbf{z} \,|\, \alpha\mathbf{x} + \beta\mathbf{y} \,\rangle = \mathbf{0}$ für $\mathbf{z} \in \mathcal{U}$ ist. Es gilt

$$\begin{aligned} \langle\, \mathbf{z} \,|\, \alpha\mathbf{x} + \beta\mathbf{y} \,\rangle &= \alpha\langle\, \mathbf{z} \,|\, \mathbf{x} \,\rangle + \beta\langle\, \mathbf{z} \,|\, \mathbf{y} \,\rangle && \text{wegen Definition 1.11} \\ &= \alpha \cdot \mathbf{0} + \beta \cdot \mathbf{0} && \text{da } \mathbf{x}, \mathbf{y} \in \mathcal{U}^\perp,\ \mathbf{z} \in \mathcal{U} \\ &= \mathbf{0} \end{aligned}$$

was zu zeigen war. □

Wir betrachten nun für einen Körper $\mathcal{K}$ eine spezielle multiplikative Verknüpfung zwischen Vektoren des Vektorraums $\mathcal{K}^n$, das sogenannte Skalarprodukt. Wir werden sehen, dass das Skalarprodukt ein Beispiel für eine symmetrische Bilinearform ist.

Definition 1.13 Sei $\mathcal{K}$ ein Körper. Die Abbildung $\otimes : \mathcal{K}^n \times \mathcal{K}^n \to \mathcal{K}$ definiert durch

$$\mathbf{x} \otimes \mathbf{y} = \sum_{i=1}^{n} x_i y_i$$

mit $\mathbf{x} = (x_1, \ldots, x_n)$ und $\mathbf{y} = (y_1, \ldots, y_n)$ heißt *Skalarprodukt* oder auch *inneres Produkt* von $\mathbf{x}$ und $\mathbf{y}$. Fasst man die Vektoren $\mathbf{x}$ und $\mathbf{y}$ als $n \times 1$-Matrizen über $\mathcal{K}$ auf (siehe Kapitel 2), dann kann man das Skalarprodukt auch definieren durch

Skalarprodukt
Inneres Produkt

$$\mathbf{x} \otimes \mathbf{y} = \mathbf{x} \cdot \mathbf{y}^T$$

Wir werden im Folgenden, wenn dadurch keine Missverständnisse entstehen, die skalare Multiplikation $\mathbf{x} \otimes \mathbf{y}$ von zwei Vektoren $\mathbf{x}$ und $\mathbf{y}$ wie eine „gewöhnliche" Multiplikation mit $\mathbf{x} \cdot \mathbf{y}$ notieren. □

Folgerung 1.8 Die skalare Multiplikation ist eine symmetrische Bilinearform.

Beweis Die Symmetrieeigenschaft $\mathbf{x} \otimes \mathbf{y} = \mathbf{y} \otimes \mathbf{x}$ folgt unmittelbar aus der Definition 1.13. Wir müssen noch gemäß Definition 1.11 zeigen, dass die Gleichungen

$$(\alpha \cdot \mathbf{x} + \beta \cdot \mathbf{y}) \otimes \mathbf{z} = \alpha \cdot (\mathbf{x} \otimes \mathbf{z}) + \beta \cdot (\mathbf{y} \otimes \mathbf{z}) \tag{1.19}$$

sowie

$$\mathbf{x} \otimes (\alpha \cdot \mathbf{y} + \beta \cdot \mathbf{z}) = \alpha \cdot (\mathbf{x} \otimes \mathbf{y}) + \beta \cdot (\mathbf{x} \otimes \mathbf{z}) \tag{1.20}$$

gelten.

Dazu seien $\mathbf{x}, \mathbf{y}, \mathbf{z} \in \mathcal{K}^n$ mit

$$\mathbf{x} = (x_1, \ldots, x_n), \quad \mathbf{y} = (y_1, \ldots, y_n) \text{ und } \mathbf{z} = (z_1, \ldots, z_n)$$

dann gilt

$$
\begin{aligned}
&(\alpha \cdot \mathbf{x} + \beta \cdot \mathbf{y}) \otimes \mathbf{z} \\
&= (\alpha \cdot (x_1, \ldots, x_n) + \beta \cdot (y_1, \ldots, y_n)) \otimes (z_1, \ldots, z_n) \\
&= ((\alpha \cdot x_1, \ldots, \alpha \cdot x_n) + (\beta \cdot y_1, \ldots, \beta \cdot y_n)) \otimes (z_1, \ldots, z_n) \\
&= (\alpha \cdot x_1 + \beta \cdot y_1, \ldots, \alpha \cdot x_n + \beta \cdot y_n) \otimes (z_1, \ldots, z_n) \\
&= ((\alpha \cdot x_1 + \beta \cdot y_1) \cdot z_1, \ldots, (\alpha \cdot x_n + \beta \cdot y_n) \cdot z_n) \\
&= (\alpha \cdot x_1 \cdot z_1 + \beta \cdot y_1 \cdot z_1, \ldots, \alpha \cdot x_n \cdot z_n + \beta \cdot y_n \cdot z_n) \\
&= (\alpha \cdot x_1 \cdot z_1, \ldots, \alpha \cdot x_n \cdot z_n) + (\beta \cdot y_1 \cdot z_1, \ldots, \beta \cdot y_n \cdot z_n) \\
&= ((\alpha \cdot x_1, \ldots, \alpha \cdot x_n) \otimes (z_1, \ldots, z_n)) + ((\beta \cdot y_1, \ldots, \beta \cdot y_n) \otimes (z_1, \ldots, z_n)) \\
&= (\alpha \cdot (x_1, \ldots, x_n) \otimes (z_1, \ldots, z_n)) + (\beta \cdot (y_1, \ldots, y_n) \otimes (z_1, \ldots, z_n)) \\
&= \alpha \cdot (\mathbf{x} \otimes \mathbf{z}) + \beta \cdot (\mathbf{y} \otimes \mathbf{z})
\end{aligned}
$$

womit die Gleichung (1.19) gezeigt ist. Gleichung (1.20) kann analog gezeigt werden. □

Übungsaufgaben

1.12 Die Abbildung $\otimes : \mathbb{R}^3 \times \mathbb{R}^3 \to \mathbb{R}$ sei definiert durch

$$\begin{pmatrix} a \\ b \\ c \end{pmatrix} \otimes \begin{pmatrix} d \\ e \\ f \end{pmatrix} = ad + be - cf$$

Beweisen Sie: Die Operation $\otimes$ ist eine Bilinearform über $\mathbb{R}^3$! Ist diese symmetrisch? □

Orthogonale Vektoren

Definition 1.14 Sei $\mathcal{K}$ ein Körper. Die Vektoren $\mathbf{x}, \mathbf{y} \in \mathcal{K}^n$, $n \in \mathbb{N}$, heißen *orthogonal*, falls $\mathbf{x} \cdot \mathbf{y} = 0$ gilt. Schreibweise: $\mathbf{x} \perp \mathbf{y}$. Gilt $\mathbf{x} \perp \mathbf{x}$ für den Vektor $\mathbf{x} \in \mathcal{K}^n$, dann heißt $\mathbf{x}$ *selbstorthogonal.* □

Beispiel 1.8 **a)** Es seien $\mathbf{x} = (1, 2, 3)$ und $\mathbf{y} = (8, 5, -6)$ Vektoren aus $\mathbb{R}^3$. Es gilt $(1, 2, 3) \perp (8, 5, -6)$, d.h. $\mathbf{x}$ und $\mathbf{y}$ sind orthogonal, denn es gilt

$$\mathbf{x} \cdot \mathbf{y} = (1, 2, 3) \cdot \begin{pmatrix} 8 \\ 5 \\ -6 \end{pmatrix} = 1 \cdot 8 + 2 \cdot 5 + 3 \cdot -6 = 0$$

b) Die Vektoren $\mathbf{x} = (1, 0, 1)$ und $\mathbf{y} = (0, 1, 0)$ aus $\mathbb{F}_2^3$ sind orthogonal, denn es gilt:

$$\mathbf{x} \cdot \mathbf{y} = (1, 0, 1) \cdot \begin{pmatrix} 0 \\ 1 \\ 0 \end{pmatrix} = 1 \cdot 0 + 0 \cdot 1 + 1 \cdot 0 = 0$$

c) Für den Vektor $\mathbf{x} = (1,0,1) \in \mathbb{F}_2^3$ gilt:

$$\mathbf{x} \cdot \mathbf{x} = (1,0,1) \cdot \begin{pmatrix} 1 \\ 0 \\ 1 \end{pmatrix} = 1 \cdot 1 + 0 \cdot 0 + 1 \cdot 1 = 0$$

$\mathbf{x} = (1,0,1)$ ist also selbstorthogonal (in $\mathbb{F}_2^3$). □

Satz 1.19 Sei $\mathcal{K}$ ein Körper und $\mathcal{V}$ ein Unterraum von $\mathcal{K}^n$. Dann gilt:

a) $\mathcal{V}^\perp$ ist ein Unterraum von $\mathcal{K}^n$.

b) $\dim(\mathcal{V}) + \dim(\mathcal{V}^\perp) = \dim(\mathcal{K}^n) = n$.

c) $(\mathcal{V}^\perp)^\perp = \mathcal{V}$.

d) $(\mathcal{K}^n)^\perp = \{0\}$.

Beweis **a)** Folgt unmittelbar aus Satz 1.18 und Folgerung 1.8; $\mathcal{V}^\perp$ ist der Orthogonalraum zu $\mathcal{V}$.

b) Der einfachste Beweis dieser Behauptung erfolgt mit dem Wissen aus Kapitel 3 über das Lösen von linearen Gleichungssystemen und dessen Zusammenhang zu Eigenschaften von Matrizen und deren Determinanten. Im Vorgriff darauf gilt: Sei $\{\mathbf{v_1}, \ldots, \mathbf{v_k}\}$ eine Basis von $\mathcal{V}$ mit $\mathbf{v_i} = (v_{i1}, \ldots, v_{in})$, $1 \leq i \leq k$. Dann gilt, dass $\mathcal{V}^\perp$ die Lösungsmenge des homogenen Gleichungssystems

$$\begin{pmatrix} \mathbf{v_1} \\ \vdots \\ \mathbf{v_k} \end{pmatrix} \cdot \mathbf{x}^T = 0$$

ist. Für die Dimension von $\mathcal{V}^\perp$ folgt mit Folgerung 3.3 e) (iii), da der Rang der Koeffizientenmatrix dieses Gleichungssystems k und nach Voraussetzung $\dim(\mathcal{K}^n) = n$ ist:

$$\dim(\mathcal{V}^\perp) = n - k = \dim(\mathcal{K}^n) - \dim(\mathcal{V})$$

woraus sofort die Behauptung folgt.

c) Folgt unmittelbar aus den Definitionen 1.12, 1.13 und 1.14.

d) Wir betrachten die Basis $\{\mathbf{e_1}, \ldots, \mathbf{e_n}\}$ für $\mathcal{K}^n$ aus Beispiel 1.3 a). Dann gilt

$$\mathbf{y} = (y_1, \ldots, y_n) \in (\mathcal{K}^n)^\perp \text{ genau dann, wenn } \mathbf{y} \cdot \mathbf{e_i} = 0,\ 1 \leq i \leq n$$

ist. Dies kann aber nur genau dann der Fall sein, wenn $\mathbf{y} = \mathbf{0}$ ist, da die i-te Komponente von $\mathbf{e_i}$ für alle i ungleich $\mathbf{0}$ ist. □

1.7 Zusammenfassung

Ein Vektorraum ist eine additive abelsche Gruppe, deren Elemente, die Vektoren, multiplikativ mit Elementen eines Körpers, den Skalaren, verknüpft werden. Diese Multiplikation ist distributiv mit der Vektorraumaddition sowie mit der Addition und der Multiplikation des Körpers.

Eine Linearkombination von Vektoren ist eine Summe von mit Skalaren multiplizierten Vektoren. Eine Untermenge von Vektoren ist genau dann ein Unterraum, wenn sie abgeschlossen gegenüber Linearkombinationen ist. Die Menge aller Linearkombinationen einer Menge von Vektoren bildet immer einen Vektorraum, den von diesen Vektoren aufgespannten Vektorraum.

Eine Menge von Vektoren ist linear unabhängig, falls sich keiner der Vektoren als Linearkombination der anderen darstellen lässt. Eine Menge von linear unabhängigen Vektoren, die einen Vektorraum aufspannt, bildet eine Basis des Vektorraums. Ist eine Basis endlich, dann enthalten alle Basen dieselbe Anzahl von Elementen. Diese Anzahl ist die Dimension des Vektorraums. Jeder Vektor lässt sich eindeutig als Linearkombination einer Basis darstellen. Die dabei verwendeten Skalare bilden die Koordinaten des Vektors bezüglich dieser Basis.

Eine lineare Abbildung zwischen zwei Vektorräumen $\mathcal{V}$ und $\mathcal{W}$ über einem Körper $\mathcal{K}$ ist ein Homomorphismus, der mit der Vektorraumaddition und mit der skalaren Multiplikation verträglich ist. Kern und Bildmenge einer linearen Abbildung bilden Unterräume von $\mathcal{V}$ bzw. von $\mathcal{W}$. Die Menge $\mathcal{L}(\mathcal{V}, \mathcal{W})$ der linearen Abildungen von $\mathcal{V}$ nach $\mathcal{W}$ bildet einen Vektorraum über $\mathcal{K}$. Durch Basiswechsel in einem Vektorraum bedingte Koordinatentransformationen sind lineare Abbildungen.

Für zwei Vektoren $\mathbf{x} = (x_1, \ldots, x_n)$ und $\mathbf{y} = (y_1, \ldots, y_n)$ über einem Körper $\mathcal{K}$ heißt $\mathbf{x} \cdot \mathbf{y} = \sum_{i=1}^{n} x_i y_i$ das Skalarprodukt von $\mathbf{x}$ und $\mathbf{y}$. Das Skalarprodukt ist eine symmetrische Bilinearform. Vektoren, deren Skalarprodukt gleich 0 ist, heißen orthogonal. Die Menge aller Vektoren, die orthogonal zu allen Vektoren eines Vektorraums $\mathcal{V} \subseteq \mathcal{K}^n$ sind, bildet selbst wieder einen Vektorraum, den Orthogonalraum $\mathcal{V}^\perp \subseteq \mathcal{K}^n$ zu $\mathcal{V}$. Die Summe der Dimensionen dieser beiden Vektorräume ist gleich n.

2 Matrizen

Wir beschäftigen uns in diesem Kapitel mit Matrizen. Sie eignen sich insbesondere zur Darstellung von Gleichungssystemen und linearen Abbildungen. Wir führen eine Addition und eine Multiplikation für Matrizen ein, und wir werden sehen, dass die so entstehende Rechenstruktur einen Ring mit Einselement bildet. Für die Lösung von linearen Gleichungssystemen ist der Rang der Koeffizientenmatrix von Bedeutung. Deshalb betrachten wir den Rang einer Matrix sowie Matrizenumformungen, die den Rang invariant lassen. Die Umformungen, die die Zeilen einer Matrix betreffen, sind ebenfalls bei Lösungsverfahren für lineare Gleichungssysteme von Bedeutung.

Lernziele

Nach dem Durcharbeiten dieses Kapitels sollten Sie

- alle Grundbegriffe über Matrizen kennen und an Beispielen erläutern können,
- erklären können, dass Matrizen mit Matrizenaddition und Matrizenmultiplikation einen Ring mit Einselement bilden,
- wissen, was der Rang einer Matrix ist, diesen bestimmen können und die elementaren Matrizenumformungen kennen, die den Rang invariant lassen.

2.1 Definitionen und elementare Eigenschaften

In diesem Abschnitt betrachten wir – insbesondere im Hinblick auf die Betrachtungen in den folgenden Abschnitten – Begriffe zu Matrizen und deren elementare Eigenschaften.

$(m \times n)$-Matrix

Definition 2.1 Es sei $m, n \in \mathbb{N}$ und $\mathcal{K}$ ein Körper. Eine *$(m \times n)$-Matrix* $\mathbf{A}$ über $\mathcal{K}$ ist gegeben durch

$$\mathbf{A} = (\mathbf{a_{i,j}})_{\substack{1 \leq i \leq m \\ 1 \leq j \leq n}} = \begin{pmatrix} a_{1,1} & a_{1,2} & \dots & a_{1,n} \\ a_{2,1} & a_{2,2} & \dots & a_{2,n} \\ \vdots & \vdots & & \vdots \\ a_{m,1} & a_{m,2} & \dots & a_{m,n} \end{pmatrix}$$

wobei $a_{i,j} \in \mathcal{K}$, $1 \leq i \leq m$, $1 \leq j \leq n$, ist.[2] Während wir mit $\mathbf{A} = (\mathbf{a_{i,j}})$ die gesamte Matrix darstellen, bedeutet $(\mathbf{A})_{ij} = a_{ij}$ das Element von $\mathbf{A}$ in der i-ten Zeile und j-ten Spalte.

2 Falls keine Missverständnisse möglich sind, schreiben wir anstelle von $a_{i,j}$ auch a_{ij} sowie anstelle von $\mathbf{A} = (\mathbf{a_{i,j}})_{\substack{1 \leq i \leq m \\ 1 \leq j \leq n}}$ auch $\mathbf{A} = (\mathbf{a_{i,j}})$ oder $\mathbf{A} = (\mathbf{a_{ij}})$.

Für $1 \leq i \leq m$ heißt

$$\mathbf{a_{i*}} = (a_{i1}, a_{i2}, \ldots, a_{in})$$

Zeilenvektor die i-te *Zeile* oder i-ter *Zeilenvektor* sowie für $1 \leq j \leq n$ heißt

$$\mathbf{a_{*j}} = (a_{1j}, a_{2j}, \ldots, a_{mj})$$

Spaltenvektor die j-te *Spalte* oder j-ter *Spaltenvektor* von $\mathbf{A}$.

Mit $\mathcal{M}_{mn}^{\mathcal{K}}$ bezeichnen wir die Menge aller $(m \times n)$-Matrizen über $\mathcal{K}$.

Gleichheit von Matrizen Zwei Matrizen $\mathbf{A}, \mathbf{B} \in \mathcal{M}_{mn}^{\mathcal{K}}$ sind *gleich*, falls $a_{ij} = b_{ij}$, $1 \leq i \leq m$, $1 \leq j \leq n$, gilt.

Nullmatrix Gilt für eine Matrix $\mathbf{A}$, dass $a_{ij} = 0$, $1 \leq i \leq m$, $1 \leq j \leq n$, dann heißt $\mathbf{A}$ *Nullmatrix* (Schreibweise: $\mathbf{A} = \mathbf{0_{mn}}$ oder $\mathbf{A} = \mathbf{0}$).

Transponierte einer Matrix Sei $\mathbf{A} \in \mathcal{M}_{mn}^{\mathcal{K}}$, dann heißt die Matrix $\mathbf{A}^T \in \mathcal{M}_{nm}^{\mathcal{K}}$ definiert durch

$$\left(\mathbf{A}^T \right)_{ij} = a_{ij}^T = a_{ji} = \left(\mathbf{A} \right)_{ji}, \; 1 \leq i \leq m, \; 1 \leq j \leq n$$

die *Transponierte* von $\mathbf{A}$. Transponieren bedeutet also quasi das Vertauschen von Zeilen und Spalten.

Quadratische Matrix Die Matrizen $\mathbf{A} \in \mathcal{M}_{mm}^{\mathcal{K}}$ (anstelle von $\mathcal{M}_{mm}^{\mathcal{K}}$ schreiben wir auch $\mathcal{M}_{m}^{\mathcal{K}}$) heißen *quadratisch*.

Obere, untere Dreiecksmatrix Eine quadratische Matrix $\mathbf{A} \in \mathcal{M}_{m}^{\mathcal{K}}$ mit $a_{ij} = 0$ für $i > j$ heißt *obere Dreiecksmatrix*. Entsprechend heißt eine quadratische Matrix $\mathbf{A} \in \mathcal{M}_{m}^{\mathcal{K}}$ mit $a_{ij} = 0$ für $i < j$ *untere Dreiecksmatrix*.

Diagonalelemente Diagonalmatrix Die Elemente a_{ii} einer Matrix heißen *Diagonalelemente*. Eine Matrix heißt *Diagonalmatrix*, falls $a_{ij} = 0$ für alle $i \neq j$ ist, d.h. alle Elemente, die keine Diagonalelemente sind, sind gleich Null.

Einheitsmatrix Eine Diagonalmatrix $\mathbf{A} \in \mathcal{M}_{m}^{\mathcal{K}}$ mit $a_{ii} = 1$, $1 \leq i \leq m$, heißt *Einheitsmatrix* (Schreibweise: $\mathbf{A} = \mathbf{E_m}$ oder $\mathbf{A} = \mathbf{E}$).

Symmetrische Matrix Gilt für eine quadratische Matrix $\mathbf{A}$, dass $a_{ij} = a_{ji}$, $1 \leq i, j \leq m$, ist dann heißt $\mathbf{A}$ *symmetrisch*. □

Folgerung 2.1 **a)** Für alle Matrizen $\mathbf{A} \in \mathcal{M}_{mn}^{\mathcal{K}}$ gilt: $\left(\mathbf{A}^T \right)^T = \mathbf{A}$.

b) $\mathbf{A} \in \mathcal{M}_{m}^{\mathcal{K}}$ ist genau dann symmetrisch, falls $\mathbf{A} = \mathbf{A}^T$ ist. □

Man kann $(m \times n)$-Matrizen über einem Körper $\mathcal{K}$ auch als Vektoren des Vektorraums $\mathcal{K}^{m \cdot n}$ betrachten, indem man etwa alle Spalten oder alle Zeilen hintereinander auflistet. Die folgende Definition und die anschließende Folgerung 2.2 a) sind uns – so gesehen – bereits aus dem vorigen Kapitel bekannt.

Definition 2.2 Es seien $\mathbf{A}, \mathbf{B} \in \mathcal{M}_{mn}^{\mathcal{K}}$ sowie $\alpha \in \mathcal{K}$. Dann ist

a) $\mathbf{C} = \mathbf{A} + \mathbf{B}$ definiert durch $c_{ij} = a_{ij} + b_{ij}$ die *Summe* von $\mathbf{A}$ und $\mathbf{B}$;

b) $\alpha \cdot \mathbf{A}$ definiert durch $\left(\alpha \cdot \mathbf{A} \right)_{ij} = \alpha \cdot a_{ij}$ das *skalare Produkt* von α und $\mathbf{A}$. □

Folgerung 2.2 a) $\mathcal{M}_{mn}^{\mathcal{K}}$ bildet einen Vektorraum über $\mathcal{K}$.

b) Es seien $\mathbf{A}, \mathbf{B} \in \mathcal{M}_{mn}^{\mathcal{K}}$ und $\alpha \in \mathcal{K}$. Für die Matrixtransposition gelten folgende Rechenregeln:

$$(\mathbf{A} + \mathbf{B})^T = \mathbf{A}^T + \mathbf{B}^T \text{ sowie } (\alpha \cdot \mathbf{A})^T = \alpha \cdot \mathbf{A}^T \qquad \square$$

Umgekehrt kann man einen Vektor $\mathbf{x} \in \mathcal{K}^l$ – als Zeile betrachtet – auch als $(1 \times l)$-Matrix ansehen. $\mathbf{x}^T$ stellt dann diesen Vektor als $(l \times 1)$-Matrix, bestehend aus einer Spalte, dar. Diese Notation haben wir schon im Kapitel 1.6 beim Skalarprodukt von Vektoren benutzt. Wir verallgemeinern nun diese Definition auf Matrizen, indem wir ein Matrizenprodukt durch skalare Multiplikation der Zeilenvektoren der einen mit den Spaltenvektoren der anderen Matrix festlegen.

Produkt von Matrizen

Definition 2.3 Es sei $\mathbf{A} \in \mathcal{M}_{ml}^{\mathcal{K}}$ sowie $\mathbf{B} \in \mathcal{M}_{ln}^{\mathcal{K}}$. Dann ist das *Produkt* $\mathbf{C} = \mathbf{A} \cdot \mathbf{B} \in \mathcal{M}_{mn}^{\mathcal{K}}$ definiert durch

$$\mathbf{C} = (\mathbf{c}_{ij})_{\substack{1 \le i \le m \\ 1 \le j \le n}} \text{ mit } c_{ij} = \sum_{k=1}^{l} a_{ik} \cdot b_{kj},\ 1 \le i \le m,\ 1 \le j \le n \qquad \square$$

Unter Beachtung der Bemerkungen vor der Definition können wir die Multiplikation auch wie folgt festlegen (siehe Definition 1.13):

$$c_{ij} = \mathbf{a}_{i*} \cdot \mathbf{b}_{*j},\ 1 \le i \le m,\ 1 \le j \le n$$

Folgerung 2.3 Sei $\mathbf{A} \in \mathcal{M}_{mn}^{\mathcal{K}}$, dann gilt $\mathbf{E}_m \cdot \mathbf{A} = \mathbf{A}$ und $\mathbf{A} \cdot \mathbf{E}_n = \mathbf{A}$, womit die Bezeichnung *Einheitsmatrix* für die Matrizen $\mathbf{E}_k$, $k \ge 1$, gerechtfertigt ist. □

Nach den bisherigen Darstellungen ist die Aussage des folgenden Satzes nicht überraschend und lässt sich leicht verifzieren.

Satz 2.1 $\mathcal{M}_m^{\mathcal{K}}$ bildet mit den Operationen Matrizenaddition und Matrizenmultiplikation einen (im Allgemeinen nicht kommutativen) Ring mit Einselement. □

Mit der Frage, ob es eine Menge von quadratischen Matrizen gibt, die sogar einen Körper bilden, d.h. insbesondere mit der Frage, ob es bezüglich der Multiplikation invertierbare Matrizen gibt, und wenn ja, wie diese beschaffen sind, beschäftigen wir uns in Kapitel 4.2.

Für Multiplikation und Transposition gilt die folgende Rechenregel (Fortsetzung von Folgerungen 2.1 und 2.2 b):

$$(\mathbf{A} \cdot \mathbf{B})^T = \mathbf{B}^T \cdot \mathbf{A}^T \tag{2.1}$$

Dies können wir mithilfe obiger Definitionen und Eigenschaften wie folgt nachrechnen:

$$\begin{aligned}
\left((\mathbf{A}\cdot\mathbf{B})^T \right)_{ij} &= (\mathbf{A}\cdot\mathbf{B})_{ji} \\
&= \mathbf{a}_{j*}\cdot\mathbf{b}_{*i} \\
&= (a_{j1},\ldots,a_{ji},\ldots,a_{jk})\cdot(b_{1i},\ldots,b_{ii},\ldots,b_{ki}) \\
&= a_{j1}b_{1i}+\ldots+a_{ji}b_{ii}+\ldots+a_{jk}b_{ki} \\
&= b_{1i}a_{j1}+\ldots+b_{ii}a_{ji}+\ldots+b_{ki}a_{jk} \\
&= b^T_{i1}a^T_{1j}+\ldots+b^T_{ii}a^T_{ij}+\ldots+b^T_{ik}a^T_{kj} \\
&= \left(b^T_{i1}+\ldots+b^T_{ii}+\ldots+b^T_{ik} \right)\cdot\left(a^T_{1j}+\ldots+a^T_{ij}+\ldots+a^T_{kj} \right) \\
&= \mathbf{b}^T_{i*}\cdot\mathbf{a}^T_{*j} \\
&= \left(\mathbf{B}^T\cdot\mathbf{A}^T \right)_{ij}
\end{aligned}$$

Durch geeignete Partitionierung lässt sich die Matrizenmultiplikation in speziellen Fällen vereinfachen. Sei $\mathbf{A}$ eine $(m \times l)$-Matrix und $\mathbf{B}$ eine $(l \times n)$-Matrix. Wir teilen diese in jeweils zwei Matrizen $\mathbf{A_1}$ und $\mathbf{A_2}$ bzw. $\mathbf{B_1}$ und $\mathbf{B_2}$ wie folgt auf:

$$\mathbf{A} = (\mathbf{A_1} \mid \mathbf{A_2}) \quad \text{bzw.} \quad \mathbf{B} = \left(\begin{array}{c} \mathbf{B_1} \\ \hline \mathbf{B_2} \end{array} \right)$$

Dabei habe $\mathbf{A_1}$ p Spalten und $\mathbf{B_1}$ p Zeilen, $1 \leq p \leq l$. Dann gilt:

$$\mathbf{A}\cdot\mathbf{B} = \mathbf{A_1}\cdot\mathbf{B_1} + \mathbf{A_2}\cdot\mathbf{B_2}$$

Das entspricht quasi der skalaren Multiplikation zweier Vektoren.

Beispiel 2.1 Durch die Wahl der folgenden Beispielmatrizen wird klar, wann diese Art der Aufteilung bei der Multiplikation Vorteile (Effizienzgewinne) bringen kann.

$$\left(\begin{array}{cc|c} 1 & 0 & 5 \\ 0 & 1 & 7 \end{array} \right)\cdot\left(\begin{array}{cc} 2 & 3 \\ 4 & 8 \\ \hline 0 & 0 \end{array} \right) = \begin{pmatrix} 1 & 0 \\ 0 & 1 \end{pmatrix}\cdot\begin{pmatrix} 2 & 3 \\ 4 & 8 \end{pmatrix} + \begin{pmatrix} 5 \\ 7 \end{pmatrix}\cdot\begin{pmatrix} 0 & 0 \end{pmatrix} = \begin{pmatrix} 2 & 3 \\ 4 & 8 \end{pmatrix}$$

□

Diese blockweise Multiplikation kann sogar noch verallgemeinert werden, indem man die Matrizen A und B in weitere kompatible Blöcke einteilt:

$$\mathbf{A} = \left(\begin{array}{c|c} \mathbf{A_1} & \mathbf{A_2} \\ \hline \mathbf{A_3} & \mathbf{A_4} \end{array} \right) \quad \text{bzw.} \quad \mathbf{B} = \left(\begin{array}{c|c} \mathbf{B_1} & \mathbf{B_2} \\ \hline \mathbf{B_3} & \mathbf{B_4} \end{array} \right)$$

Dann gilt:

$$\mathbf{A}\cdot\mathbf{B} = \left(\begin{array}{c|c} \mathbf{A_1}\cdot\mathbf{B_1} + \mathbf{A_2}\cdot\mathbf{B_3} & \mathbf{A_1}\cdot\mathbf{B_2} + \mathbf{A_2}\cdot\mathbf{B_4} \\ \hline \mathbf{A_3}\cdot\mathbf{B_1} + \mathbf{A_4}\cdot\mathbf{B_3} & \mathbf{A_3}\cdot\mathbf{B_2} + \mathbf{A_4}\cdot\mathbf{B_4} \end{array} \right)$$

Das entspricht quasi der Multiplikation zweier (2×2)-Matrizen, wenn man die Blöcke als Matrixelemente ansieht.

Beispiel 2.2

$$\left(\begin{array}{cc|c} 1 & 0 & 5 \\ \hline 0 & 1 & 7 \end{array}\right) \cdot \left(\begin{array}{cc|cc} 2 & 3 & 1 & 1 \\ 4 & 1 & 0 & 0 \\ \hline 0 & 1 & 1 & 0 \end{array}\right) = \left(\begin{array}{cc|cc} 2 & 8 & 6 & 1 \\ \hline 4 & 8 & 7 & 0 \end{array}\right) = \begin{pmatrix} 2 & 8 & 6 & 1 \\ 4 & 8 & 7 & 0 \end{pmatrix}$$

□

2.2 Elementare Matrizenoperationen

Für die Bestimmung des Rangs einer Matrix, den wir im nächsten Abschnitt betrachten, sowie für das Gausssche Eliminationsverfahren zur Lösung linearer Gleichungssysteme, welches wir im nächsten Kapitel kennen lernen, benötigen wir Operationen, um Matrizen in eine bestimmte Form zu transformieren. Diese Transformationen können durch Multiplikation mit geeigneten Matrizen durchgeführt werden. In diesem Abschnitt führen wir diese Matrizen ein und betrachten die Eigenschaften, die für die genannten Anwendungen von Bedeutung sind.

Definition 2.4 Matrizen $\mathbf{E}_{ij} \in \mathcal{M}_m^{\mathcal{K}}$ definiert durch

$$\mathbf{E}_{ij} = (\mathbf{e}_{rs})_{1 \leq r,s \leq m} \quad \text{mit} \quad e_{rs} = \begin{cases} 1, & r = i, s = j \\ 0, & \text{sonst} \end{cases}$$

heißen *Matrizeneinheiten.* Diese Matrizen haben also die Gestalt **Matrizeneinheit**

$$i \begin{pmatrix} 0 & \dots & 0 & \dots & 0 \\ \vdots & \dots & \vdots & \dots & \vdots \\ 0 & \dots & 1 & \dots & 0 \\ \vdots & \dots & \vdots & \dots & \vdots \\ 0 & \dots & 0 & \dots & 0 \end{pmatrix}$$
$$\qquad\qquad j$$

(dabei stehen die Punkte für Nullen), d.h. das Element e_{ij} ist geich 1, alle anderen Elemente sind 0. □

Satz 2.2 Es sei $\mathbf{E}_{ij} \in \mathcal{M}_m^{\mathcal{K}}$ und $\mathbf{A} \in \mathcal{M}_{mn}^{\mathcal{K}}$, dann gilt

a)

$$\mathbf{E}_{ij} \cdot \mathbf{A} = \begin{pmatrix} 0 & \dots & 0 & \dots & 0 \\ \vdots & \dots & \vdots & \dots & \vdots \\ a_{j1} & \dots & a_{jj} & \dots & a_{jn} \\ \vdots & \dots & \vdots & \dots & \vdots \\ 0 & \dots & 0 & \dots & 0 \end{pmatrix} \quad i$$

Die Linksmultiplikation einer Matrix mit der Matrizeneinheit $\mathbf{E}_{ij}$ erzeugt also eine Matrix, deren i-te Zeile gleich der j-ten Zeile von $\mathbf{A}$ ist, und alle anderen Matrizenelemente sind gleich Null. Wir bezeichnen diese Matrix mit $\mathbf{A}^r_{j\to i}$ (r steht für *row*, Zeile), d.h.

$$\mathbf{A}^r_{j\to i} = \mathbf{E}_{ij} \cdot \mathbf{A}$$

b)

$$\mathbf{A} \cdot \mathbf{E}_{ij} = \begin{pmatrix} 0 & \dots & a_{1i} & \dots & 0 \\ \vdots & \dots & \vdots & \dots & \vdots \\ 0 & \dots & a_{ii} & \dots & 0 \\ \vdots & \dots & \vdots & \dots & \vdots \\ 0 & \dots & a_{mi} & \dots & 0 \end{pmatrix}$$
$$\qquad\qquad\qquad\qquad \dot{j}$$

Die Rechtsmultiplikation einer Matrix mit der Matrizeneinheit $\mathbf{E}_{ij}$ erzeugt eine Matrix, deren j-te Spalte gleich der i-ten Spalte von $\mathbf{A}$ ist, und alle anderen Matrizenelemente sind gleich Null. Wir bezeichnen diese Matrix mit $\mathbf{A}^c_{i\to j}$ (c steht für *column*, Spalte), d.h.

$$\mathbf{A}^c_{i\to j} = \mathbf{A} \cdot \mathbf{E}_{ij}$$

□

Folgerung 2.4 **a)** Für $i \neq j$ gilt $\mathbf{E}^2_{ij} = \mathbf{0}$, und es gilt $\mathbf{E}^2_{kk} = \mathbf{E}_{kk}$.

b) $\mathbf{E}_{kk} \cdot \mathbf{A}$ ist die Matrix, die als k-te Zeile die k-te Zeile von $\mathbf{A}$ enthält, alle anderen Elemente sind gleich Null. Wir nennen diese Matrix $\mathbf{A}^r_k$, d.h. es ist

$$\mathbf{A}^r_k = \mathbf{A}^r_{k\to k} = \mathbf{E}_{kk} \cdot \mathbf{A}$$

Analog ist $\mathbf{A} \cdot \mathbf{E}_{kk}$ die Matrix, die als k-te Spalte die k-te Spalte von $\mathbf{A}$ enthält, alle anderen Elemente sind gleich Null. Wir nennen diese Matrix $\mathbf{A}^c_k$, d.h. es ist

$$\mathbf{A}^c_k = \mathbf{A}^c_{k\to k} = \mathbf{A} \cdot \mathbf{E}_{kk}$$

c) Für $\alpha \in \mathcal{K}$ ist $\alpha \cdot \mathbf{A}^r_k$ die Matrix, die als k-te Zeile die mit α multiplizierte k-te Zeile von $\mathbf{A}$ enthält, alle anderen Elemente sind gleich Null. Analog ist $\alpha \cdot \mathbf{A}^c_k$ die Matrix, die als k-te Spalte die mit α multiplizierte k-te Spalte von $\mathbf{A}$ enthält, alle anderen Elemente sind gleich Null. □

Wir führen nun mithilfe von Matrizeneinheiten formal die Operationen

a) *Zeilentausch*,

b) *Multiplikation einer Zeile mit einem Skalar* und

c) *Addition eines Vielfachen einer Zeile zu einer anderen*

sowie die entsprechenden Spaltenoperationen ein.

Satz 2.3 Es seien $\mathbf{E}_{ii}, \mathbf{E}_{jj}, \mathbf{E}_{kk}, \mathbf{E}_{ij}, \mathbf{E}_{ji} \in \mathcal{M}_m^{\mathcal{K}}$ Matrizeneinheiten, und es sei $\mathbf{A} \in \mathcal{M}_{mn}^{\mathcal{K}}$.

a) Das Vertauschen der Zeilen i und j von $\mathbf{A}$ wird erreicht durch:

$$\begin{aligned}\mathbf{A} - \mathbf{A}_i^r - \mathbf{A}_j^r + \mathbf{A}_{j\to i}^r + \mathbf{A}_{i\to j}^r &= \mathbf{A} - \mathbf{E}_{ii}\mathbf{A} - \mathbf{E}_{jj}\mathbf{A} + \mathbf{E}_{ij}\mathbf{A} + \mathbf{E}_{ji}\mathbf{A} \\ &= (\mathbf{E} - \mathbf{E}_{ii} - \mathbf{E}_{ij} + \mathbf{E}_{ji})\mathbf{A}\end{aligned}$$

Vertauschen von Zeilen

Wir setzen

$$\mathbf{C}(i,j) = \mathbf{E} - \mathbf{E}_{ii} - \mathbf{E}_{jj} + \mathbf{E}_{ij} + \mathbf{E}_{ji} = \begin{pmatrix} 1 &&&&&&&&&& \\ & \ddots &&&&&&&&& \\ && 1 &&&&&&&& \\ &&& 0 &&&& 1 &&& \\ &&&& 1 &&&&&& \\ &&&&& \ddots &&&&& \\ &&&&&& 1 &&&& \\ &&& 1 &&&& 0 &&& \\ &&&&&&&& 1 && \\ &&&&&&&&& \ddots & \\ &&&&&&&&&& 1 \end{pmatrix}$$

d.h. es ist $\mathbf{C}(i,j) = (\mathbf{c}_{rs})_{1 \le r,s \le m}$ mit

$$c_{rs} = \begin{cases} 1, & r = s,\ 1 \le r,s \le i-1,\ i+1 \le r,s \le j-1,\ j+1 \le r,s \le m \\ 0, & r = s = i, r = s = j \\ 1, & r \ne s,\ r = i,\ s = j \\ 1, & r \ne s,\ r = j,\ s = i \\ 0, & \text{sonst} \end{cases}$$

Das Vertauschen der i-ten mit der j-ten Zeile der Matrix $\mathbf{A}$ wird also durch die (Links-) Multiplikation $\mathbf{C}(i,j) \cdot \mathbf{A}$ erreicht.

Vertauschen von Spalten

Entsprechend wird das Vertauschen der i-ten mit der j-ten Spalte der Matrix $\mathbf{A}$ durch die (Rechts-) Multiplikation $\mathbf{A} \cdot \mathbf{C}(i,j)$ erreicht.

Multiplikation einer Zeile mit einem Skalar

b) Die Multiplikation der k-ten Zeile von A mit einem Skalar $\alpha \in \mathcal{K}$ wird erreicht durch:

$$\begin{aligned}\mathbf{A} - \mathbf{A}_k^r + \alpha \cdot \mathbf{A}_k^r &= \mathbf{A} - \mathbf{E}_{kk} \cdot \mathbf{A} + \alpha \cdot \mathbf{E}_{kk} \cdot \mathbf{A} \\ &= \mathbf{A} + (\alpha - 1) \cdot \mathbf{E}_{kk} \cdot \mathbf{A} \\ &= (\mathbf{E} + (\alpha - 1) \cdot \mathbf{E}_{kk}) \cdot \mathbf{A}\end{aligned}$$

Wir setzen

$$\mathbf{M}(k,\alpha) = \mathbf{E} + (\alpha - 1)\cdot \mathbf{E}_{kk} = \begin{pmatrix} 1 & & & & & & \\ & \ddots & & & & 0 & \\ & & 1 & & & & \\ & & & \alpha & & & \\ & & & & 1 & & \\ & 0 & & & & \ddots & \\ & & & & & & 1 \end{pmatrix} \begin{matrix} \\ \\ \\ k \\ \\ \\ \\ \end{matrix}$$

$$\qquad\qquad\qquad\qquad\qquad\qquad\qquad k$$

d.h. es ist $\mathbf{M}(k,\alpha) = (\mathbf{m}_{ij})_{1\le i,j\le m}$ mit

$$m_{ij} = \begin{cases} 1, & i = j,\ 1 \le i,j \le k-1,\ k+1 \le i,j \le m \\ \alpha, & i = j = k \\ 0, & \text{sonst} \end{cases}$$

Die Multiplikation der k-ten Zeile der Matrix $\mathbf{A}$ mit einem Skalar $\alpha \in \mathcal{K}$ wird also durch die (Links-) Multiplikation $\mathbf{M}(k,\alpha)\cdot\mathbf{A}$ erreicht.

Multiplikation einer Spalte mit einem Skalar

Entsprechend wird die Multiplikation der k-ten Spalte der Matrix $\mathbf{A}$ mit einem Skalar $\alpha \in \mathcal{K}$ durch die (Rechts-) Multiplikation $\mathbf{A}\cdot\mathbf{M}(k,\alpha)$ erreicht.

Zeilenaddition

c) Für $i \ne j$ wird die Addition des α-fachen der j-ten Zeile zur i-ten Zeile erreicht durch

$$\mathbf{A} + \alpha\mathbf{A}^{\boldsymbol{r}}_{\boldsymbol{j\to i}} = \mathbf{A} + \alpha\mathbf{E}_{\boldsymbol{ij}}\mathbf{A} = (\mathbf{E} + \alpha\mathbf{E}_{\boldsymbol{ij}})\mathbf{A}$$

Wir setzen

$$\mathbf{S}(i,j,\alpha) = \mathbf{E} + \alpha\mathbf{E}_{\boldsymbol{ij}} = \begin{pmatrix} 1 & & & \\ & \ddots & & \\ & & \ddots & \\ & \alpha & & \ddots & \\ & & & & 1 \end{pmatrix}$$

bzw.

$$\mathbf{S}(i,j,\alpha) = \mathbf{E} + \alpha\mathbf{E}_{\boldsymbol{ij}} = \begin{pmatrix} 1 & & & & \\ & \ddots & & \alpha & \\ & & \ddots & & \\ & & & \ddots & \\ & & & & 1 \end{pmatrix}$$

d.h. es ist

$$\mathbf{S}(i,j,\alpha) = (\mathbf{s}_{\boldsymbol{rs}})_{1\le r,s\le m} \ \text{ mit } \ s_{rs} = \begin{cases} 1, & r = s \\ \alpha, & r = i,\ s = j \\ 0, & \text{sonst} \end{cases}$$

Die Addition des α-fachen der j-ten zur i-ten Zeile wird also durch die (Links-) Multiplikation $\mathbf{S}(i,j,\alpha)\cdot\mathbf{A}$ erreicht.

Spaltenaddition

Entsprechend wird die Addition des α-fachen der j-ten zur i-ten Spalte durch die (Rechts-) Multiplikation $\mathbf{A}\cdot\mathbf{S}(j,i,\alpha)$ erreicht. □

Aus den obigen Eigenschaften folgt unmittelbar

Folgerung 2.5 Es gilt $(\mathbf{C}(i,j))^T = \mathbf{C}(i,j)$, $(\mathbf{M}(k,\alpha))^T = \mathbf{M}(k,\alpha)$ sowie $(\mathbf{S}(i,j,\alpha))^T = \mathbf{S}(j,i,\alpha)$. □

Elementarmatrizen

Definition 2.5 Wir nennen für $1 \le i,j,k \le m$ und $\alpha \in \mathcal{K}$ die Matrizen

$$\mathbf{C}(i,j),\ \mathbf{M}(k,\alpha),\ \mathbf{S}(i,j,\alpha) \in \mathcal{M}_m^{\mathcal{K}}$$

Elementarmatrizen sowie für $\mathbf{A} \in \mathcal{M}_{mn}^{\mathcal{K}}$ die Linksmultiplikation $\mathbf{L}\cdot\mathbf{A}$ bzw. die Rechtsmultiplikation $\mathbf{A}\cdot\mathbf{R}$ mit $\mathbf{L},\mathbf{R} \in \{\,\mathbf{E}, \mathbf{C}(i,j), \mathbf{M}(k,\alpha), \mathbf{S}(i,j,\alpha)\,\}$ eine *Elementaroperation* auf $\mathbf{A}$. □

Elementaroperationen

Satz 2.4 Die Elementarmatrizen $\mathbf{C}(i,j), \mathbf{M}(k,\alpha), \mathbf{S}(i,j,\alpha) \in \mathcal{M}_m^{\mathcal{K}}$ sind invertierbar, und es gilt für $\mathbf{A} \in \mathcal{M}_{mn}^{\mathcal{K}}$

a) $\mathbf{C}^{-1}(i,j) = \mathbf{C}(i,j)$ und damit $\mathbf{C}(i,j)\cdot\mathbf{C}(i,j)\cdot\mathbf{A} = \mathbf{A}$,

b) $\mathbf{M}^{-1}(k,\alpha) = \mathbf{M}(k,\alpha^{-1})$ und damit $\mathbf{M}(k,\alpha)\cdot\mathbf{M}(k,\alpha^{-1})\cdot\mathbf{A} = \mathbf{A}$,

c) $\mathbf{S}^{-1}(i,j,\alpha) = \mathbf{S}(i,j,-\alpha)$ und damit $\mathbf{S}(i,j,\alpha)\cdot\mathbf{S}(i,j,-\alpha)\cdot\mathbf{A} = \mathbf{A}$ für $i \ne j$.

Beweis **a)** Es ist

$$\begin{aligned}\mathbf{C}(i,j)\cdot\mathbf{C}(i,j) &= (\mathbf{E}-\mathbf{E}_{ii}-\mathbf{E}_{jj}+\mathbf{E}_{ij}+\mathbf{E}_{ji})\cdot(\mathbf{E}-\mathbf{E}_{ii}-\mathbf{E}_{jj}+\mathbf{E}_{ij}+\mathbf{E}_{ji})\\ &= \ldots\\ &= \mathbf{E}\end{aligned}$$

(„ … “ bedeutet „langwierige Rechnerei“ – aber es kommt letztendlich $\mathbf{E}$ heraus.)

b) Es ist mit Folgerung 2.4 a)

$$\begin{aligned}&\mathbf{M}(k,\alpha)\cdot\mathbf{M}(k,\alpha^{-1})\\ &\quad= (\mathbf{E}+(\alpha-1)\mathbf{E}_{kk})\cdot(\mathbf{E}+(\alpha^{-1}-1)\mathbf{E}_{kk})\\ &\quad= \mathbf{E}+(\alpha^{-1}-1)\mathbf{E}_{kk}+(\alpha-1)\mathbf{E}_{kk}+(\alpha-1)(\alpha^{-1}-1)\mathbf{E}_{kk}^2\\ &\quad= \mathbf{E}+\alpha^{-1}\mathbf{E}_{kk}-\mathbf{E}_{kk}+\alpha\mathbf{E}_{kk}-\mathbf{E}_{kk}+2\mathbf{E}_{kk}-\alpha\mathbf{E}_{kk}-\alpha^{-1}\mathbf{E}_{kk}\\ &\quad= \mathbf{E}\end{aligned}$$

c) Es ist mit Folgerung 2.4 a)

$$\begin{aligned}\mathbf{S}(i,j,\alpha)\cdot\mathbf{S}(i,j,-\alpha) &= (\mathbf{E}+\alpha\mathbf{E}_{ij})(\mathbf{E}-\alpha\mathbf{E}_{ij})\\ &= \mathbf{E}-\alpha\mathbf{E}_{ij}+\alpha\mathbf{E}_{ij}-\alpha^2\mathbf{E}_{ij}^2\\ &= \mathbf{E}\end{aligned}$$

Womit insgesamt alle Behauptungen gezeigt sind. □

Aus dem Satz folgt unmittelbar

Folgerung 2.6 **a)** Es sei $\mathbf{L}$ eine Elementaroperation, dann ist auch $\mathbf{L}^{-1}$ eine Elementaroperation.

b) Ist $\mathbf{L} = \mathbf{L}_k \cdot \ldots \cdot \mathbf{L}_1$ ein Produkt (man sagt auch eine Folge) von Elementaroperationen, dann ist $\mathbf{L}^{-1} = (\mathbf{L}_k \cdot \ldots \cdot \mathbf{L}_1)^{-1} = \mathbf{L}_1^{-1} \cdot \ldots \cdot \mathbf{L}_k^{-1}$ ebenfalls ein Produkt (eine Folge) von Elementaroperationen.[3] □

Übungsaufgaben

2.1 Führen Sie auf die Matrix

$$\mathbf{A} = \begin{pmatrix} 1 & 2 & 3 \\ 4 & 5 & 6 \\ 7 & 8 & 9 \end{pmatrix} \in \mathcal{M}_3^{\mathbb{R}}$$

Folgen von Elementaroperationen nach eigener Wahl aus! □

2.3 Rang einer Matrix

Zeilenrang
Spaltenrang

Betrachtet man die Zeilen oder Spalten einer Matrix $\mathbf{A} \in \mathcal{M}_{mn}^{\mathcal{K}}$ jeweils als Mengen von Vektoren, so können diese linear unabhängig oder linear abhängig sein. Wir nennen die maximale Anzahl der linear unabhängigen Zeilen von $\mathbf{A}$ den *Zeilenrang* und entsprechend die Anzahl der unabhängigen Spalten den *Spaltenrang* von $\mathbf{A}$. Den Zeilenrang bezeichnen wir mit $rrang(\mathbf{A})$ bzw. den Spaltenrang mit $crang(\mathbf{A})$.

Zeilenreduktion

Definition 2.6 **a)** Sei $\mathbf{A} \in \mathcal{M}_{mn}^{\mathcal{K}}$ eine Matrix und $\mathbf{L} = \mathbf{L}_k \cdot \ldots \cdot \mathbf{L}_1$ eine Folge von Elementaroperationen, dann heißt

$$\mathbf{B} = \mathbf{L} \cdot \mathbf{A} = \mathbf{L}_k \cdot \ldots \cdot \mathbf{L}_1 \cdot \mathbf{A}$$

Zeilenreduktion von $\mathbf{A}$.

Spaltenreduktion

b) Sei $\mathbf{A} \in \mathcal{M}_{mn}^{\mathcal{K}}$ eine Matrix und $\mathbf{R} = \mathbf{R}_1 \cdot \ldots \cdot \mathbf{R}_l$ eine Folge von Elementaroperationen, dann heißt

$$\mathbf{B} = \mathbf{A} \cdot \mathbf{R} = A \cdot \mathbf{R}_1 \cdot \ldots \cdot \mathbf{R}_l$$

Spaltenreduktion von $\mathbf{A}$.

3 In multiplikativen Strukturen gilt für invertierbare Elemente: $(a \cdot b)^{-1} = b^{-1} \cdot a^{-1}$ (siehe (A.6) im Anhang).

c) Zwei Matrizen $\mathbf{A}, \mathbf{B} \in \mathcal{M}_{mn}^{\mathcal{K}}$ heißen äquivalent, falls es eine Zeilenreduktion $\mathbf{L}$ und eine Spaltenreduktion $\mathbf{R}$ gibt, so dass

$$\mathbf{B} = \mathbf{L} \cdot \mathbf{A} \cdot \mathbf{R}$$

gilt. Schreibweise: $\mathbf{A} \equiv \mathbf{B}$. □

Äquivalenz von Matrizen

Der folgende Satz besagt, dass die Anwendung von Zeilen- und Spaltenreduktionen auf eine Matrix weder deren Zeilen- noch deren Spaltenrang ändert. Bei den Tauschoperationen und der Multiplikation von Spalten oder Zeilen mit Skalaren ist das offensichtlich, und da bei den anderen Operationen Zeilen- bzw. Spaltenvektoren linear miteinander verknüpft werden, kann man überlegen, dass die lineare Unabhängigkeit oder die lineare Abhängigkeit der Zeilen- bzw. der Spaltenvektoren insgesamt dadurch nicht verändert werden.

Satz 2.5 Sind $\mathbf{A}, \mathbf{B} \in \mathcal{M}_{mn}^{\mathcal{K}}$ Matrizen mit $\mathbf{A} \equiv \mathbf{B}$, dann ist

$$rrang(\mathbf{A}) = rrang(\mathbf{B}) \text{ und } crang(\mathbf{A}) = crang(\mathbf{B})$$ □

Durch gezielte Anwendung von Zeilen- und Spaltenreduktionen kann jede Matrix auf eine bestimmte Form, die so genannte Stufenform, transformiert werden.

Satz 2.6 Zu jeder Matrix $\mathbf{A} \in \mathcal{M}_{mn}^{\mathcal{K}}$ mit $\mathbf{A} \neq \mathbf{0}$ existiert eine eindeutige Zahl $r \geq 1$, so dass $\mathbf{A}$ äquivalent zur Matrix

$$\mathbf{E}_{m,n}^{r} = \begin{pmatrix} \mathbf{E}_r & \mathbf{0}_{r,n-r} \\ \mathbf{0}_{m-r,r} & \mathbf{0}_{m-r,n-r} \end{pmatrix} \tag{2.2}$$

ist.

Beweis Da $\mathbf{A} \neq \mathbf{0}$ ist, ist mindestens ein Element a_{ij} von $\mathbf{A}$ ungleich 0. Falls $a_{11} = 0$ ist, erreichen wir durch $\mathbf{C}(1,i) \cdot \mathbf{A} \cdot \mathbf{C}(1,j)$, dass das Element in der ersten Zeile und ersten Spalte ungleich 0 ist.

Aus diesem Grund gehen wir davon aus, dass das Element a_{11} der gegebenen Matrix $\mathbf{A}$ ungleich 0 ist. Durch Anwenden der Elementaroperation $\mathbf{M}(a_{11}^{-1}, 1)$ machen wir dieses Element zu 1. Wir nennen die bis dato transformierte Matrix weiterhin $\mathbf{A}$ und machen nun alle Elemente in der ersten Spalte unter der 1 und alle Elemente in der ersten Zeile rechts neben der 1 zu 0, indem wir für jedes $a_{1j} \neq 0$, $2 \leq j \leq n$, die Folge $\mathbf{S}(j, 1, -a_{1j})$ von rechts sowie für jedes a_{i1}, $2 \leq i \leq m$, die Folge $\mathbf{S}(i, 1, -a_{i1})$ von links auf $\mathbf{A}$ anwenden. Die Matrix $\mathbf{A}$ hat nun folgende Gestalt:

$$\left(\begin{array}{c|ccc} 1 & 0 & \dots & 0 \\ \hline 0 & x & \dots & x \\ \vdots & \vdots & \vdots & \vdots \\ 0 & x & \dots & x \end{array}\right) \tag{2.3}$$

Solange die durch x gekennzeichnete Matrix noch mindestens ein von 0 verschiedenes Element enthält, verfahren wir mit dieser Matrix genau wie mit der Ausgangsmatrix $\mathbf{A}$. Es ist offensichtlich, dass letztendlich mit diesem Verfahren die Matrix $\mathbf{E}^r_{m,n}$ erreicht wird. □

Stufenform

Definition 2.7 Die Form (2.2) $\mathbf{E}^r_{m,n}$ einer Matrix $\mathbf{A} \in \mathcal{M}^{\mathcal{K}}_{mn}$ heißt *Stufenform* von $\mathbf{A}$. □

Aus den Sätzen 2.5 und 2.6 folgt unmittelbar, dass der Zeilenrang und der Spaltenrang jeder Matrix identisch ist.

Folgerung 2.7 Es sei $\mathbf{E}^r_{m,n}$ die Stufenform der Matrix $\mathbf{A} \in \mathcal{M}^{\mathcal{K}}_{mn}$, dann ist $r = rrang(\mathbf{A})$ und $r = crang(\mathbf{A})$ und damit $rrang(\mathbf{A}) = crang(\mathbf{A})$. □

Wir brauchen also nicht mehr zwischen dem Zeilenrang und dem Spaltenrang einer Matrix zu unterscheiden.

Rang einer Matrix

Definition 2.8 Die maximale Anzahl linear unabhängiger Zeilenvektoren (Spaltenvektoren) einer Matrix $\mathbf{A} \in \mathcal{M}^{\mathcal{K}}_{mn}$ heißt der *Rang* von $\mathbf{A}$, dieser wird mit $rang(\mathbf{A})$ bezeichnet. □

Folgerung 2.8 Es sei $\mathbf{E}^r_{m,n}$ die Stufenform der Matrix $\mathbf{A} \in \mathcal{M}^{\mathcal{K}}_{mn}$, dann ist $r = rang(\mathbf{A})$. □

Übungsaufgaben

2.2 Transformieren Sie die Matrix

$$\mathbf{A} = \begin{pmatrix} 1 & 2 & 3 & 4 & 5 \\ 2 & 4 & 6 & 8 & 10 \\ 6 & 7 & 8 & 9 & 10 \\ 3 & 6 & 9 & 12 & 20 \end{pmatrix} \in \mathcal{M}^{\mathbb{R}}_{4,5}$$

in Stufenform und geben Sie den Rang von $\mathbf{A}$ an! □

2.4 Zusammenfassung

$m \times n$-Matrizen über einem Körper $\mathcal{K}$ bestehen aus m Zeilenvektoren und n Spaltenvektoren über $\mathcal{K}$.

Mit der elementweisen Addition zweier Matrizen und mit einer elementweisen skalaren Multiplikation bilden die Matrizen einen Vektorraum.

Matrizen bilden mit der Matrizenaddition und der Matrizenmultiplikation einen Ring mit Einselement; das Einselement ist die Einheitsmatrix.

Die Anzahl der linear unabhängigen Zeilenvektoren einer Matrix ist immer gleich der Anzahl der linear unabhängigen Spaltenvektoren. Diese Anzahl ist der Rang der Matrix. Zeilen- oder Spaltenvertauschungen, Multiplikation einer Zeile oder einer Spalte mit einem Skalar sowie Addition des Vielfachen einer Zeile zu einer anderen oder Addition des Vielfachen einer Spalte zu einer anderen ändert den Rang einer Matrix nicht. Mit den genannten Matrizenumformungen lässt sich jede $m \times n$-Matrix $\mathbf{A}$ in eine Matrix $\mathbf{E}^r_{m,n}$ umwandeln, die („links oben“) die $r \times r$-Einheitsmatrix $\mathbf{E}_r$ enthält, und alle anderen Matrixelemente sind gleich 0. $\mathbf{E}^r_{m,n}$ ist die Stufenform zu $\mathbf{A}$. r ist gleich dem Rang von $\mathbf{A}$.

Die genannten Matrizenumformungen können durch Links- und Rechtsmultiplikation mit geeigneten Elementarmatrizen realisiert werden. Elementarmatrizen ergeben sich durch geeignete Verknüpfung von Einheitsmatrix und Matrizeneinheiten.

3 Lineare Gleichungssysteme

Lineare Gleichungssysteme spielen in vielen Anwendungen eine wichtige Rolle, insbesondere auch bei der fehlertoleranten Codierung, die wir im Kapitel 5 betrachten werden. Deshalb beschäftigen wir uns in diesem Kapitel mit der Lösbarkeit sowie mit einem Lösungsverfahren für solche Systeme. Wir werden sehen, dass wir dabei Kenntnisse über Vektorräume und Matrizen verwenden können.

Lernziele

Nach dem Durcharbeiten dieses Kapitels sollten Sie

- Kriterien kennen, die die Lösbarkeit eines linearen Gleichungssystems bestimmen,
- das Gausssche Eliminationsverfahren zur Lösung von lösbaren linearen Gleichungssystemen anwenden können,
- wissen, dass ein lineares Gleichungssystem eine lineare Abbildung darstellt und dass die Lösungsmenge des entsprechenden homogenen Gleichungssystems genau der Kern dieser linearen Abbildung ist,
- erläutern können, dass sich die Lösungsmenge eines linearen Gleichungssystems als additive Nebenklasse dieses Kerns und einer speziellen Lösung des inhomogenen Systems ergibt.

3.1 Grundlegende Definitionen

Homogenes, inhomogenes, lineares Gleichungssystem

Definition 3.1 Es sei $m, n \in \mathbb{N}$. Ein System $\mathbf{g}_{mn}(x)$ von m *linearen Gleichungen* mit n Unbekannten $x_1, \ldots, x_n$ über einem Körper $\mathcal{K}$ ist gegeben durch:

$$\begin{array}{ccccccccc}
a_{11}x_1 & + & a_{12}x_2 & + & \ldots & + & a_{1n}x_n & = & b_1 \\
a_{21}x_1 & + & a_{22}x_2 & + & \ldots & + & a_{2n}x_n & = & b_2 \\
\vdots & \vdots & \vdots & \vdots & \vdots & \vdots & \vdots & \vdots & \vdots \\
a_{m1}x_1 & + & a_{m2}x_2 & + & \ldots & + & a_{mn}x_n & = & b_m
\end{array}$$

Dabei heißen die $a_{ij} \in \mathcal{K}$, $1 \leq i \leq m$, $1 \leq j \leq n$, *Koeffizienten* des Gleichungssystems.

$\mathbf{b} = (b_1, \ldots, b_m) \in \mathcal{K}^m$ heißt *Ergebnisvektor* oder *Konstantenvektor* von $\mathbf{g}_{mn}(x)$.

Ist $b_i = 0$, $1 \leq i \leq m$, dann heißt $\mathbf{g}_{mn}(x)$ *homogen*, sonst *inhomogen*.

Für $\mathbf{x} = (x_1, \ldots, x_n)$ sei $\mathcal{GL}_{mn}^{\mathcal{K}}[x]$ die Menge aller linearen $(m \times n)$-*Gleichungssysteme* über dem Körper $\mathcal{K}$.

Die Matrix

$$\mathbf{A} = (\mathbf{a}_{ij})_{\substack{1\leq i\leq m \\ 1\leq j\leq n}} = \begin{pmatrix} a_{11} & a_{12} & \dots & a_{1n} \\ a_{21} & a_{22} & \dots & a_{2n} \\ \vdots & \vdots & \vdots & \vdots \\ a_{m1} & a_{m2} & \dots & a_{mn} \end{pmatrix}$$

Koeffizientenmatrix

heißt *Koeffizientenmatrix* von $\mathbf{g}_{mn}(x)$, und die Matrix

$$(\mathbf{A}, \mathbf{b}) = \begin{pmatrix} a_{11} & a_{12} & \dots & a_{1n} & b_1 \\ a_{21} & a_{22} & \dots & a_{2n} & b_2 \\ \vdots & \vdots & \vdots & \vdots & \vdots \\ a_{m1} & a_{m2} & \dots & a_{mn} & b_m \end{pmatrix}$$

Erweiterte Koeffizientenmatrix

heißt *erweiterte Koeffizientenmatrix* von $\mathbf{g}_{mn}(x)$. □

Wenn wir $\mathbf{b} = (b_1, \dots, b_m) \in \mathcal{K}^m$ und $\mathbf{x} = (x_1, \dots, x_n)$ als $(1 \times m)$- bzw. als $(1 \times n)$-Matrizen auffassen, lässt sich ein $(m \times n)$-Gleichungssystem $\mathbf{g}_{mn}(x)$ auch als Matrizenprodukt darstellen:

$$\mathbf{A} \cdot \mathbf{x}^T = \mathbf{b}^T$$

Da es sich bei $\mathbf{x}$ und $\mathbf{b}$ um Vektoren und nicht um „echte Matrizen“ handelt, schreibt man in der Regel nur:

$$\mathbf{A} \cdot \mathbf{x} = \mathbf{b}$$

Das heißt: $\mathbf{g}_{mn}(x)$ ist durch die Koeffizientenmatrix $\mathbf{A}$ und den Ergebnisvektor $\mathbf{b}$ eindeutig bestimmt, weshalb wir anstelle von $\mathbf{g}_{mn}(x)$ oder $\mathbf{A} \cdot \mathbf{x} = \mathbf{b}$ auch $(\mathbf{A}, \mathbf{b})_{mn}$ schreiben können, und falls auf die Angabe von m und n verzichtet werden kann, schreiben wir $(\mathbf{A}, \mathbf{b})$ anstelle von $(\mathbf{A}, \mathbf{b})_{mn}$.

3.2 Lösung linearer Gleichungssysteme

Definition 3.2 Ein lineares Gleichungssystem $(\mathbf{A}, \mathbf{b}) \in \mathcal{GL}_{mn}^{\mathcal{K}}[x]$ heißt *lösbar*, falls es einen Vektor $\boldsymbol{\ell} = (\ell_1, \dots, \ell_n) \in \mathcal{K}^n$ gibt, so dass $\mathbf{A} \cdot \boldsymbol{\ell} = \mathbf{b}$ gilt. $\boldsymbol{\ell}$ heißt *Lösung* von $(\mathbf{A}, \mathbf{b})$ in $\mathcal{K}$.

Lösungsmenge

Die Menge

$$\mathcal{L}(\mathbf{A}, \mathbf{b}) = \{\, \boldsymbol{\ell} \in \mathcal{K}^n \mid \mathbf{A} \cdot \boldsymbol{\ell} = \mathbf{b} \,\}$$

aller Lösungen von $(\mathbf{A}, \mathbf{b})$ in $\mathcal{K}$ heißt *Lösungsmenge* von $(\mathbf{A}, \mathbf{b})$ in $\mathcal{K}$. Gibt es keine Lösung, d.h. ist $\mathcal{L}(\mathbf{A}, \mathbf{b}) = \emptyset$, dann heißt $(\mathbf{A}, \mathbf{b})$ *nicht lösbar* in $\mathcal{K}$.

Zwei Gleichungssysteme $(\mathbf{A}_1, \mathbf{b}_1), (\mathbf{A}_2, \mathbf{b}_2) \in \mathcal{GL}_{mn}^{\mathcal{K}}[x]$ heißen *äquivalent* genau dann, wenn sie dieselben Lösungsmengen besitzen, d.h. wenn $\mathcal{L}(\mathbf{A}_1, \mathbf{b}_1) = \mathcal{L}(\mathbf{A}_2, \mathbf{b}_2)$ gilt. Schreibweise: $(\mathbf{A}_1, \mathbf{b}_1) \equiv (\mathbf{A}_2, \mathbf{b}_2)$. □

Ohne uns schon mit der Lösbarkeit von Gleichungssystemen oder mit Lösungsverfahren für Gleichungssysteme beschäftigt zu haben, können wir folgende Aussagen über Lösbarkeit und Lösungsmengen treffen.

Satz 3.1 **a)** Jedes homogene Gleichungssystem $(\mathbf{A}, \mathbf{0})$ ist lösbar.

b) Sind $\boldsymbol{\ell_1}, \boldsymbol{\ell_2} \in \mathcal{L}(\mathbf{A}, \mathbf{0})$ sowie $\alpha_1, \alpha_2 \in \mathcal{K}$, dann gilt $\alpha_1\boldsymbol{\ell_1} + \alpha_2\boldsymbol{\ell_2} \in \mathcal{L}(\mathbf{A}, \mathbf{0})$.

c) $\mathcal{L}(\mathbf{A}, \mathbf{0})$ ist ein Vektorraum über $\mathcal{K}$, genauer ein Unterraum von $\mathcal{K}^n$. $\mathcal{L}(\mathbf{A}, \mathbf{0})$ heißt *Lösungsraum* des homogenen Gleichungssystems $(\mathbf{A}, \mathbf{0})$. **Lösungsraum**

Beweis **a)** Es gilt $\mathbf{0} = (0, \ldots, 0) \in \mathcal{L}(\mathbf{A}, \mathbf{0})$, da $\mathbf{A} \cdot \mathbf{0} = \mathbf{0}$ ist.

b) Da $\boldsymbol{\ell_1}, \boldsymbol{\ell_2}$ Lösungen von $(\mathbf{A}, \mathbf{0})$ sind, gilt $\mathbf{A} \cdot \boldsymbol{\ell_1} = \mathbf{0}$ und $\mathbf{A} \cdot \boldsymbol{\ell_2} = \mathbf{0}$. Daraus folgt

$$\mathbf{A} \cdot (\alpha_1\boldsymbol{\ell_1} + \alpha_2\boldsymbol{\ell_2}) = \alpha_1 \cdot \mathbf{A} \cdot \boldsymbol{\ell_1} + \alpha_2 \cdot \mathbf{A} \cdot \boldsymbol{\ell_2} = \alpha_2 \cdot \mathbf{0} + \alpha_2 \cdot \mathbf{0} = \mathbf{0}$$

d.h. $\alpha_1\boldsymbol{\ell_1} + \alpha_2\boldsymbol{\ell_2}$ ist Lösung von $(\mathbf{A}, \mathbf{0})$.

c) folgt unmittelbar aus b) mithilfe von Satz 1.2. □

3.2.1 Zeilenreduktion

Definition 3.3 Eine Matrix $\mathbf{A} \in \mathcal{M}_{mn}^{\mathcal{K}}$, die keine Nullspalte enthält, die in der in der Form

$$\begin{pmatrix} 1 & x & \ldots & x & 0 & x & \ldots & x & 0 & x & \ldots & x & 0 & \\ & & & & 1 & x & \ldots & x & 0 & x & \ldots & x & 0 & \\ & & & & & & & & 1 & x & \ldots & x & 0 & \ldots \\ & & & & & & & & & & & & 1 & \\ & & & & & & & & & & & & & \ddots \end{pmatrix} \tag{3.1}$$

vorliegt, wobei $x \ldots x$ für irgendwelche Elemente aus $\mathcal{K}$ stehen, und der freie Platz vollständig mit Nullen belegt ist, heißt Matrix in *Zeilenstufenform*. □

Beispiel 3.1 Die folgenden beiden Matrizen

$$\begin{pmatrix} 1 & 7 & 0 & 2 \\ 0 & 0 & 1 & 2 \\ 0 & 0 & 0 & 0 \end{pmatrix} \quad \text{und} \quad \begin{pmatrix} 1 & 0 & -1 & 0 & 46 \\ 0 & 1 & 2 & 0 & -80 \\ 0 & 0 & 0 & 1 & 29 \end{pmatrix}$$

befinden sich in Zeilenstufenform. □

Für eine Matrix in Zeilenstufenform gelten folgende drei Eigenschaften:

(a) Das erste von Null verschiedene Element einer Zeile ist 1. Dieses Element heißt *Pivot* oder *Pivotelement* **Pivot Pivotelement**

(b) Das Pivotelement in Zeile $i + 1$ steht rechts von dem in Zeile i.

(c) Alle Spaltenelemente oberhalb eines Pivots sind Null.

Wenn man bei dem Verfahren aus dem Beweis von Satz 2.6 nur Zeilenreduktionen und keine Spaltenreduktionen zulässt, ist offensichtlich, dass sich jede Matrix $\mathbf{A} \in \mathcal{M}_{mn}^{\mathcal{K}}$, die keine Nullspalte enthält, in Zeilenstufenform umwandeln lässt. Man sucht in der ersten Spalte ein Element ungleich Null (natürlich nur, wenn das erste Element gleich Null ist). Sei dieses Element in der Zeile i, dann tauscht man mithilfe der Operation $\mathbf{C}(1,i)$ die erste mit dieser Zeile. Falls nun $a_{11} \neq 1$ ist, dividiert man die erste Zeile durch a_{11} mithilfe der entsprechenden Operation $\mathbf{M}(1, a_{11}^{-1})$. Jetzt werden die Operationen $\mathbf{S}(i, 1, -a_{i1})$, $2 \leq i \leq m$, durchgeführt, wodurch alle Elemente in der ersten Spalte unter der 1 zu Null gemacht werden. Wir erhalten so eine Matrix der Form

$$\left(\begin{array}{cccc|ccc} 1 & x & \dots & x & x & \dots & x \\ \hline 0 & 0 & \dots & 0 & x & \dots & x \\ \vdots & \vdots & & \vdots & \vdots & & \vdots \\ 0 & 0 & \dots & 0 & x & \dots & x \end{array}\right) = \left(\begin{array}{cccc|ccc} 1 & x & \dots & x & x & \dots & x \\ \hline & & & & & & \\ & & 0 & & & B & \\ & & & & & & \end{array}\right)$$

Auf die Matrix $\mathbf{B}$ wird nun rekursiv das oben beschriebene Verfahren angewendet. Dabei müssen, falls in der Spalte j über einer 1 in Zeile i noch Elemente $a_{rj} \neq 0$ stehen, für die entsprechenden Zeilen $r \in \{1, \dots, i-1\}$ die Operationen $\mathbf{S}(r, i, -a_{rj})$ durchgeführt werden, damit über dem Pivot $a_{ij} = 1$ nur Nullen stehen.

Das Verfahren endet, falls $\mathbf{B}$ eine Nullmatrix ist oder falls $\mathbf{B}$ leer geworden ist. Letztendlich erreicht man eine Matrix in Zeilenstufenform (3.1).

Auf der Basis von Satz 2.6 sowie der Folgerungen 2.7 und 2.8 kann man überlegen, dass folgende Folgerungen gelten.

Folgerung 3.1 **a)** Die Anzahl $r \leq m$ der von Null verschiedenen Zeilen der Zeilenstufenform der Matrix $\mathbf{A} \in \mathcal{M}_{mn}^{\mathcal{K}}$ ist gleich dem Rang von $\mathbf{A}$.

b) Sei $\mathbf{A} \in \mathcal{M}_{m}^{\mathcal{K}}$ eine quadratische Matrix in Zeilenstufenform, dann ist entweder $\mathbf{A} = \mathbf{E}$ oder die letzte Zeile von $\mathbf{A}$ ist eine Nullzeile. □

Des Weiteren kann man zeigen, dass die Zeilenstufenform einer Matrix $\mathbf{A}$ unabhängig von der Folge der Zeilenreduktionen ist, die auf $\mathbf{A}$ angewendet werden; die Zeilenstufenform zu A ist also eindeutig.

Übungsaufgaben

3.1 Transformieren Sie mithilfe von Zeilenreduktionen die Matrix

$$\mathbf{A} = \begin{pmatrix} 2 & 4 & 6 & 8 & 4 \\ 1 & 3 & 5 & 7 & 9 \\ 9 & 8 & 7 & 8 & 6 \end{pmatrix} \in \mathcal{M}_{3,5}^{\mathbb{R}}$$

schrittweise in Zeilenstufenform! □

3.2.2 Gausssches Eliminationsverfahren

Wir bezeichnen im Folgenden für ein lineares Gleichungssystem $(\mathbf{A}, \mathbf{b})$ mit $\mathbf{A} \in \mathcal{M}_{mn}^{\mathcal{K}}$ und $\mathbf{b} \in \mathcal{K}^m$ mit $\mathbf{M} = (\mathbf{A}|\mathbf{b}) \in \mathcal{M}_{mn+1}^{\mathcal{K}}$ die *erweiterte Koeffizientenmatrix* von $(\mathbf{A}, \mathbf{b})$. Für die Anwendung einer Folge $\mathbf{L}$ von Zeilenreduktionen auf $\mathbf{M}$ gilt dann $\mathbf{LM} = (\mathbf{LA}|\mathbf{Lb})$.

Wir verwenden nun die Methode der Zeilenreduktion zur Lösung von linearen Gleichungssystemen. Dieses Lösungsverfahren für lineare Gleichungssysteme heißt *Gausssches Eliminationsverfahren.*[4] Basis dafür ist der folgende Satz, der besagt, dass Zeilenreduktionen die Lösungsmenge eines linearen Gleichungssystems invariant lassen.

Satz 3.2 Für ein lineares Gleichungssystem $\mathbf{M} = (\mathbf{A}|\mathbf{b})$ und eine Folge $\mathbf{L}$ von Zeilenreduktionen gilt: $\mathcal{L}(\mathbf{M}) = \mathcal{L}(\mathbf{LM})$, d.h. $\mathbf{M}$ und $\mathbf{LM}$ sind äquivalent.

Beweis Es sei $\mathbf{L} = \mathbf{L_k} \ldots \mathbf{L_1}$. Da wegen Satz 2.4 die Elementaroperationen $\mathbf{L}_i$, $1 \leq i \leq k$, invertierbar sind, ist auch die Zeilenreduktion $\mathbf{L}$ invertierbar, und es ist $\mathbf{L}^{-1} = \mathbf{L_1}^{-1} \ldots \mathbf{L_k}^{-1}$ ebenfalls eine Zeilenreduktion (siehe Folgerung 2.6).

Sei nun $\boldsymbol{\ell} \in \mathcal{K}^n$ eine Lösung von $\mathbf{M}$, d.h. es ist $\mathbf{A} \cdot \boldsymbol{\ell} = \mathbf{b}$. Es folgt $\mathbf{L} \cdot \mathbf{A} \cdot \boldsymbol{\ell} = \mathbf{L} \cdot \mathbf{b}$, d.h. $\boldsymbol{\ell}$ ist auch eine Lösung von $\mathbf{LM} = (\mathbf{LA}|\mathbf{Lb})$. Es folgt $\mathcal{L}(\mathbf{M}) \subseteq \mathcal{L}(\mathbf{LM}))$.

Sei nun $\boldsymbol{\ell} \in \mathcal{K}^n$ eine Lösung von $\mathbf{LM} = (\mathbf{LA}|\mathbf{Lb})$, d.h. es ist $\mathbf{L} \cdot \mathbf{A} \cdot \boldsymbol{\ell} = \mathbf{L} \cdot \mathbf{b}$. Durch Linksmultiplikation dieser Gleichung mit $\mathbf{L}^{-1}$ erhalten wir $\mathbf{A} \cdot \boldsymbol{\ell} = \mathbf{b}$, d.h. $\boldsymbol{\ell}$ ist eine Lösung von $(\mathbf{A}, \mathbf{b})$. Damit folgt $\mathcal{L}(\mathbf{LM})) \subseteq \mathcal{L}(\mathbf{M})$.

Insgesamt folgt $\mathcal{L}(\mathbf{M}) = \mathcal{L}(\mathbf{LM}))$, womit die Behauptung gezeigt ist. □

Folgerung 3.2 Es sei $\mathbf{M'} = (\mathbf{A'}|\mathbf{b'})$ die Zeilenstufenform zu der erweiterten Koeffizientenmatrix $\mathbf{M} = (\mathbf{A}|\mathbf{b})$ des linearen Gleichungssystems $(\mathbf{A}, \mathbf{b})$, dann gilt $\mathcal{L}(\mathbf{M'}) = \mathcal{L}(\mathbf{M})$, d.h. eine erweiterte Koeffizientenmatrix und ihre Zeilenstufenform sind äquivalent. □

Gausssches Eliminationsverfahren

Auf der Basis dieser Folgerung ergibt sich folgendes Verfahren, das so genannte *Gausssche Eliminationsverfahren*, zur Lösung linearer Gleichungssysteme $(\mathbf{A}, \mathbf{b}) \in \mathcal{GL}_{mn}^{\mathcal{K}}[x]$:

(1) Berechne (mit dem im letzten Abschnitt beschriebenen Verfahren) zur erweiterten Koeffizientenmatrix $(\mathbf{A}|\mathbf{b})$ die Zeilenstufenform, die wir ebenfalls mit $(\mathbf{A}|\mathbf{b})$ bezeichnen wollen.

4 Carl Friedrich Gauss (1777 - 1855), deutscher Mathematiker, Astronom und Physiker, zählt nach wie vor zu den größten Mathematikern aller Zeiten, der in allen drei Gebieten vielseitig tätig war und fundamentale Beiträge lieferte, wobei er bei vielen seiner Erkenntnisse auch deren praktische Anwendungsmöglichkeiten im Auge hatte.

(2) Es ist $\mathcal{L}(\mathbf{A}, \mathbf{b}) = \emptyset$, d.h. das Gleichungssystem hat keine Lösung, genau dann, wenn in der letzten Spalte $\mathbf{b}$ ein Pivot steht. In diesem Fall ist $rang(\mathbf{A}|\mathbf{b}) > rang(\mathbf{A})$.

(3) Ist $rang(\mathbf{A}) = rang(\mathbf{A}|\mathbf{b}) = n$, dann hat die Zeilenstufenform von $(\mathbf{A}|\mathbf{b})$ die Gestalt

$$\begin{pmatrix} 1 & & & & b_1 \\ & 1 & & & b_2 \\ & & \ddots & & \vdots \\ & & & 1 & b_n \end{pmatrix}$$

woraus sich unmittelbar die eindeutige Lösung $\boldsymbol{\ell} = (b_1, b_2, \ldots, b_n)$ ablesen lässt.

(4) Ist $rang(\mathbf{A}) = rang(\mathbf{A}|\mathbf{b}) < n$, dann ist die Lösung mehrdeutig.

Es sei $P \subseteq \{1, \ldots, n\}$ die Menge der Indizes der Pivotspalten. Es ist $|P| = rang(\mathbf{A})$.

Spezielle Lösung

Die Lösungsmenge erhält man wie folgt: Für die Unbekannten x_i mit $i \in \overline{P}$, d.h. für die Unbekannten, in deren Spalte kein Pivot steht, wählt man einen beliebigen Wert $x_i = \lambda_i \in \mathcal{K}$ als *spezielle Lösung*.

Die Lösungen der Unbekannten x_k mit $k \in P$, welche durch die Pivotspalten gegeben sind, ergeben sich dann durch

$$x_k = b_k - \left(\sum_{j \in \overline{P}} a_{kj} \lambda_j \right)$$

Beispiel 3.2 **a)** Das Gleichungssystem

$$\begin{array}{rcrcrcr} x_1 & & & - & x_3 & = & 5 \\ & & x_2 & + & x_3 & = & 0 \\ 3x_1 & & & - & 3x_3 & = & 10 \end{array}$$

hat die erweiterte Koeffizientenmatrix

$$(\mathbf{A}|\mathbf{b}) = \begin{pmatrix} 1 & 0 & -1 & 5 \\ 0 & 1 & 1 & 0 \\ 3 & 0 & -3 & 10 \end{pmatrix}$$

Durch Anwendung der Elementaroperationen $\mathbf{S}(3, 1, -3)$, $\mathbf{M}\left(3, -\frac{1}{5}\right)$ und $\mathbf{S}(1, 3, -5)$ erhält man die Zeilenstufenform

$$(\mathbf{A}|\mathbf{b}) = \begin{pmatrix} 1 & 0 & -1 & 0 \\ 0 & 1 & 1 & 0 \\ 0 & 0 & 0 & 1 \end{pmatrix}$$

In der $\mathbf{b}$-Spalte steht ein Pivot (es ist $rang(\mathbf{A}|\mathbf{b}) = 3 > 2 = rang(\mathbf{A})$), also besitzt das Gleichungssystem keine Lösung.

b) Das Gleichungssystem

$$\begin{array}{rcrcrcr} x_1 & + & 2x_2 & + & 3x_3 & = & 14 \\ 2x_1 & + & 3x_2 & + & x_3 & = & 11 \\ 5x_1 & - & x_2 & + & 2x_3 & = & 9 \end{array}$$

hat die erweiterte Koeffizientenmatrix

$$(\mathbf{A}|\mathbf{b}) = \begin{pmatrix} 1 & 2 & 3 & 14 \\ 2 & 3 & 1 & 11 \\ 5 & -1 & 2 & 9 \end{pmatrix}$$

Durch Anwendung der Elementaroperationen $\mathbf{S}(2,1,-2)$, $\mathbf{S}(3,1,-5)$, $\mathbf{M}(2,-1)$, $\mathbf{S}(3,2,11)$, $\mathbf{S}(1,2,-2)$, $\mathbf{M}\left(3,\frac{1}{42}\right)$, $\mathbf{S}(2,3,-5)$ und $\mathbf{S}(1,3,7)$ erhält man die Zeilenstufenform

$$(\mathbf{A}|\mathbf{b}) = \begin{pmatrix} 1 & 0 & 0 & 1 \\ 0 & 1 & 0 & 2 \\ 0 & 0 & 1 & 3 \end{pmatrix}$$

woraus unmittelbar die einzige Lösung $\boldsymbol{\ell} = (1,2,3)$ abgelesen werden kann.

c) Das Gleichungssystem

$$\begin{array}{rrrcrcrcr} x_1 & & & + & x_4 & + & 2x_5 & = & 1 \\ & 2x_2 & & + & 2x_4 & + & 3x_5 & = & 1 \\ & & x_3 & + & 2x_4 & + & 3x_5 & = & 1 \\ 3x_1 & & & + & 3x_4 & + & 6x_5 & = & 3 \end{array}$$

hat die erweiterte Koeffizientenmatrix

$$(\mathbf{A}|\mathbf{b}) = \begin{pmatrix} 1 & 0 & 0 & 1 & 2 & 1 \\ 0 & 2 & 0 & 2 & 3 & 1 \\ 0 & 0 & 1 & 2 & 3 & 1 \\ 3 & 0 & 0 & 3 & 6 & 3 \end{pmatrix}$$

Durch Anwendung der Elementaroperationen $\mathbf{S}(4,1,-3)$ und $\mathbf{M}\left(2,\frac{1}{2}\right)$ erhält man die Zeilenstufenform

$$\begin{pmatrix} 1 & 0 & 0 & 1 & 2 & 1 \\ 0 & 1 & 0 & 1 & \frac{3}{2} & \frac{1}{2} \\ 0 & 0 & 1 & 2 & 3 & 1 \\ 0 & 0 & 0 & 0 & 0 & 0 \end{pmatrix}$$

Es ist $rang(\mathbf{A}|\mathbf{b}) = rang(\mathbf{A}) = 3 < 5 = n$. Das Gleichungssystem besitzt also eine mehrdeutige Lösung. Es ist $P = \{1,2,3\}$ und $\overline{P} = \{4,5\}$. Wir wählen $x_4 = \lambda$ und $x_5 = \mu$. Damit ergeben sich insgesamt die allgemeinen Lösungen:

$$\begin{array}{rcrcrcr} x_1 & = & 1 & - & \lambda & - & 2\mu \\ x_2 & = & \frac{1}{2} & - & \lambda & - & \frac{3}{2}\mu \\ x_3 & = & 1 & - & 2\lambda & - & 3\mu \\ x_4 & = & & & \lambda & & \\ x_5 & = & & & & & \mu \end{array} \tag{3.2}$$

Als Lösungsvektor geschrieben

$$\mathbf{x} = \left(1 - \lambda - 2\mu, \frac{1}{2} - \lambda - \frac{3}{2}\mu, 1 - 2\lambda - 3\mu, \lambda, \mu\right)$$

Für die folgende Darstellung der Lösung $\mathbf{x}$ stellen wir deren Komponenten x_i aus (3.2) noch einmal dar und zwar jetzt mithilfe von Farben:

$$\begin{array}{lcccccc} x_1 & = & \mathbf{1} & - & \mathbf{1}\lambda & - & \mathbf{2}\mu \\ x_2 & = & \mathbf{\frac{1}{2}} & - & \mathbf{1}\lambda & - & \mathbf{\frac{3}{2}}\mu \\ x_3 & = & \mathbf{1} & - & \mathbf{2}\lambda & - & \mathbf{3}\mu \\ x_4 & = & \mathbf{0} & + & \mathbf{1}\lambda & + & \mathbf{0}\mu \\ x_5 & = & \mathbf{0} & + & \mathbf{0}\lambda & + & \mathbf{1}\mu \end{array} \tag{3.3}$$

Wir fassen nun die Konstanten der Komponenten x_i von $\mathbf{x}$ – in blau dargestellt – sowie die Koeffizienten von λ – in rot dargestellt – und die Koeffizienten von μ – in grün dargestellt – von x_i jeweils zu Vektoren $\boldsymbol{\ell}$, $\boldsymbol{\ell_1}$ bzw. $\boldsymbol{\ell_2}$ zusammen und erhalten:

$$\boldsymbol{\ell} = \left(\mathbf{1}, \mathbf{\frac{1}{2}}, \mathbf{1}, \mathbf{0}, \mathbf{0}\right)$$

$$\boldsymbol{\ell_1} = (\mathbf{-1}, \mathbf{-1}, \mathbf{-2}, \mathbf{1}, \mathbf{0})$$

$$\boldsymbol{\ell_2} = \left(\mathbf{-2}, \mathbf{-\frac{3}{2}}, \mathbf{-3}, \mathbf{0}, \mathbf{1}\right)$$

Dabei ist $\boldsymbol{\ell}$ eine spezielle Lösung des inhomogenen Gleichungssystems $(\mathbf{A}, \mathbf{b})$, die man erhält, wenn $\lambda = \mu = 0$ gesetzt wird. Es gilt also

$$\mathbf{x} = \boldsymbol{\ell} + \lambda\boldsymbol{\ell_1} + \mu\boldsymbol{\ell_2}$$

Damit lässt sich die Lösungsmenge des Gleichungssystems wie folgt schreiben:

$$\mathcal{L}(\mathbf{A}, \mathbf{b}) = \{\, \mathbf{x} \mid \mathbf{x} = \boldsymbol{\ell} + \lambda\boldsymbol{\ell_1} + \mu\boldsymbol{\ell_2},\ \lambda, \mu \in \mathbb{R} \,\}$$

Dabei sind $\lambda\boldsymbol{\ell_1} + \mu\boldsymbol{\ell_2}$ die Lösungen des homogenen Systems $(\mathbf{A}, \mathbf{0})$:

$$\mathcal{L}(\mathbf{A}, \mathbf{0}) = \{\, \mathbf{x} \mid \lambda\boldsymbol{\ell_1} + \mu\boldsymbol{\ell_2},\ \lambda, \mu \in \mathbb{R} \,\}$$

Es ist $\dim(\mathcal{L}(\mathbf{A}, \mathbf{0})) = n - \mathit{rang}(\mathbf{A}) = 5 - 3 = 2$. $\boldsymbol{\ell_1}$ und $\boldsymbol{\ell_2}$ sind Basisvektoren von $\mathcal{L}(\mathbf{A}, \mathbf{0}))$. □

Aus dem Verfahren lassen sich folgende Aussagen ableiten:

Folgerung 3.3 **a)** Das Gleichungssystem $(\mathbf{A}, \mathbf{b})$ ist genau dann lösbar, wenn $\mathit{rang}(\mathbf{A}, \mathbf{b}) = \mathit{rang}(\mathbf{A})$ gilt.

Für die folgenden Aussagen sei $(\mathbf{A}, \mathbf{b})$ als lösbar vorausgesetzt, $(\mathbf{A}', \mathbf{b}')$ sei die Zeilenstufenform von $(\mathbf{A}, \mathbf{b})$, P sei die Menge der Pivotindizes, und $p_i = |\{\, s \in \overline{P} \mid s < i \,\}|$ ist die Anzahl der Nicht-Pivotindizes kleiner als i.

b) Es ist $|P| = rang(\mathbf{A})$ und $|\overline{P}| = n - rang(\mathbf{A})$.

c) Ist $rang(\mathbf{A}) = n$, dann besitzt $(\mathbf{A}, \mathbf{b})$ eine eindeutig bestimmte Lösung, und es ist $\mathbf{A'} = \mathbf{E}$, und $\mathbf{x} = \mathbf{b'}$ ist die einzige Lösung.

d) Ist $rang(\mathbf{A}) < n$, dann besitzt $(\mathbf{A}, \mathbf{b})$ eine mehrdeutige Lösung.

Wir wählen für $j \in \overline{P}$

$$x_j = \lambda_j \in \mathcal{K}, \ \ \lambda_j \neq 0$$

als spezielle Lösungen und berechnen mit diesen für $k \in P$

$$x_k = b'_{k-p_k} - \left(\sum_{j \in \overline{P}} a'_{kj} \lambda_j \right)$$

woraus sich insgesamt die Lösung

$$\mathbf{x} = (x_1, x_2, \ldots, x_n)$$

ergibt. Es gilt für $i \in \overline{P}$

$$x_i = l_i + \sum_{k \in \overline{P}} l_{ik} \lambda_k \ \text{ mit } \ l_i = 0 \ \text{ und } \ l_{ik} = \begin{cases} 1, & j = k \\ 0 & j \neq k \end{cases}$$

sowie für $i \in P$

$$x_i = l_i + \sum_{k \in \overline{P}} l_{ik} \lambda_k \ \text{ mit } \ l_i = b'_{i-p_i} \ \text{ und } l_{ik} = \begin{cases} 0, & 1 \leq k \leq j-1 \\ -a'_{ik}, & j+1 \leq k \leq n \end{cases}$$

e) Wir setzen nun

$$\boldsymbol{\ell} = (l_1, \ldots, l_n)$$

sowie für $k \in \overline{P}$

$$\boldsymbol{\ell_k} = (l_{1k}, \ldots, l_{nk})$$

Dann gilt:

(i) Für $\lambda_k \in \mathcal{K}$, $k \in \overline{P}$, ist

$$\mathbf{x} = \boldsymbol{\ell} + \sum_{k \in \overline{P}} \lambda_k \boldsymbol{\ell_k}$$

Lösung von $(\mathbf{A}, \mathbf{b})$.

(ii) Die Lösungsmenge des homogenen Systems $(\mathbf{A}, \mathbf{0})$ ist gegeben durch den Unterraum

$$\mathcal{L}(\mathbf{A}, \mathbf{0}) = \left\{ \sum_{k \in \overline{P}} \lambda_k \boldsymbol{\ell_k} \mid \lambda_k \in \mathcal{K}, \ k \in \overline{P} \right\}$$

von $\mathcal{K}^n$.

(iii) Es ist $\dim(\mathcal{L}(\mathbf{A},\mathbf{0})) = n - \mathit{rang}(\mathbf{A}) = |\overline{P}|$, und die Menge $\{\, \boldsymbol{\ell_k} \mid k \in \overline{P}\,\}$ bildet eine Basis von $\mathcal{L}(\mathbf{A},\mathbf{0})$.

(iv) $\mathbf{b'} \in \mathcal{K}^n$ ist eine spezielle Lösung von $(\mathbf{A},\mathbf{b})$, die man erhält, wenn man in $(\mathbf{A'},\mathbf{b'})$ $x_j = \lambda_j = 0$, $j \in \overline{P}$, setzt,

(v) Die Lösungsmenge von $(\mathbf{A},\mathbf{b})$ ist gegeben durch

$$\mathcal{L}(\mathbf{A},\mathbf{b}) = \boldsymbol{\ell} + \mathcal{L}(\mathbf{A},\mathbf{0})$$

f) Es sei $\mathbf{A} \in \mathcal{M}_{mn}^{\mathcal{K}}$ mit $m < n$. Dann besitzt $(\mathbf{A},\mathbf{0})$ eine Lösung $\mathbf{x} = (x_1,\ldots,x_n)$, in der mindestens ein $x_i \neq 0$ ist. Denn es gilt $\mathit{rang}(\mathbf{A}) \leq m < n$ und damit ist $|\overline{P}| = n - \mathit{rang}(\mathbf{A}) > 0$, d.h. es gibt mindestens ein $i \in \overline{P}$, d.h. es kann mindestens ein $x_j = \lambda \in \mathcal{K}$ mit $\lambda \neq 0$ als Lösung gewählt werden.□

Beispiel 3.3 Wir betrachten das Gleichungssystem

$$\begin{aligned} x_1 + x_2 + x_3 + 4x_4 + x_5 + x_6 + 8x_7 &= 1 \\ x_1 + x_2 + x_3 + 6x_4 + 2x_5 + 2x_6 + 10x_7 &= 2 \end{aligned}$$

mit der erweiterten Koeffizientenmatrix

$$(\mathbf{A},\mathbf{b}) = \begin{pmatrix} 1 & 1 & 1 & 4 & 1 & 1 & 8 & 1 \\ 1 & 1 & 1 & 6 & 2 & 2 & 10 & 2 \end{pmatrix}$$

Die Elementaroperationen $\mathbf{S}(2,1,-1)$, $\mathbf{M}\left(2,\frac{1}{2}\right)$ und $\mathbf{S}(1,2,-4)$ führen zur Zeilenstufenform

$$(\mathbf{A},\mathbf{b}) = \begin{pmatrix} 1 & 1 & 1 & 0 & -1 & -1 & 4 & -1 \\ 0 & 0 & 0 & 1 & \frac{1}{2} & \frac{1}{2} & 1 & \frac{1}{2} \end{pmatrix}$$

Es ist $\mathit{rang}(\mathbf{A}) = \mathit{rang}(\mathbf{A},\mathbf{b}) = 2 < 7$, das Gleichungssystem hat also eine mehrdeutige Lösung. Es ist $P = \{\,1,4\,\}$ die Menge der Indizes der Pivotspalten und damit ist $\overline{P} = \{\,2,3,5,6,7\,\}$ die Menge der Indizes der Nicht-Pivotspalten. Wir erhalten mit Folgerung 3.3 d) und e):

$$\begin{aligned} x_1 &= -1 - 1\cdot\lambda_2 - 1\cdot\lambda_3 + 1\cdot\lambda_5 + 1\cdot\lambda_6 - 4\cdot\lambda_7 \\ x_2 &= 0 + 1\cdot\lambda_2 + 0\cdot\lambda_3 + 0\cdot\lambda_5 + 0\cdot\lambda_6 + 0\cdot\lambda_7 \\ x_3 &= 0 + 0\cdot\lambda_2 + 1\cdot\lambda_3 + 0\cdot\lambda_5 + 0\cdot\lambda_6 + 0\cdot\lambda_7 \\ x_4 &= \frac{1}{2} + 0\cdot\lambda_2 + 0\cdot\lambda_3 - \frac{1}{2}\cdot\lambda_5 - \frac{1}{2}\cdot\lambda_6 - 1\cdot\lambda_7 \\ x_5 &= 0 + 0\cdot\lambda_2 + 0\cdot\lambda_3 + 1\cdot\lambda_5 + 0\cdot\lambda_6 + 0\cdot\lambda_7 \\ x_6 &= 0 + 0\cdot\lambda_2 + 0\cdot\lambda_3 + 0\cdot\lambda_5 + 1\cdot\lambda_6 + 0\cdot\lambda_7 \\ x_7 &= 0 + 0\cdot\lambda_2 + 0\cdot\lambda_3 + 0\cdot\lambda_5 + 0\cdot\lambda_6 + 1\cdot\lambda_7 \end{aligned}$$

Daraus ergibt sich

$$\boldsymbol{\ell} = \begin{pmatrix} -1 \\ 0 \\ 0 \\ \frac{1}{2} \\ 0 \\ 0 \\ 0 \end{pmatrix} \quad \boldsymbol{\ell_2} = \begin{pmatrix} -1 \\ 1 \\ 0 \\ 0 \\ 0 \\ 0 \\ 0 \end{pmatrix} \quad \boldsymbol{\ell_3} = \begin{pmatrix} -1 \\ 0 \\ 1 \\ 0 \\ 0 \\ 0 \\ 0 \end{pmatrix} \quad \boldsymbol{\ell_5} = \begin{pmatrix} 1 \\ 0 \\ 0 \\ -\frac{1}{2} \\ 1 \\ 0 \\ 0 \end{pmatrix} \quad \boldsymbol{\ell_6} = \begin{pmatrix} 1 \\ 0 \\ 0 \\ -\frac{1}{2} \\ 0 \\ 1 \\ 0 \end{pmatrix} \quad \boldsymbol{\ell_7} = \begin{pmatrix} 4 \\ 0 \\ 0 \\ -1 \\ 0 \\ 0 \\ 1 \end{pmatrix}$$

Es ist

$$\mathcal{L}(\mathbf{A}, \mathbf{0}) = \{ \lambda_2 \boldsymbol{\ell_2} + \lambda_3 \boldsymbol{\ell_3} + \lambda_5 \boldsymbol{\ell_5} + \lambda_6 \boldsymbol{\ell_6} + \lambda_7 \boldsymbol{\ell_7} \mid \lambda_2, \lambda_3, \lambda_5, \lambda_6, \lambda_7 \in \mathbb{R} \}$$

sowie $\dim(\mathcal{L}(\mathbf{A}, \mathbf{0}) = n - \mathit{rang}(\mathbf{A}) = 7 - 2 = 5$.

$\{ \boldsymbol{\ell_2}, \boldsymbol{\ell_3}, \boldsymbol{\ell_5}, \boldsymbol{\ell_6}, \boldsymbol{\ell_7} \}$ bildet eine Basis von $\mathcal{L}(\mathbf{A}, \mathbf{0})$.

Die gesamte Lösungsmenge ergibt sich durch $\mathcal{L}(\mathbf{A}, \mathbf{b}) = \boldsymbol{\ell} + \mathcal{L}(\mathbf{A}, \mathbf{0})$. □

Übungsaufgaben

3.2 Lösen Sie mithilfe des Gaussschen Eliminationsverfahrens

(1) das Gleichungssystem in Beispiel 1.5,

(2) das Gleichungssystem in der Musterlösung von Aufgabe 1.5 b) sowie

(3) das Gleichungssystem

$$\begin{aligned} x_1 + x_2 + x_3 + x_4 + x_5 + x_6 + x_7 + x_8 + x_9 &= 10 \\ x_1 + 2x_2 + 3x_3 + 4x_4 + 5x_5 + 6x_6 + 7x_7 + 8x_8 + 9x_9 &= 10 \end{aligned}$$

in $\mathcal{GL}_{2,9}^{\mathbb{F}_{11}}[x]$! □

3.3 Gleichungssysteme als lineare Abbildungen

Die Erkenntnisse (ii) und (iii) in Folgerung 3.3 e) hätten wir auch bereits aus Kenntnissen über lineare Abbildungen (siehe Kapitel 1.4) herleiten können. Ist nämlich $\mathbf{A} \in \mathcal{M}_{mn}^{\mathcal{K}}$ eine $(m \times n)$-Matrix über dem Körper $\mathcal{K}$, dann ist die Funktion $\boldsymbol{F_A} : \mathcal{K}^n \to \mathcal{K}^m$ definiert durch $\mathbf{y} = \boldsymbol{F_A}(x) = \mathbf{A} \cdot \mathbf{x}$ eine lineare Abbildung vom Vektorraum $\mathcal{K}^n$ in den Vektorraum $\mathcal{K}^m$, denn es gilt:

$$\boldsymbol{F_A}(\alpha_1 \mathbf{x_1} + \alpha_2 \mathbf{x_2}) = \mathbf{A} \cdot (\alpha_1 \mathbf{x_1} + \alpha_2 \mathbf{x_2}) = \alpha_1 \cdot \mathbf{A} \cdot \mathbf{x_1} + \alpha_2 \cdot \mathbf{A} \cdot \mathbf{x_2} = \alpha_1 \cdot \boldsymbol{F_A}(\mathbf{x_1}) + \alpha_2 \cdot \boldsymbol{F_A}(\mathbf{x_2})$$

Für den Kern von $\boldsymbol{F_A}$ gilt

$$\mathit{Kern}(\boldsymbol{F_A}) = \{ \mathbf{x} \in \mathcal{K}^n \mid \boldsymbol{F_A}(\mathbf{x}) = \mathbf{0} \} = \{ \mathbf{x} \in \mathcal{K}^n \mid \mathbf{A} \cdot \mathbf{x} = \mathbf{0} \} = \mathcal{L}(\mathbf{A}, \mathbf{0})$$

Das heißt: Der Kern von $\boldsymbol{F_A}$ ist der Lösungsraum des homogenen linearen Gleichungssystems $\mathbf{A} \cdot \mathbf{x} = \mathbf{0}$.

Des Weiteren gilt:

$$\begin{aligned} \mathit{Bild}(\boldsymbol{F_A}) &= \{ \mathbf{b} \in \mathcal{K}^m \mid \text{es existiert } \mathbf{x} \in \mathcal{K}^n \text{ mit } \boldsymbol{F_A}(\mathbf{x}) = \mathbf{b} \} \\ &= \{ \mathbf{b} \in \mathcal{K}^m \mid \text{es existiert } \mathbf{x} \in \mathcal{K}^n \text{ mit } \mathbf{A} \cdot \mathbf{x} = \mathbf{b} \} \end{aligned}$$

Aus Satz 1.13 und Definition 1.10 wissen wir, dass dann, wenn die Dimension des Bildraums einer linearen Abbildung rg ist, die Dimension des Kerns $n - rg$ ist. rg heißt dort der Rang der linearen Abbildung. Dieser stimmt – im Nachhinein nicht anders als zu erwarten – mit dem Rang des Gleichungssystems überein, das durch die die lineare Abbildung bestimmende Matrix A gegeben ist, während $n - rg$ die Dimension des Kerns, d.h. die Dimension des Lösungsraums des durch die Matrix A festgelegten homogenen Gleichungssystems, ist.

3.4 Zusammenfassung

Ein lineares Gleichungssystem $\mathbf{A} \cdot \mathbf{x} = \mathbf{b}$ über einem Körper $\mathcal{K}$ mit m Gleichungen und n Unbekannten $\mathbf{x} = (x_1, \ldots, x_n)$ ist festgelegt durch die erweiterte Koeffizientenmatrix $(\mathbf{A}, \mathbf{b})$ mit $\mathbf{A} \in \mathcal{M}_{mn}^{\mathcal{K}}$ und $\mathbf{b} \in \mathcal{K}^m$. Ist $\mathbf{b} = \mathbf{0}$, dann heißt das System homogen, sonst inhomogen. Jedes homogene Gleichungssystem besitzt mindestens eine Lösung, nämlich den Nullvektor. Die Lösungsmenge eines homogenen Gleichungssystems bildet einen Unterraum von $\mathcal{K}^n$, die Dimension des Lösungsraums ist $n - rang(\mathbf{A})$. Ein inhomogenes System ist genau dann lösbar, wenn $rang(\mathbf{A}) = rang(\mathbf{A}, \mathbf{b})$ ist. Ist $rang(\mathbf{A}) < rang(\mathbf{A}, \mathbf{b})$, dann besitzt das System keine Lösung, ist $rang(\mathbf{A}) = rang(\mathbf{A}, \mathbf{b}) = n$, dann besitzt das System genau eine Lösung. Ist $rang(\mathbf{A}) = rang(\mathbf{A}, \mathbf{b}) < n$, dann ist die Lösung mehrdeutig. Die Lösungsmenge ergibt sich als Summe einer speziellen Lösung des inhomogenen Systems und des Lösungsraums des zugehörigen homogenen Systems. Dieser Lösungsraum hat die Dimension $n - rang(\mathbf{A})$. Die folgenden Zeilenreduktionen der erweiterten Koeffizientenmatrix lassen die Lösungsmenge eines linearen Gleichungssystems invariant: Vertauschen von Zeilen, Multiplikation einer Zeile mit einem Skalar, die Addition einer Linearkombination von Zeilen zu einer Zeile. Auf diesen Operationen basiert das Gausssche Eliminationsverfahren, mit dem der Rang und gegebenenfalls die Lösungsmenge eines linearen Gleichungssystems bestimmt werden können. Für $\mathbf{A} \in \mathcal{M}_{mn}^{\mathcal{K}}$ beschreibt $\boldsymbol{F}_{\boldsymbol{A}}(x) = \mathbf{A} \cdot \mathbf{x}$ eine lineare Abbildung vom Vektorraum $\mathcal{K}^n$ in den Vektorraum $\mathcal{K}^m$. Der Kern dieser Abbildung ist der Lösungsraum des zugehörigen homogenen Gleichungssystems, er hat die Dimension $n - rang(\mathbf{A})$, und der Rang von A ist gleich der Dimension des Bildraums. Die Lösungsmenge des Gleichungssystems ist die durch eine spezielle Lösung des inhomogenen Systems festgelegte Nebenklasse des Kerns.

4 Determinanten und invertierbare Matrizen

Die Determinante einer Matrix ist von wesentlicher Bedeutung für Eigenschaften und Anwendungen von Matrizen. Wir werden auf die Bedeutung für die Lösbarkeit und gegebenenfalls für die Lösungen von Gleichungssystemen sowie auf den Zusammenhang zur Invertierbarkeit von Matrizen eingehen.

Nach dem Durcharbeiten dieses Kapitels sollten Sie **Lernziele**

- die Determinanten quadratischer Matrizen berechnen können,
- den Entwicklungssatz erläutern können,
- die Bedeutung der Determinante der Koeffizientenmatrix für die Lösbarkeit des zugehörigen Gleichungssystems kennen,
- wissen, dass die Determinante multiplikativ ist,
- wissen, wann eine quadratische Matrix invertierbar ist, und im gegebenen Fall die Inverse berechnen können,
- wissen, dass die regulären Matrizen, das sind die quadratischen Matrizen mit von Null verschiedener Determinante, mit der Matrixmultiplikation eine – im Allgemeinen nicht kommutative – Gruppe bilden,
- die Matrizen linearer Abbildungen bei Basiswechsel bestimmen können.

4.1 Determinanten

Die Determinante einer $m \times m$-Matrix über einem Körper $\mathcal{K}$ ordnet dieser Matrix ein Element aus $\mathcal{K}$ zu. Die Determinante kann als eine Abbildung

$$\det_m : \mathcal{M}_m^{\mathcal{K}} \to \mathcal{K}$$

aufgefasst werden. Die folgende Definition gibt an, wie diese Abbildung definiert ist. Da die Definition für alle Zeilen- und Spaltenanzahlen m einheitlich ist, lassen wir im Folgenden bei $\det_m$ den Index m weg und schreiben in jedem Fall det anstelle von $\det_m$.

Definition 4.1 **a)** Sei $\mathbf{A} \in \mathcal{M}_m^{\mathcal{K}}$, $m \geq 2$, dann ist die Matrix $\mathbf{A_{ij}} \in \mathcal{M}_{m-1}^{\mathcal{K}}$, $1 \leq i, j \leq m$, definiert durch

$$\mathbf{A_{ij}} = \begin{pmatrix} a_{11} & \cdots & a_{1j-1} & a_{1j+1} & \cdots & a_{1m} \\ \vdots & \vdots & \vdots & \vdots & \vdots & \vdots \\ a_{i-11} & \cdots & a_{i-1j-1} & a_{i-1j+1} & \cdots & a_{i-1m} \\ a_{i+11} & \cdots & a_{i+1j-1} & a_{i+1j+1} & \cdots & a_{i+1m} \\ \vdots & \vdots & \vdots & \vdots & \vdots & \vdots \\ a_{m1} & \cdots & a_{mj-1} & a_{mj+1} & \cdots & a_{mm} \end{pmatrix}$$

Die Matrix $\mathbf{A_{ij}}$ entsteht also aus $\mathbf{A}$ durch Streichen der i-ten Zeile und der j-ten Spalte.

b) Es sei $\mathbf{A} \in \mathcal{M}_{11}^{\mathcal{K}}$, dann ist $\det(\mathbf{A}) = a_{11}$. Ist $\mathbf{A} \in \mathcal{M}_m^{\mathcal{K}}$ mit $m \geq 2$, dann ist

$$\begin{aligned} \det(\mathbf{A}) &= a_{11} \cdot \det(\mathbf{A_{11}}) - a_{21} \cdot \det(\mathbf{A_{21}}) + \ldots + (-1)^{1+m} \cdot a_{m1} \cdot \det(\mathbf{A_{m1}}) \\ &= \sum_{i=1}^{m} (-1)^{1+i} \cdot a_{i1} \cdot \det(\mathbf{A_{i1}}) \end{aligned}$$

Determinante

$\det(\mathbf{A})$ heißt *Determinante* von $\mathbf{A}$.

Weitere Schreibweisen:

$$\det(\mathbf{A}) = \det(\mathbf{a_{ij}}) = |\mathbf{A}| = \begin{vmatrix} a_{11} & a_{12} & \cdots & a_{1m} \\ \vdots & \vdots & \vdots & \vdots \\ a_{m1} & a_{m2} & \cdots & a_{mm} \end{vmatrix}$$

□

Beispiel 4.1 **a)** Für $\mathbf{A} \in \mathcal{M}_2^{\mathcal{K}}$ gilt

$$\det(\mathbf{A}) = \begin{vmatrix} a & b \\ c & d \end{vmatrix} = ad - bc$$

b) Für $\mathbf{A} \in \mathcal{M}_3^{\mathcal{K}}$ folgt mithilfe von a):

$$\begin{aligned} \det(\mathbf{A}) = \begin{vmatrix} a_{11} & a_{12} & a_{13} \\ a_{21} & a_{22} & a_{23} \\ a_{31} & a_{32} & a_{33} \end{vmatrix} &= a_{11} \begin{vmatrix} a_{22} & a_{23} \\ a_{32} & a_{33} \end{vmatrix} - a_{21} \begin{vmatrix} a_{12} & a_{13} \\ a_{32} & a_{33} \end{vmatrix} + a_{31} \begin{vmatrix} a_{12} & a_{13} \\ a_{22} & a_{23} \end{vmatrix} \\ &= a_{11}(a_{22}a_{33} - a_{23}a_{32}) - a_{21}(a_{12}a_{33} - a_{13}a_{32}) + a_{31}(a_{12}a_{23} - a_{13}a_{22}) \\ &= a_{11}a_{22}a_{33} - a_{11}a_{23}a_{32} - a_{12}a_{21}a_{33} + a_{13}a_{21}a_{32} + a_{12}a_{23}a_{31} - a_{13}a_{22}a_{31} \end{aligned}$$

□

Die (rekursive) Definition der Determinante und die entsprechenden Berechnungen in den Beispielen geschehen durch „Entwicklung nach der ersten Spalte“.

Folgende Berechnungen zeigen, dass, wenn man nach anderen Spalten oder nach Zeilen entwickelt, das Ergebnis gleich bleibt. Dabei ist zu berücksichtigen, dass das erste Vorzeichen bei der Entwicklung nach ungeraden Spalten bzw. nach ungeraden Zeilen wie in der Definition positiv ist, während bei der Entwicklung nach geraden Spalten bzw. nach geraden Zeilen das erste Vorzeichen negativ ist. Warum das so ist, wird zum Ende des Kapitels deutlich werden.

Beispiel 4.2 Die Entwicklung der Determinante von $\mathbf{A} \in \mathcal{M}_3^{\mathcal{K}}$ nach der zweiten Spalte führt zum selben Ergebnis wie in Beispiel 4.1 b):

$$\begin{aligned}
\det(\mathbf{A}) &= \begin{vmatrix} a_{11} & a_{12} & a_{13} \\ a_{21} & a_{22} & a_{23} \\ a_{31} & a_{32} & a_{33} \end{vmatrix} \\
&= -a_{12} \begin{vmatrix} a_{21} & a_{23} \\ a_{31} & a_{33} \end{vmatrix} + a_{22} \begin{vmatrix} a_{11} & a_{13} \\ a_{31} & a_{33} \end{vmatrix} - a_{32} \begin{vmatrix} a_{11} & a_{13} \\ a_{21} & a_{23} \end{vmatrix} \\
&= -a_{12}(a_{21}a_{33} - a_{23}a_{31}) + a_{22}(a_{11}a_{33} - a_{13}a_{31}) - a_{32}(a_{11}a_{23} - a_{13}a_{21}) \\
&= -a_{12}a_{21}a_{33} + a_{12}a_{23}a_{31} + a_{22}a_{11}a_{33} - a_{22}a_{13}a_{31} - a_{32}a_{11}a_{23} + a_{32}a_{13}a_{21} \\
&= a_{11}a_{22}a_{33} - a_{11}a_{23}a_{32} - a_{12}a_{21}a_{33} + a_{12}a_{23}a_{31} + a_{13}a_{21}a_{32} - a_{13}a_{22}a_{31}
\end{aligned}$$

Genauso liefert die Entwicklung nach der dritten Zeile dasselbe Ergebnis:

$$\begin{aligned}
\det(\mathbf{A}) &= \begin{vmatrix} a_{11} & a_{12} & a_{13} \\ a_{21} & a_{22} & a_{23} \\ a_{31} & a_{32} & a_{33} \end{vmatrix} \\
&= a_{31} \begin{vmatrix} a_{12} & a_{13} \\ a_{22} & a_{23} \end{vmatrix} - a_{32} \begin{vmatrix} a_{11} & a_{13} \\ a_{21} & a_{23} \end{vmatrix} + a_{33} \begin{vmatrix} a_{11} & a_{12} \\ a_{21} & a_{22} \end{vmatrix} \\
&= a_{31}(a_{12}a_{23} - a_{13}a_{22}) - a_{32}(a_{11}a_{23} - a_{13}a_{21}) + a_{33}(a_{11}a_{22} - a_{12}a_{21}) \\
&= a_{12}a_{23}a_{31} - a_{13}a_{22}a_{31} - a_{11}a_{23}a_{32} + a_{13}a_{21}a_{32} + a_{11}a_{22}a_{33} - a_{12}a_{21}a_{33} \\
&= a_{11}a_{22}a_{33} - a_{11}a_{23}a_{32} - a_{12}a_{21}a_{33} + a_{12}a_{23}a_{31} + a_{13}a_{21}a_{32} - a_{13}a_{22}a_{31}
\end{aligned}$$

Berechnen Sie die Determinante von A durch Entwicklung nach weiteren Zeilen und Spalten! □

Übungsaufgaben

4.1 Berechnen Sie die Determinante $\begin{vmatrix} 1 & 2 & 3 \\ 4 & 5 & 6 \\ 7 & 8 & 9 \end{vmatrix}$ durch Entwicklung nach der ersten Zeile sowie durch Entwicklung nach der zweiten Spalte! □

Nach den Beispielen und Bemerkungen kann man die Vermutung haben, dass die Determinante unabhängig davon ist, nach welcher Spalte oder nach welcher Zeile sie – unter Beachtung der erwähnten Vorzeichenregel – entwickelt wird. Satz 4.9 wird diese Vermutung bestätigen.

Vorher bestimmen wir die Determinanten einiger spezieller Matrizen (im Satz 4.1), und dann betrachten wir einige grundlegende Eigenschaften von Determinanten, die für alle quadratischen Matrizen gelten (im Satz 4.2).

Satz 4.1 **a)** Sei $\mathbf{A} \in \mathcal{M}_m^{\mathcal{K}}$ eine (obere oder untere) Dreiecksmatrix, dann gilt

$$\det(\mathbf{A}) = \prod_{i=1}^{m} a_{ii}$$

d.h. die Determinante von Dreiecksmatrizen – und damit auch die von Diagonalmatrizen – ist gleich dem Produkt ihrer Diagonalelemente.

b) $\det(\mathbf{E}) = 1$: Die Einheitsmatrizen besitzen die Determinante 1.

c) $\det(\mathbf{E}_{ij}) = 0$: Die Matrizeneinheiten besitzen die Determinante 0.

d) Für die Elementarmatrizen $\mathbf{M}(k, \alpha)$ und $\mathbf{S}(i, j, \alpha)$ gilt $\det(\mathbf{M}(k, \alpha)) = \alpha$ bzw. $\det(\mathbf{S}(i, j, \alpha)) = 1$.

Beweis **a)** Wir beweisen die Behauptung zunächst für (1) obere Dreiecksmatrizen und dann für (2) untere Dreiecksmatrizen und zwar jeweils – entsprechend der rekursiven Definition von Determinanten in Definition 4.1 b) – durch vollständige Induktion über m.

(1) Für $m = 1$ gilt die Behauptung offensichtlich. Für $m \geq 1$ sei die Behauptung gezeigt. Wir zeigen nun, dass die Behauptung dann auch für $m+1$ gilt. Sei also $\mathbf{A} \in \mathcal{M}_{m+1}^{\mathcal{K}}$, dann gilt zum einen, dass die Matrix $\mathbf{A_{11}} \in \mathcal{M}_m^{\mathcal{K}}$ eine Dreiecksmatrix ist, deren Diagonale die Elemente a_{ii}, $2 \leq i \leq m+1$, enthält. Nach Induktionsvoraussetzung ist

$$\det(\mathbf{A_{11}}) = \prod_{i=2}^{m+1} a_{ii} \tag{4.1}$$

Zum anderen gilt

$$a_{i1} = 0 \text{ für } 2 \leq i \leq m+1 \tag{4.2}$$

Damit zeigen wir die Induktionsbehauptung:

$$\begin{aligned}
\det(\mathbf{A}) &= \sum_{i=1}^{m+1} (-1)^{1+i} \cdot a_{i1} \cdot \det(\mathbf{A}_{i1}) && \text{(mit Definition 4.1 b)} \\
&= a_{11} \cdot \det(\mathbf{A_{11}}) + \sum_{i=2}^{m+1} (-1)^{1+i} \cdot a_{i1} \cdot \det(\mathbf{A}_{i1}) \\
&= a_{11} \cdot \prod_{i=2}^{m+1} a_{ii} + \sum_{i=2}^{m+1} (-1)^{1+i} \cdot 0 \cdot \det(\mathbf{A}_{i1}) && \text{(mit (4.1) und (4.2))} \\
&= \prod_{i=1}^{m+1} a_{ii}
\end{aligned}$$

(2) Für $m = 1$ gilt die Behauptung offensichtlich. Für $m \geq 1$ sei die Behauptung gezeigt. Wir zeigen nun, dass die Behauptung dann auch für $m+1$ gilt. Sei also $\mathbf{A} \in \mathcal{M}_{m+1}^{\mathcal{K}}$, dann gilt zum einen, dass die Matrix $\mathbf{A_{11}} \in \mathcal{M}_m^{\mathcal{K}}$ eine Dreiecksmatrix ist, deren Diagonale die Elemente a_{ii}, $2 \leq i \leq m+1$, enthält. Nach Induktionsvoraussetzung ist

$$\det(\mathbf{A_{11}}) = \prod_{i=2}^{m+1} a_{ii} \tag{4.3}$$

Zum anderen gilt: Die Diagonalen der Matrizen $\mathbf{A_{i1}} \in \mathcal{M}_m^{\mathcal{K}}$, $2 \leq i \leq m+1$, enthalten mindestens eine 0. Mit der Induktionsvoraussetzung gilt also

$$\det(\mathbf{A_{i1}}) = 0 \text{ für } 2 \leq i \leq m+1 \tag{4.4}$$

Es folgt nun

$$\begin{aligned}
\det(\mathbf{A}) &= \sum_{i=1}^{m+1} (-1)^{1+i} \cdot a_{i1} \cdot \det(\mathbf{A_{i1}}) && \text{(mit Definition 4.1 b)}\\
&= a_{11} \cdot \det(\mathbf{A_{11}}) + \sum_{i=2}^{m+1} (-1)^{1+i} \cdot a_{i1} \cdot \det(\mathbf{A_{i1}})\\
&= a_{11} \cdot \prod_{i=2}^{m+1} a_{ii} + \sum_{i=2}^{m+1} (-1)^{1+i} \cdot a_{i1} \cdot 0 && \text{(mit (4.3) und (4.4))}\\
&= \prod_{i=1}^{m+1} a_{ii}
\end{aligned}$$

womit die Behauptung gezeigt ist.

b) Die Behauptung folgt unmittelbar aus a).

c) Diese Behauptung gilt offensichtlich.

d) Die Behauptungen folgen unmittelbar aus a). □

Satz 4.2 **a)** Für $\mathbf{A} \in \mathcal{M}_m^{\mathcal{K}}$ und $\alpha \in \mathcal{K}$ gilt

$$\det(\mathbf{M}(i, \alpha) \cdot \mathbf{A}) = \alpha \cdot \det(\mathbf{A}) \tag{4.5}$$

Wird eine Zeile von $\mathbf{A}$ mit einem Skalar α multipliziert, ist die Determinante der so veränderten Matrix gleich dem Produkt von α und der Determinante von $\mathbf{A}$. Schematisch können wir diese Eigenschaft so darstellen:

$$\begin{vmatrix} & \vdots & \\ \ldots & \alpha \cdot \mathbf{a_{i*}} & \ldots \\ & \vdots & \end{vmatrix} = \alpha \cdot \begin{vmatrix} & \vdots & \\ \ldots & \mathbf{a_{i*}} & \ldots \\ & \vdots & \end{vmatrix}$$

b) Es seien $\mathbf{A}, \mathbf{B}, \mathbf{C} \in \mathcal{M}_m^{\mathcal{K}}$ Matrizen mit $\mathbf{a}_{k*} = \mathbf{b}_{k*} = \mathbf{c}_{k*}$ für $1 \leq k \leq i-1$ und $i+1 \leq k \leq m$ sowie $\mathbf{c}_{i*} = \mathbf{a}_{i*} + \mathbf{b}_{i*}$, dann gilt

$$\det(\mathbf{C}) = \det(\mathbf{A}) + \det(\mathbf{B}) \tag{4.6}$$

Stimmen die Matrizen **A**, **B** und **C** in den Zeilen 1 bis $i-1$ und in den Zeilen $i+1$ bis m überein, und ist die i-te Zeile von **C** die Summe der beiden i-ten Zeilen von **A** und **B**, dann ist die Determinante von **C** gleich der Summe der Determinanten von **A** und **B**. Schematisch:

$$\begin{vmatrix} & \vdots & \\ \dots & \mathbf{a}_{i*} + \mathbf{b}_{i*} & \dots \\ & \vdots & \end{vmatrix} = \begin{vmatrix} & \vdots & \\ \dots & \mathbf{a}_{i*} & \dots \\ & \vdots & \end{vmatrix} + \begin{vmatrix} & \vdots & \\ \dots & \mathbf{b}_{i*} & \dots \\ & \vdots & \end{vmatrix}$$

c) Sei $\mathbf{A} \in \mathcal{M}_m^{\mathcal{K}}$ mit $m \geq 2$ und $\mathbf{a}_{i*} = \mathbf{a}_{i+1*}$ für ein $i \in \{1, \dots, m-1\}$, dann ist $\det(\mathbf{A}) = 0$. Stimmen zwei benachbarte Zeilen einer Matrix überein, dann ist ihre Determinante gleich Null.

Beweis **a)** Für $m = 1$ gilt die Behauptung offensichtlich. Für $m \geq 1$ gelte nun die Behauptung, wir zeigen, dass die Behauptung dann auch für $m+1$ gilt. Sei also $\mathbf{A} \in \mathcal{M}_{m+1}^{\mathcal{K}}$ und damit $(\mathbf{M}(i,\alpha) \cdot \mathbf{A}) \in \mathcal{M}_{m+1}^{\mathcal{K}}$. Dann gilt $(\mathbf{M}(i,\alpha) \cdot \mathbf{A})_{k1} \in \mathcal{M}_m^{\mathcal{K}}$ für $1 \leq k \leq m+1$. Offensichtlich ist

$$(\mathbf{M}(i,\alpha) \cdot \mathbf{A})_{\boldsymbol{k1}} = \mathbf{M}(i,\alpha) \cdot \mathbf{A}_{\boldsymbol{k1}} \tag{4.7}$$

Gemäß Induktionsvoraussetzung gilt für diese Matrizen für $k \neq i$

$$\det((\mathbf{M}(i,\alpha) \cdot \mathbf{A})_{\boldsymbol{k1}}) = \det(\mathbf{M}(i,\alpha) \cdot \mathbf{A}_{\boldsymbol{k1}}) = \alpha \cdot \det(\mathbf{A}_{\boldsymbol{k1}}) \tag{4.8}$$

sowie

$$\det((\mathbf{M}(i,\alpha) \cdot \mathbf{A})_{\boldsymbol{i1}}) = \det(\mathbf{M}(i,\alpha) \cdot \mathbf{A}_{\boldsymbol{i1}}) = (-1)^{1+i} \cdot \alpha \cdot a_{i1} \cdot \det(\mathbf{A}_{\boldsymbol{i1}}) \tag{4.9}$$

Insgesamt erhalten wir nun mit Definition 4.1 b) und den Gleichungen (4.7), (4.8) und (4.9)

$$\begin{aligned} \det(\mathbf{M}(i,\alpha) \cdot \mathbf{A}) &= \sum_{k=1,\, k\neq i}^{m+1} (-1)^{1+k} \cdot a_{k1} \cdot \det((\mathbf{M}(i,\alpha) \cdot \mathbf{A})_{\boldsymbol{k1}}) \\ &\quad + (-1)^{1+i} \cdot \alpha \cdot a_{i1} \cdot \det(\mathbf{A}_{\boldsymbol{i1}}) \\ &= \sum_{k=1,\, k\neq i}^{m+1} (-1)^{1+k} \cdot a_{k1} \cdot \alpha \cdot \det(\mathbf{A}_{\boldsymbol{k1}}) \\ &\quad + (-1)^{1+i} \cdot \alpha \cdot a_{i1} \cdot \det(\mathbf{A}_{\boldsymbol{i1}}) \\ &= \alpha \cdot \sum_{k=1}^{m} (-1)^{1+k} \cdot a_{k1} \cdot \det(\mathbf{A}_{\boldsymbol{k1}}) \\ &= \alpha \cdot \det(\mathbf{A}) \end{aligned}$$

womit die Behauptung gezeigt ist.

b) Versuchen Sie, bevor Sie den folgenden Beweis studieren, selbst einen Beweis dieser Behauptung, indem Sie analog wie im Beweis a) vorgehen!

Für $m = 1$ gilt die Behauptung offensichtlich. Für $m \geq 1$ gelte nun die Behauptung, wir zeigen, dass die Behauptung dann auch für $m+1$ gilt. Seien also $\mathbf{A}, \mathbf{B}, \mathbf{C} \in \mathcal{M}_{m+1}^{\mathcal{K}}$ mit

$$\mathbf{c}_{k*} = \mathbf{a}_{k*} = \mathbf{b}_{k*} \text{ für } 1 \leq k \leq i-1 \text{ und } i+1 \leq k \leq m+1 \tag{4.10}$$

$$\mathbf{c}_{i*} = \mathbf{a}_{i*} + \mathbf{b}_{i*} \tag{4.11}$$

Nach Induktionsvoraussetzung gilt für $1 \leq k \leq i-1$ und $i+1 \leq k \leq m+1$

$$\det(\mathbf{C}_{k1}) = \det(\mathbf{A}_{k1}) + \det(\mathbf{B}_{k1}) \tag{4.12}$$

Des Weiteren gilt für $1 \leq k \leq i-1$ und $i+1 \leq k \leq m+1$

$$\det(\mathbf{C}_{i1}) = \det(\mathbf{A}_{i1}) = \det(\mathbf{B}_{i1}) \tag{4.13}$$

Mit Definition 4.1 b) und den Gleichungen (4.10 - 4.13) folgt

$$\begin{aligned}
\det(\mathbf{C}) &= \sum_{k=1,\, k\neq i}^{m+1} (-1)^{1+k} \cdot c_{k1} \cdot \det(\mathbf{C}_{k1}) \\
&\quad + (-1)^{1+i} \cdot c_{i1} \cdot \det(\mathbf{C}_{i1}) \\
&= \sum_{k=1,\, k\neq i}^{m+1} (-1)^{1+k} \cdot c_{k1} \cdot (\det(\mathbf{A}_{k1}) + \det(\mathbf{B}_{k1})) \\
&\quad + (-1)^{1+i} \cdot (a_{i1} + b_{i1}) \cdot \det(\mathbf{C}_{i1}) \\
&= \sum_{k=1,\, k\neq i}^{m+1} (-1)^{1+k} \cdot (a_{k1} \cdot \det(\mathbf{A}_{k1}) + b_{k1} \cdot \det(\mathbf{B}_{k1})) \\
&\quad + (-1)^{1+i} \cdot (a_{i1} \cdot \det(\mathbf{A}_{i1}) + b_{i1} \cdot \det(\mathbf{B}_{i1})) \\
&= \sum_{k=1}^{m+1} (-1)^{1+k} \cdot (a_{k1} \cdot \det(\mathbf{A}_{k1}) + b_{k1} \cdot \det(\mathbf{B}_{k1})) \\
&= \sum_{k=1}^{m+1} (-1)^{1+k} \cdot a_{k1} \cdot \det(\mathbf{A}_{k1}) + \sum_{k=1}^{m+1} (-1)^{1+k} \cdot b_{k1} \cdot \det(\mathbf{B}_{k1}) \\
&= \det(\mathbf{A}) + \det(\mathbf{B})
\end{aligned}$$

womit die Behauptung gezeigt ist.

Übungsaufgaben

4.2 Beweisen Sie Satz 4.2 c)! □

Satz 4.1 und Satz 4.2 beschreiben wesentliche Eigenschaften von Determinanten. Mit deren Hilfe können die folgenden Eigenschaften hergeleitet werden.

Satz 4.3 Es sei $\mathbf{A} \in \mathcal{M}_m^{\mathcal{K}}$ und $\alpha \in \mathcal{K}^*$, dann gilt:

a) Addiert man das α-fache der $i+1$-ten Zeile zur i-ten Zeile, so ändert sich die Determinante nicht:

$$\begin{vmatrix} & \vdots & \\ \cdots & \mathbf{a}_{i*} + \alpha \cdot \mathbf{a}_{i+1*} & \cdots \\ \cdots & \mathbf{a}_{i+1*} & \cdots \\ & \vdots & \end{vmatrix} = \begin{vmatrix} & \vdots & \\ \cdots & \mathbf{a}_{i*} & \cdots \\ \cdots & \mathbf{a}_{i+1*} & \cdots \\ & \vdots & \end{vmatrix} + \alpha \cdot \begin{vmatrix} & \vdots & \\ \cdots & \mathbf{a}_{i+1*} & \cdots \\ \cdots & \mathbf{a}_{i+1*} & \cdots \\ & \vdots & \end{vmatrix}$$

$$= \begin{vmatrix} & \vdots & \\ \cdots & \mathbf{a}_{i*} & \cdots \\ \cdots & \mathbf{a}_{i+1*} & \cdots \\ & \vdots & \end{vmatrix}$$

Gleiches gilt, wenn man die Rollen der beiden benachbarten Zeilen vertauscht.

b) Vertauscht man zwei benachbarte Zeilen, dann multipliziert sich die Determinante mit -1:

$$\begin{vmatrix} & \vdots & \\ \cdots & \mathbf{a}_{i*} & \cdots \\ \cdots & \mathbf{a}_{i+1*} & \cdots \\ & \vdots & \end{vmatrix} = \begin{vmatrix} & \vdots & \\ \cdots & \mathbf{a}_{i*} & \cdots \\ \cdots & (\mathbf{a}_{i+1*} - \mathbf{a}_{i*}) & \cdots \\ & \vdots & \end{vmatrix}$$

$$= \begin{vmatrix} & \vdots & \\ \cdots & \mathbf{a}_{i*} + (\mathbf{a}_{i+1*} - \mathbf{a}_{i*}) & \cdots \\ \cdots & (\mathbf{a}_{i+1*} - \mathbf{a}_{i*}) & \cdots \\ & \vdots & \end{vmatrix}$$

$$= \begin{vmatrix} & \vdots & \\ \cdots & \mathbf{a}_{i+1*} & \cdots \\ \cdots & (\mathbf{a}_{i+1*} - \mathbf{a}_{i*}) & \cdots \\ & \vdots & \end{vmatrix}$$

$$= \begin{vmatrix} & \vdots & \\ \cdots & \mathbf{a}_{i+1*} & \cdots \\ \cdots & -\mathbf{a}_{i*} & \cdots \\ & \vdots & \end{vmatrix}$$

$$= - \begin{vmatrix} & \vdots & \\ \cdots & \mathbf{a}_{i+1*} & \cdots \\ \cdots & \mathbf{a}_{i*} & \cdots \\ & \vdots & \end{vmatrix}$$

Satz 4.2 c) und Satz 4.3 a) und b) gelten nicht nur für benachbarte Zeilen.

Folgerung 4.1 Sei $\mathbf{A} \in \mathcal{M}_m^{\mathcal{K}}$ und $\alpha \in \mathcal{K}^*$. Dann gilt:

a) Stimmen zwei Zeilen von $\mathbf{A}$ überein, dann ist $\det(\mathbf{A}) = 0$.

b) Entsteht $\mathbf{A'}$ aus $\mathbf{A}$, indem man zu einer Zeile von $\mathbf{A}$ das α-fache einer anderen Zeile hinzuaddiert, dann gilt $\det(\mathbf{A'}) = \det(\mathbf{A})$.

c) Entsteht $\mathbf{A'}$ aus $\mathbf{A}$, indem man zwei Zeilen von $\mathbf{A}$ vertauscht, so gilt $\det(\mathbf{A'}) = -\det(\mathbf{A})$.

d) Ist eine Zeile von $\mathbf{A}$ die Nullzeile, dann ist $\det(\mathbf{A}) = 0$.

e) Sind die Zeilen von $\mathbf{A}$ linear abhängig, dann gilt $\det(\mathbf{A}) = 0$.

f) Folgende Aussagen sind äquivalent:

(1) Die Zeilenvektoren (Spaltenvektoren) von $\mathbf{A}$ sind linear unabhängig.

(2) $rang(\mathbf{A}) = m$.

(3) $\det(\mathbf{A}) \neq 0$.

(4) Das Gleichungssystem $(\mathbf{A}, \mathbf{b})$, $\mathbf{b} \in \mathcal{K}^m$, besitzt genau eine Lösung.

(5) Das homogene Gleichungssystem $(\mathbf{A}, \mathbf{0})$ besitzt als einzige Lösung $\mathbf{x} = \mathbf{0}$.

g) Folgende Aussagen sind äquivalent:

(1) Die Zeilenvektoren von $\mathbf{A}$ sind linear abhängig.

(2) $rang(\mathbf{A}) = rang(\mathbf{A}, \mathbf{b}) < m$.

(3) $\det(\mathbf{A}) = 0$.

(4) $(\mathbf{A}, \mathbf{0})$ besitzt nicht nur die triviale Lösung.

(5) Falls $(\mathbf{A}, \mathbf{b})$, $\mathbf{b} \in \mathcal{K}^m$, lösbar ist, dann ist die Lösung mehrdeutig. □

Beweis **a)** Sind die beiden Zeilen nicht benachbart, führen wir so lange Zeilenvertauschungen durch, bis sie benachbart sind. Sei $\mathbf{A'}$ diese Matrix. Durch jedes Tauschen wechselt nur das Vorzeichen der Determinante, es gilt also $\det(\mathbf{A'}) = (-1)^l \cdot \det(\mathbf{A})$, wobei l die Anzahl der durchgeführten Vertauschungen ist. Wegen Satz 4.2 c) ist $\det(\mathbf{A'}) = 0$, und damit ist auch $\det(\mathbf{A}) = 0$.

b) Mit der Kenntnis von Behauptung a) kann man nun den Beweis von Satz 4.3 a) vollkommen analog für nicht benachbarte Zeilen durchführen.

c) Entsprechend kann man mit der Kenntnis von Behauptung a) den Beweis von Satz 4.3 b) vollkommen analog für nicht benachbarte Zeilen durchführen.

d) Sei die i-te Zeile von $\mathbf{A}$ eine Nullzeile. Wenn wir diese durch eine Nichtnullzeile ersetzen und die so entstehende Matrix $\mathbf{A'}$ nennen, dann ergibt sich $\mathbf{A}$ aus $\mathbf{A'}$, indem die i-te Zeile von $\mathbf{A'}$ mit 0 multipliziert wird. Es folgt mit Satz 4.2 a) die Behauptung $\det(\mathbf{A}) = 0 \cdot \det(\mathbf{A'}) = 0$.

e) Ist eine Zeile von $\mathbf{A}$ Linearkombination einer anderen, dann kann diese Zeile durch Subtraktion dieser Linearkombination zur Nullzeile gemacht werden. Mit b) folgt die Behauptung.

f) Die Äquivalenzen lassen sich mithilfe der obigen Folgerungen sowie der Folgerungen 3.1 und 3.3 erklären.

g) folgt unmittelbar aus f). □

Die in Folgerung 4.1 c), Satz 4.2 a) und Folgerung 4.1 b) betrachteten Operationen lassen sich durch Elementaroperationen realisieren. Es gilt also

Folgerung 4.2 Sei $\mathbf{A} \in \mathcal{M}_m^{\mathcal{K}}$ und $\alpha \in \mathcal{K}^*$. Dann gilt:

a) $\det(\mathbf{C}(i,j) \cdot \mathbf{A}) = -\det(\mathbf{A})$;

b) $\det(\mathbf{M}(i,\alpha) \cdot \mathbf{A}) = \alpha \cdot \det(\mathbf{A})$;

c) $\det(\mathbf{S}(i,j,\alpha) \cdot \mathbf{A}) = \det(\mathbf{A})$. □

Übungsaufgaben

4.3 Bestimmen Sie mithilfe von Folgerung 4.2 die Determinanten der Elementarmatrizen! □

Sie haben somit gezeigt, dass folgende Aussagen gültig sind.

Folgerung 4.3 **a)** $\det(\mathbf{C}(i,j)) = -1$;

b) $\det(\mathbf{M}(i,\alpha)) = \alpha$;

c) $\det(\mathbf{S}(i,j,\alpha)) = 1$. □

Aus den Folgerungen 4.2 und 4.3 folgt unmittelbar

Satz 4.4 Sei $\mathbf{A} \in \mathcal{M}_m^{\mathcal{K}}$ und $\mathbf{L}$ eine Elementarmatrix. Dann gilt

$$\det(\mathbf{L} \cdot \mathbf{A}) = \det(\mathbf{L}) \cdot \det(\mathbf{A}) \tag{4.14}$$

Seien $\mathbf{L_1}, \ldots, \mathbf{L_k}$ Elementarmatrizen, dann lässt sich mit dem Induktionsanfang (4.14) durch vollständige Induktion zeigen, dass

$$\det(\mathbf{L_k} \cdot \ldots \cdot \mathbf{L_1} \cdot \mathbf{A}) = \det(\mathbf{L_k}) \cdot \ldots \cdot \det(\mathbf{L_1}) \cdot \det(\mathbf{A}) \tag{4.15}$$

gilt. □

Übungsaufgaben

4.4 Sei $\mathcal{K}$ ein Körper. Wir betrachten die Determinante der 2×2-Matrizen als Funktion $\det : \mathcal{M}_2^{\mathcal{K}} \to \mathcal{K}$. Zeigen Sie, dass diese Funktion multiplikativ ist, d.h. dass $\det(\mathbf{A} \cdot \mathbf{B}) = \det(\mathbf{A}) \cdot \det(\mathbf{B})$ gilt für alle $\mathbf{A}, \mathbf{B} \in \mathcal{M}_2^{\mathcal{K}}$! Diese Aussage werden wir im Satz 4.10 noch verallgemeinern.

4.5 Es sei $\mathcal{M}_2^{\mathcal{K}}(1) = \{\mathbf{A} \in \mathcal{M}_2^{\mathcal{K}} \mid \det(\mathbf{A}) = 1\}$ die Menge der 2×2-Matrizen über dem Körper $\mathcal{K}$ mit Determinante 1.

(1) Zeigen Sie, dass $\left(\mathcal{M}_2^{\mathcal{K}}(1), \cdot\right)$ eine Gruppe bildet!

(2) Ist diese Gruppe abelsch? Begründen Sie Ihre Antwort!

4.6 Zeigen Sie für Matrizen $\mathbf{A}, \mathbf{B} \in \mathcal{M}_m^{\mathcal{K}}$:

(1) Ist in $\mathbf{A}$ die Zeile i linear von anderen Zeilen abhängig, dann ist auch in $\mathbf{A} \cdot \mathbf{B}$ diese Zeile von den anderen abhängig. Analoges gilt für Spalten.

(2) Ist $\mathit{rang}(\mathbf{A}) < m$, dann ist auch $\mathit{rang}(\mathbf{A} \cdot \mathbf{B}) < m$.

(3) Ist $\det(\mathbf{A}) = 0$, dann ist auch $\det(\mathbf{A} \cdot \mathbf{B}) = 0$. □

4.2 Invertierbare Matrizen

Wir betrachten nun die so genannten regulären Matrizen, das sind die quadratischen Matrizen mit von Null verschiedener Determinante. Wir werden sehen, dass genau diese Matrizen bezüglich der Multiplikation invertierbar sind, womit wir die entsprechende im Anschluss an Satz 2.1 gestellte Frage beantworten.

Reguläre Matrix

Definition 4.2 Wir nennen eine Matrix $\mathbf{A} \in \mathcal{M}_m^{\mathcal{K}}$ *regulär* genau dann, wenn $\det(\mathbf{A}) \neq 0$ ist. Wir bezeichnen mit $\mathcal{GL}_m(\mathcal{K})$ die Menge der regulären $m \times m$-Matrizen über dem Körper $\mathcal{K}$.[5] Nicht reguläre Matrizen heißen *singulär*. □

Satz 4.5 Es sei $\mathbf{A} \in \mathcal{M}_m^{\mathcal{K}}$. Dann sind folgende Aussagen äquivalent:

a) $\mathbf{A}$ kann durch eine Folge von Elementaroperationen auf die Einheitsmatrix $\mathbf{E}$ transformiert werden.

b) $\mathbf{A}$ lässt sich als Produkt von Elementarmatrizen darstellen.

c) $\mathbf{A}$ ist invertierbar.

d) Das homogene Gleichungssystem $(\mathbf{A}, \mathbf{0})$ hat nur die Lösung $\mathbf{x} = \mathbf{0}$.

---

5 Der Grund für die Bezeichnung der regulären $(m \times m)$-Matrizen über dem Körper $\mathcal{K}$ mit $\mathcal{GL}_m(\mathcal{K})$ wird am Ende des Kapitels erläutert.

Beweis „a) $\Rightarrow$ b)": Es sei $\mathbf{L} = \mathbf{L}_k \dots \mathbf{L}_1$ ein Produkt von Elementarmatrizen mit $\mathbf{LA} = \mathbf{E}$, dann gilt mit Satz 2.4 und Folgerung 2.6: $\mathbf{A} = \mathbf{L}^{-1}\mathbf{E} = \mathbf{L}^{-1}$ mit $\mathbf{L}^{-1} = \mathbf{L}_1^{-1} \dots \mathbf{L}_k^{-1}$, d.h. es ist $\mathbf{A} = \mathbf{L}_1^{-1} \dots \mathbf{L}_k^{-1}$ ein Produkt von Elementarmatrizen.

„b) $\Rightarrow$ c)": Es sei $\mathbf{A} = \mathbf{L}$, wobei $\mathbf{L}$ ein Produkt von Elementarmatrizen ist. Da gemäß Folgerung 2.6 $\mathbf{L}$ invertierbar ist, existiert $\mathbf{L}^{-1}$, und es gilt $\mathbf{L}^{-1} = \mathbf{A}^{-1}$, d.h. $\mathbf{A}^{-1}$ existiert, d.h. $\mathbf{A}$ ist invertierbar.

„c) $\Rightarrow$ d)": Ist $\mathbf{A}$ invertierbar, können wir das Gleichungssystem $\mathbf{A} \cdot \mathbf{x} = \mathbf{0}$ mit $\mathbf{A}^{-1}$ multiplizieren. Wir erhalten das Gleichungssystem $\mathbf{E} \cdot \mathbf{x} = \mathbf{0}$ mit der einzigen Lösung $\mathbf{x} = \mathbf{0}$. Da $\mathbf{A}^{-1}$ eine Folge von Elementaroperationen ist, ist $\mathbf{x} = \mathbf{0}$ auch die einzige Lösung von $(\mathbf{A}, \mathbf{0})$.

„d) $\Rightarrow$ a)": $\mathbf{A} \cdot \mathbf{x} = \mathbf{0}$ besitze nur die Lösung $\mathbf{x} = \mathbf{0}$. Wir nehmen an, dass $\mathbf{A}$ sich nicht auf die Einheitsmatrix reduzieren lässt. Dann lässt sich $\mathbf{A}$ wegen Folgerung 3.1 b) auf eine Matrix $\mathbf{A'}$ transformieren, deren letzte Zeile Null ist. Es folgt $\mathit{rang}(\mathbf{A'}) \leq n - 1$. Mit Folgerung 3.3 f) folgt, dass $(\mathbf{A'}, \mathbf{0})$ eine Lösung $x_i \neq 0$ hat, d.h. auch $(\mathbf{A}, \mathbf{0})$ besitzt diese Lösung. Das ist aber ein Widerspruch zur Voraussetzung d). □

Aus Definition 4.2, Satz 4.5 und Folgerung 4.1 folgt unmittelbar

Folgerung 4.4 **a)** Eine Matrix $\mathbf{A} \in \mathcal{M}_m^{\mathcal{K}}$ ist genau dann inventierbar, wenn sie regulär ist.

b) Eine Matrix $\mathbf{A} \in \mathcal{M}_m^{\mathcal{K}}$ ist genau dann nicht invertierbar, wenn sie oder eine zu ihr äquivalente Matrix eine Nullzeile besitzt.

c) Eine Matrix $\mathbf{A} \in \mathcal{M}_m^{\mathcal{K}}$ ist genau dann nicht invertierbar, wenn ihre Zeilen linear abhängig sind.

d) Für eine Matrix $\mathbf{A} \in \mathcal{M}_m^{\mathcal{K}}$ ist $\det(\mathbf{A}) = 0$ genau dann, wenn sie oder eine zu ihr äquivalente Matrix eine Nullzeile besitzt. □

Aus Folgerung 4.4 a) folgt unmittelbar

Satz 4.6 **a)** Die Einheiten im Ring der quadratischen Matrizen (siehe Satz 2.1) sind genau die regulären Matrizen: $\left(\mathcal{M}_m^{\mathcal{K}}\right)^* = \mathcal{GL}_m(\mathcal{K})$.

b) $(\mathcal{GL}_m(\mathcal{K}), \cdot)$ bildet eine Gruppe (die im Allgemeinen nicht kommutativ ist, siehe Übungsaufgabe 4.5 (2)). □

Aus Satz 4.5 a) - c) lässt sich ein Verfahren ableiten zur Berechnung der Inversen zu invertierbaren quadratischen Matrizen: Sei $\mathbf{A} \in \mathcal{M}_m^{\mathcal{K}}$ invertierbar und sei $\mathbf{L} = \mathbf{L}_k \cdots \mathbf{L}_1$ das Produkt von Elementarmatrizen mit $\mathbf{LA} = \mathbf{E}$. Dann gilt $\mathbf{LE} = \mathbf{A}^{-1}$. Das heißt, man erhält die Inverse, indem man $\mathbf{L}$ auf die Einheitsmatrix anwendet. Dabei kann man die Transformation von $\mathbf{A}$ und von $\mathbf{E}$ gleichzeitig durchführen:

$$\mathbf{L}(\mathbf{A}|\mathbf{E}) = (\mathbf{LA}|\mathbf{LE}) = (\mathbf{E}|\mathbf{A}^{-1})$$

Beispiel 4.3 Wir berechnen mit diesem Verfahren die Inverse zur Matrix

$$\mathbf{A} = \begin{pmatrix} a & b \\ c & d \end{pmatrix} \in \mathcal{M}_2^{\mathcal{K}}$$

Wir bilden die Matrix $\mathbf{B} = (\mathbf{A}|\mathbf{E})$:

$$\mathbf{B} = (\mathbf{A}|\mathbf{E}) = \begin{pmatrix} a & b & 1 & 0 \\ c & d & 0 & 1 \end{pmatrix}$$

und gehen davon aus, dass $a \neq 0$ ist. Dann müssen wegen Folgerung 4.4 a) und d) c und d beide oder b und d beide ungleich 0 sein, sonst wäre $\det(\mathbf{A}) = 0$ und $\mathbf{A}$ wäre nicht invertierbar. In jedem Fall ist $\det(\mathbf{A}) = ad - bc \neq 0$. Schrittweises Anwenden geeigneter Zeilenreduktionen liefert:

$$\mathbf{B_1} = \mathbf{M}\left(1, a^{-1}\right)(\mathbf{A}|\mathbf{E}) = \begin{pmatrix} 1 & ba^{-1} & a^{-1} & 0 \\ c & d & 0 & 1 \end{pmatrix}$$

$$\mathbf{B_2} = \mathbf{S}(2,1,-c)\mathbf{B_1} = \begin{pmatrix} 1 & ba^{-1} & a^{-1} & 0 \\ 0 & (ad-bc)a^{-1} & -ca^{-1} & 1 \end{pmatrix}$$

$$\mathbf{B_3} = \mathbf{M}\left(2, (ad-bc)^{-1}a\right)\mathbf{B_2} = \begin{pmatrix} 1 & ba^{-1} & a^{-1} & 0 \\ 0 & 1 & -c(ad-bc)^{-1} & a(ad-bc)^{-1} \end{pmatrix}$$

$$\mathbf{B_4} = \mathbf{S}(1,2,-ba^{-1})\mathbf{B_3} = \begin{pmatrix} 1 & 0 & d(ad-bc)^{-1} & -b(ad-bc)^{-1} \\ 0 & 1 & -c(ad-bc)^{-1} & a(ad-bc)^{-1} \end{pmatrix}$$

$$= (\mathbf{E} \,|\, \mathbf{A}^{-1})$$

Es folgt:

$$\mathbf{A}^{-1} = (ad-bc)^{-1}\begin{pmatrix} d & -b \\ -c & a \end{pmatrix} = \det(\mathbf{A})^{-1}\begin{pmatrix} d & -b \\ -c & a \end{pmatrix} \tag{4.16}$$

Es ist also z.B.

$$\begin{pmatrix} 2 & 1 \\ 4 & 3 \end{pmatrix}^{-1} = \frac{1}{2}\begin{pmatrix} 3 & -1 \\ -4 & 2 \end{pmatrix} = \begin{pmatrix} \frac{3}{2} & -\frac{1}{2} \\ -2 & 1 \end{pmatrix}$$

Falls $a = 0$ ist, muss $b \neq 0$ und $c \neq 0$ sein, sonst wäre $\det(\mathbf{A}) = 0$ und damit wäre $\mathbf{A}$ wegen Folgerung 4.4 a) nicht invertierbar. Also gilt auch in diesem Fall $\det(\mathbf{A}) = -bc \neq 0$. Wir rechnen jetzt

$$\begin{pmatrix} 1 & 0 & -d(bc)^{-1} & c^{-1} \\ 0 & 1 & b^{-1} & 0 \end{pmatrix} =$$

$$\mathbf{S}(1,2,-dc^{-1})\mathbf{M}(2,b^{-1})\mathbf{M}(1,c^{-1})\mathbf{C}(1,2)\begin{pmatrix} 0 & b & 1 & 0 \\ c & d & 0 & 1 \end{pmatrix}$$

woraus

$$\mathbf{A}^{-1} = -(bc)^{-1}\begin{pmatrix} d & -b \\ -c & 0 \end{pmatrix} = \det(\mathbf{A})^{-1}\begin{pmatrix} d & -b \\ -c & 0 \end{pmatrix}$$

folgt, d.h. wir erhalten ebenfalls das Ergebnis (4.16). □

Aus Folgerung 4.3, Satz 4.4 und Satz 4.5 b) lässt sich ein weiteres Verfahren zur Berechnung der Determinante einer regulären Matrix $\mathbf{A} \in \mathcal{GL}_m(\mathcal{K})$ ableiten: $\mathbf{A}$ lässt sich als Produkt von Elementarmatrizen darstellen

$$\mathbf{A} = \mathbf{L_k} \cdot \ldots \cdot \mathbf{L_1} \tag{4.17}$$

Daraus folgt

$$\det(\mathbf{A}) = \det(\mathbf{L_k} \cdot \ldots \cdot \mathbf{L_1}) = \det(\mathbf{L_k}) \cdot \ldots \cdot \det(\mathbf{L_1}) \tag{4.18}$$

Sind $\mathbf{M}(k_1, \alpha_1), \ldots, \mathbf{M}(k_t, \alpha_t)$ die in der Darstellung (4.17) vorkommenden Zeilenmultiplikationen, und ist l die Anzahl der darin vorkommenden Vertauschungsoperationen $\mathbf{C}(i_s, j_s)$, $1 \leq s \leq l$, dann folgt mit Folgerung 4.3

$$\det(\mathbf{A}) = (-1)^l \cdot \prod_{i=1}^{t} \alpha_i \tag{4.19}$$

Aus Beispiel 4.3 können wir für $\mathbf{A} \in \mathcal{GL}_2(\mathcal{K})$ mit

$$\mathbf{A} = \begin{pmatrix} a & b \\ c & d \end{pmatrix}$$

Folgendes ablesen:

$$\mathbf{E} = \mathbf{S}(1, 2, -ba^{-1}) \cdot \mathbf{M}(2, (ad - bc)^{-1}a) \cdot \mathbf{S}(2, 1, -c) \cdot \mathbf{M}(1, a^{-1}) \cdot \mathbf{A}$$

Mit Satz 2.4 und Folgerung 2.6 folgt

$$\mathbf{A} = \mathbf{M}(1, a) \cdot \mathbf{S}(2, 1, c) \cdot \mathbf{M}(2, (ad - bc)a^{-1}) \cdot \mathbf{S}(1, 2, ba^{-1})$$

Mit (4.19) lässt sich die Determinante von $\mathbf{A}$ daraus bestimmen:

$$\det(\mathbf{A}) = a \cdot (ad - bc)a^{-1} = ad - bc$$

was wir natürlich schon wissen.

Übungsaufgaben

4.7 Es sei

$$\mathbf{A} = \begin{pmatrix} 1 & 2 & 1 \\ 2 & 1 & 1 \\ 1 & 1 & 2 \end{pmatrix} \in \mathcal{GL}_3(\mathbb{R})$$

(1) Transformieren Sie $\mathbf{A}$ mithilfe von Elementaroperationen auf die Einheitsmatrix!

(2) Berechnen Sie $\det(\mathbf{A})$ gemäß Gleichung (4.19)!

4.8 Zeigen Sie, dass für $\mathbf{A} \in \mathcal{GL}_m(\mathcal{K})$ gilt:

(1) $\mathbf{A}^T \in \mathcal{GL}_m(\mathcal{K})$, d.h. die Transponierte einer regulären Matrix ist regulär,

(2) $\left(\mathbf{A}^T\right)^{-1} = (\mathbf{A}^{-1})^T$. □

4.3 Hauptsätze für Determinanten

In diesem Abschnitt betrachten wir noch einige wesentliche Eigenschaften von Determinanten.

Die erste Eigenschaft betrifft die Definition von Determinanten. Wir haben Determinanten in Definition 4.1 *operational*, d.h. durch eine Berechnungsvorschrift, nämlich durch „Entwicklung nach der ersten Spalte", festgelegt. Wir hätten auch *axiomatisch* wie folgt vorgehen können: Eine Funktion

Axiomatische Determinanten-Definition

$$\text{Det} : \mathcal{M}_m^{\mathcal{K}} \to \mathcal{K}$$

heißt Determinante genau dann, wenn sie folgende drei Eigenschaften besitzt.

(D1) Die Determinante der Einheitsmatrix sei gleich 1: $\text{Det}(\mathbf{E}) = 1$.

(D2) Die Determinante sei linear in den Zeilen einer Matrix, d.h. die Funktion Det erfülle die beiden folgenden Eigenschaften:

(a) für $\alpha \in \mathcal{K}$ sei $\text{Det}(\mathbf{M}(k,\alpha) \cdot \mathbf{A}) = \alpha \cdot \text{Det}(\mathbf{A})$,

(b) für $\mathbf{A}, \mathbf{B}, \mathbf{C} \in \mathcal{M}_m^{\mathcal{K}}$ mit $\mathbf{a}_{k*} = \mathbf{b}_{k*} = \mathbf{c}_{k*}$ für $1 \leq k \leq i-1$ und $i+1 \leq k \leq m$ sowie mit $\mathbf{c}_{i*} = \mathbf{a}_{i*} + \mathbf{b}_{i*}$ sei

$$\text{Det}(\mathbf{C}) = \text{Det}(\mathbf{A}) + \text{Det}(\mathbf{B})$$

(D3) Sind zwei benachbarte Zeilen einer Matrix identisch, dann soll ihre Determinante gleich 0 sein: für $\mathbf{A} \in \mathcal{M}_m^{\mathcal{K}}$ mit $m \geq 2$ und $\mathbf{a}_{i*} = \mathbf{a}_{i+1*}$ für ein $i \in \{1, \ldots, m-1\}$ sei $\text{Det}(\mathbf{A}) = 0$.

Wir haben einerseits ausschließlich die obigen Regeln (D1) - (D3) verwendet, um die Eigenschaften von det in den vorigen Abschnitten zu zeigen, insbesondere Folgerung 4.3, Satz 4.4 und Satz 4.5 b), woraus die Gleichungen (4.17 - 4.19) abgeleitet werden konnten, die $\det(\mathbf{A})$ bereits eindeutig festlegen.

Andererseits haben wir in Satz 4.1 a) gezeigt, dass die in Definition 4.1 festgelegte Determinante det die Eigenschaft (D1) erfüllt, und im Satz 4.2 a), b) und c) haben wir gezeigt, dass det die Eigenschaften (D2) bzw. (D3) erfüllt.

Es gilt also Det = det und damit folgender Hauptsatz für Determinanten.

Hauptsatz für Determinanten

Satz 4.7 Die Determinantenfunktion det ist die einzige Funktion, welche die Regeln (D1 - D3) erfüllt. □

Wir wollen uns nun mit der Determinante der Transponierten einer regulären Matrix befassen. Aus der Folgerung 2.5 und der Eigenschaft (2.1) können wir unmittelbar die folgenden Eigenschaften ableiten.

Folgerung 4.5 Sei $\mathbf{A} \in \mathcal{M}_m^{\mathcal{K}}$ und $\alpha \in \mathcal{K}$, dann gilt:

a) $(\mathbf{C}(i,j) \cdot \mathbf{A})^T = \mathbf{A}^T \cdot \mathbf{C}(i,j)$,

b) $(\mathbf{M}(k,\alpha) \cdot \mathbf{A})^T = \mathbf{A}^T \cdot \mathbf{M}(k,\alpha)$,

c) $(\mathbf{S}(i,j,\alpha) \cdot \mathbf{A})^T = \mathbf{A}^T \cdot \mathbf{S}(j,i,\alpha)$. □

Hieraus folgt mit vollständiger Induktion

Folgerung 4.6 Sei $\mathbf{A} \in \mathcal{M}_m^{\mathcal{K}}$ und $\mathbf{L} = \mathbf{L_k} \cdot \ldots \cdot \mathbf{L_1}$ eine Folge von Elementaroperationen, dann gilt $(\mathbf{L} \cdot \mathbf{A})^T = \mathbf{A}^T \cdot \mathbf{L}^T$. Dabei ist $\mathbf{L}^T = \mathbf{L_1}^T \cdot \ldots \cdot \mathbf{L_k}^T$, wobei zu beachten ist, dass $\mathbf{L_q}^T = \mathbf{L_q}$ ist, falls $\mathbf{L_q}$ eine **C**- oder eine **M**-Operation ist, bzw. dass $(\mathbf{S}(i,j,\alpha))^T = \mathbf{S}(j,i,\alpha)$ ist. □

Mit dieser Folgerung sowie mithilfe von Aufgabe 4.8 (1) können wir nun zeigen, dass sich für $\mathbf{A} \in \mathcal{GL}_m(\mathcal{K})$ die Transponierte $\mathbf{A}^T$ genau wie $\mathbf{A}$ (siehe Satz 4.5) als Folge von Elementarmatrizen darstellen lässt, und es folgt, dass $\mathbf{A} = \mathbf{L_k} \cdot \ldots \cdot \mathbf{L_1}$ genau dann gilt, wenn $\mathbf{A}^T = \mathbf{L_1}^T \cdot \ldots \cdot \mathbf{L_k}^T$ ist. Aus Satz 4.4, Folgerung 4.6 und der Gleichung (4.18) folgt nun

$$\begin{aligned}\det(\mathbf{A}) &= \det(\mathbf{L_k} \cdot \ldots \cdot \mathbf{L_1}) \\ &= \det(\mathbf{L_k}) \cdot \ldots \cdot \det(\mathbf{L_1}) \\ &= \det(\mathbf{L_1}) \cdot \ldots \cdot \det(\mathbf{L_k}) \\ &= \det\left(\mathbf{L_1}^T\right) \cdot \ldots \cdot \det\left(\mathbf{L_k}^T\right) \\ &= \det(\mathbf{L_1}^T \cdot \ldots \cdot \mathbf{L_k}^T) \\ &= \det\left(\mathbf{A}^T\right)\end{aligned}$$

womit der folgende wichtige Satz bewiesen ist.

Satz 4.8 Für $\mathbf{A} \in \mathcal{GL}_m(\mathcal{K})$ gilt $\det\left(\mathbf{A}^T\right) = \det(\mathbf{A})$. □

Aus diesem Satz folgt, dass alle Eigenschaften von Determinanten, die wir im Abschnitt 4.1 für Zeilen gezeigt haben, auch für Spalten gelten. Des Weiteren gilt, dass die Determinante nicht nur nach der ersten Spalte (wie in Definition 4.1), sondern auch nach der ersten Zeile entwickelt werden kann:

$$\det(\mathbf{A}) = \sum_{j=1}^{m} (-1)^{1+j} \cdot a_{1j} \cdot \det(\mathbf{A_{1j}})$$

Mithilfe der Folge $\mathbf{C}(i-1,i)$, $1 < i \leq k$, von $k-1$ Vertauschungsoperationen kann durch Multiplikation von links oder durch Multiplikation von rechts jede k-te Zeile bzw. jede k-te Spalte in die erste Zeile bzw. in die erste Spalte gebracht werden. Dabei wechselt das Vorzeichen $k-1$-mal. Es gilt also für die Entwicklung nach der k-ten Zeile

$$\det(\mathbf{A}) = (-1)^{k-1}\sum_{j=1}^{m}(-1)^{1+j}\cdot a_{kj}\cdot\det(\mathbf{A}_{kj}) = \sum_{j=1}^{m}(-1)^{k+j}\cdot a_{kj}\cdot\det(\mathbf{A}_{kj})$$

bzw. für die Entwicklung nach der l-ten Spalte

$$\det(\mathbf{A}) = (-1)^{l-1}\sum_{i=1}^{m}(-1)^{1+i}\cdot a_{il}\cdot\det(\mathbf{A}_{il}) = \sum_{j=1}^{m}(-1)^{l+j}\cdot a_{il}\cdot\det(\mathbf{A}_{il})$$

Damit ist der Vorzeichenwechsel erklärt, den wir bereits im Beispiel 4.2 beachtet haben.

Eine Matrix kann also nach jeder Zeile bzw. nach jeder Spalte entwickelt werden, was wir schon nach der Übungsaufgabe 4.1 vermutet haben.

Satz 4.9 Für jede Matrix $\mathbf{A} \in \mathcal{M}_m^{\mathcal{K}}$ gilt für $1 \leq k, l \leq m$:

Entwicklungssatz

$$\begin{aligned}\det(\mathbf{A}) &= \sum_{j=1}^{m}(-1)^{k+j}\cdot a_{kj}\cdot\det(\mathbf{A}_{kj})\\ &= \sum_{i=1}^{m}(-1)^{i+l}\cdot a_{il}\cdot\det(\mathbf{A}_{il})\end{aligned}$$

□

Der folgende wichtige Satz über Determinanten, wovon wir in Aufgabe 4.4 bereits einen Spezialfall betrachtet haben, besagt, dass die Determinantenfunktion multiplikativ ist.

Satz 4.10 Es seien $\mathbf{A}, \mathbf{B} \in \mathcal{M}_m^{\mathcal{K}}$. Dann gilt

Multiplikationssatz

$$\det(\mathbf{A}\cdot\mathbf{B}) = \det(\mathbf{A})\cdot\det(\mathbf{B})$$

Beweis Für Elementarmatrizen haben wir die Multiplikativität schon in Satz 4.4 gezeigt.

Für den Fall, dass $\det(\mathbf{A}) = 0$ ist, d.h. für den Fall, dass $\mathbf{A}$ eine Nullzeile enthält, oder für den Fall, dass die Zeilen von $\mathbf{A}$ linear abhängig sind, folgt die Behauptung sofort aus Aufgabe 4.6 (1) und Folgerung 4.4.

Sei also $\det(\mathbf{A}) \neq 0$. Dann lässt sich $\mathbf{A}$ als Folge von Elementarmatrizen darstellen: $\mathbf{A} = \mathbf{L}_k \cdot \ldots \cdot \mathbf{L}_1$. Mithilfe von Satz 4.4 können wir wie folgt rechnen:

$$\begin{aligned}\det(\mathbf{A}\cdot\mathbf{B}) &= \det(\mathbf{L}_k\cdot\ldots\cdot\mathbf{L}_1\cdot\mathbf{B})\\ &= \det(\mathbf{L}_k)\cdot\ldots\cdot\det(\mathbf{L}_1)\cdot\det(\mathbf{B})\\ &= \det(\mathbf{L}_k\cdot\ldots\cdot\mathbf{L}_1)\cdot\det(\mathbf{B})\\ &= \det(\mathbf{A})\cdot\det(\mathbf{B})\end{aligned}$$

Damit ist insgesamt die Behauptung gezeigt. □

Folgerung 4.7 Für $\mathbf{A} \in \mathcal{GL}_m(\mathcal{K})$ gilt:

a) $\det\left(\mathbf{A}^{-1}\right) = \left(\det(\mathbf{A})\right)^{-1}$.

b) $\det\left(\mathbf{A}^{n}\right) = \left(\det(\mathbf{A})\right)^{n}$.

c) Die Determinante ist ein Homomorphismus von $\left(\mathcal{M}_m^{\mathcal{K}}\right)^*$ in $\mathcal{K}^*$.

d) Es ist

$$Kern(\det) = \left\{ \mathbf{A} \in \left(\mathcal{M}_m^{\mathcal{K}}\right)^* \mid \det(\mathbf{A}) = 1 \right\}$$

der Kern des durch die Determinante bestimmten Homomorphismus.

Beweis **a)** Es ist $\mathbf{A} \cdot \mathbf{A}^{-1} = \mathbf{E}$. Mit dem Multiplikationssatz gilt:

$$1 = \det(\mathbf{E}) = \det\left(\mathbf{A} \cdot \mathbf{A}^{-1}\right) = \det(\mathbf{A}) \cdot \det\left(\mathbf{A}^{-1}\right)$$

Daraus folgt $\det\left(\mathbf{A}^{-1}\right) = \left(\det(\mathbf{A})\right)^{-1}$ und damit die Behauptung.

b) und **c)** folgen unmittelbar aus dem Multiplikationssatz.

d) ist offensichtlich. □

Der Kern der Determinantenfunktion bildet eine Untergruppe der allgemeinen linearen Gruppe $\mathcal{GL}_m(\mathcal{K})$. Diese Untergruppe hat einen eigenen Namen.

Spezielle lineare Gruppe

Definition 4.3 Die Untergruppe

$$\mathcal{SL}_m(\mathcal{K}) = \left\{ \mathbf{A} \in \mathcal{GL}_m(\mathcal{K}) \mid \det(\mathbf{A}) = 1 \right\}$$

heißt *spezielle lineare Gruppe* über $\mathcal{K}$. □

Allgemeine lineare Gruppe

Die Gruppe $(\mathcal{GL}_m(\mathcal{K}), \cdot)$ wird auch m-dimensionale *allgemeine lineare Gruppe* genannt. Mit der Bezeichnung dieser Gruppe mit $\mathcal{GL}_m(\mathcal{K})$ werden die Zusammenhänge deutlich, die zwischen Matrizen, Gleichungssystemen, die wir ähnlich mit $\mathcal{GL}_{mn}^{\mathcal{K}}$ bezeichnet haben, und Determinanten einerseits untereinander sowie andererseits zu linearen Abbildungen zwischen den Vektorräumen $\mathcal{K}^n$ und $\mathcal{K}^m$ (siehe Abschnitt 3.3) bestehen. In Satz 1.14 hatten wir bereits allgemein festgestellt, dass die linearen Abbildungen zwischen Vektorräumen über einem Körper bezüglich der Addition eine Gruppe bilden.

Übungsaufgaben

4.9 Sei $\mathcal{K}$ ein Körper. Zeigen Sie, dass für zwei Matrizen $\mathbf{A}, \mathbf{B} \in \mathcal{GL}_m(\mathcal{K})$ gilt: $\det(\mathbf{A} \cdot \mathbf{B}) = \det(\mathbf{B} \cdot \mathbf{A})$!

4.10 Die Fibonacci-Folge $\{F_n\}_{n \geq 0}$ ist definiert durch

$$F_0 = 0,\ F_1 = 1 \text{ sowie } F_n = F_{n-1} + F_{n-2} \text{ für } n \geq 2$$

(1) Zeigen Sie, dass für $n \geq 1$ gilt:

$$\begin{pmatrix} 1 & 1 \\ 1 & 0 \end{pmatrix}^n = \begin{pmatrix} F_{n+1} & F_n \\ F_n & F_{n-1} \end{pmatrix}$$

(2) Beweisen Sie mithilfe der Aussage (1), dass gilt:

$$F_{n+2}F_n - F_{n+1}^2 = (-1)^{n+1}$$ □

4.4 Basistransformationen und lineare Abbildungen (Fortsetzung)

Wie im Kapitel 1.5 angekündigt kommen wir in diesem Kapitel auf Basistransformationen zurück und verwenden dabei nun Kenntnisse über Matrizen. Mit der *Koordinatentransformationsformel* (1.18)

Koordinatentransformationsformel

$$x_i^{\mathcal{B}_2} = \sum_{j=1}^{m} b_{ij} x_j^{\mathcal{B}_1}$$

können die Koordinaten $\mathbf{x}^{\mathcal{B}_1} = \left(x_1^{\mathcal{B}_1}, \ldots, x_m^{\mathcal{B}_1} \right)$ eines Vektors $\mathbf{x}$ eines m-dimensionalen Vektorraums $\mathcal{V}$ über einem Körper $\mathcal{K}$ bezüglich der Basis $\mathcal{B}_1 = \{\mathbf{b_1}, \ldots, \mathbf{b_m}\}$ in Koordinaten $\mathbf{x}^{\mathcal{B}_2} = \left(x_1^{\mathcal{B}_2}, \ldots, x_m^{\mathcal{B}_2} \right)$ bezüglich der Basis $\mathcal{B}_2 = \{\mathbf{b_1}', \ldots, \mathbf{b_m}'\}$ transformiert werden. Wir bilden mit den „Transformationskoeffizienten" b_{ij}, $1 \leq i, j \leq m$ die Matrix

$$[\boldsymbol{\mathcal{B}_1} \to \boldsymbol{\mathcal{B}_2}] = (\, \mathbf{b}_{ij} \,)_{1 \leq i,j \leq m}$$

Die Koordinatentransformation von $\mathbf{x}^{\mathcal{B}_1}$ zu $\mathbf{x}^{\mathcal{B}_2}$ lässt sich dann beschreiben durch

$$\mathbf{x}^{\mathcal{B}_2} = [\boldsymbol{\mathcal{B}_1} \to \boldsymbol{\mathcal{B}_2}] \cdot \mathbf{x}^{\mathcal{B}_1} \tag{4.20}$$

Für Beispiel 1.7 ergibt sich

$$[\boldsymbol{\mathcal{B}_1} \to \boldsymbol{\mathcal{B}_2}] = \begin{pmatrix} 3 & -1 & -1 \\ -1 & 0 & 1 \\ -1 & 1 & 0 \end{pmatrix}$$

und damit die Koordinatentransformation mit dem schon bekannten Ergebnis:

$$\mathbf{x}^{\mathcal{B}_2} = \begin{pmatrix} 3 & -1 & -1 \\ -1 & 0 & 1 \\ -1 & 1 & 0 \end{pmatrix} \cdot \begin{pmatrix} 1 \\ 2 \\ 3 \end{pmatrix} = \begin{pmatrix} -2 \\ 2 \\ 1 \end{pmatrix}$$

Übungsaufgaben

4.11 Geben Sie $[\mathcal{B}_1 \rightarrow \mathcal{B}_2]$ für die Aufgabe 1.11 an, und berechnen Sie damit die Transformation von $\mathbf{x} = (1, 1, 1)$! □

Basiswechsel-matrix

Wir nennen $[\mathcal{B}_1 \rightarrow \mathcal{B}_2]$ *Basiswechselmatrix* für den Wechsel von der Basis $\mathcal{B}_1$ zur $\mathcal{B}_2$. Aus der Konstruktion dieser Matrix ergibt sich, dass ihre Zeilen linear unabhängig sind, damit ist ihre Determinante ungleich Null. Daraus folgt unmittelbar

Folgerung 4.8 Es seien $\mathcal{B}_1$ und $\mathcal{B}_2$ zwei Basen des m-dimensionalen Vektorraums $\mathcal{V}$ über dem Körper $\mathcal{K}$. Dann gilt:

a) $[\mathcal{B}_1 \rightarrow \mathcal{B}_2]$ und $[\mathcal{B}_2 \rightarrow \mathcal{B}_1]$ sind regulär, d.h. es ist

$$[\mathcal{B}_1 \rightarrow \mathcal{B}_2], [\mathcal{B}_2 \rightarrow \mathcal{B}_1] \in \mathcal{GL}_m(\mathcal{K})$$

b) $[\mathcal{B}_1 \rightarrow \mathcal{B}_2]$ und $[\mathcal{B}_2 \rightarrow \mathcal{B}_1]$ sind invertierbar, und es gilt

$$[\mathcal{B}_1 \rightarrow \mathcal{B}_2]^{-1} = [\mathcal{B}_2 \rightarrow \mathcal{B}_1] \text{ sowie } [\mathcal{B}_1 \rightarrow \mathcal{B}_2]^{-1} = [\mathcal{B}_2 \rightarrow \mathcal{B}_1]$$

□

Bevor wir uns mit Basiswechseln bei linearen Abbildungen beschäftigen zeigen wir zunächst, dass sich jede lineare Abbildung $\varphi \in \mathcal{L}(\mathcal{V}, \mathcal{W})$ bezüglich einer Basis $\mathcal{B}^{\mathcal{V}} = \{\mathbf{v_1}, \ldots, \mathbf{v_m}\}$ von $\mathcal{V}$ und einer Basis $\mathcal{B}^{\mathcal{W}} = \{\mathbf{w_1}, \ldots, \mathbf{w_n}\}$ von $\mathcal{W}$ als Matrix darstellen lässt, diese notieren wir mit $\varphi\left[\mathcal{B}^{\mathcal{W}}, \mathcal{B}^{\mathcal{V}}\right]$. Aus Satz 1.16 wissen wir, dass φ durch die Bilder $\varphi(\mathbf{v_j})$, $1 \leq j \leq m$, festgelegt ist. Sind

$$\varphi(\mathbf{v_j})^{\mathcal{B}^{\mathcal{W}}} = \begin{pmatrix} \alpha_{1j} \\ \vdots \\ \alpha_{nj} \end{pmatrix} \tag{4.21}$$

die Koordinaten von $\varphi(\mathbf{v_j})$ bezüglich $\mathcal{B}^{\mathcal{W}}$, d.h. es ist

$$\varphi(\mathbf{v_j}) = \sum_{i=1}^{n} \alpha_{ij} \mathbf{w_i}$$

dann sei

$$\varphi\left[\mathcal{B}^{\mathcal{W}}, \mathcal{B}^{\mathcal{V}}\right] = (\alpha_{ij})_{\substack{1 \leq i \leq n \\ 1 \leq j \leq m}} = \begin{pmatrix} \alpha_{11} & \ldots & \alpha_{1m} \\ \vdots & \vdots & \vdots \\ \alpha_{n1} & \ldots & \alpha_{nm} \end{pmatrix} \in \mathcal{M}_{nm}^{\mathcal{K}}$$

In der j-ten Spalte von $\varphi\left[\mathcal{B}^{\mathcal{W}}, \mathcal{B}^{\mathcal{V}}\right]$ stehen die Koordinaten von $\varphi(\mathbf{v_j})$ bezüglich $\mathcal{B}^{\mathcal{W}}$.

Mit Folgerung 1.4 erhalten wir mit

$$\varphi(\mathbf{v}_j)^{\mathcal{B}^{\mathcal{W}}} = \begin{pmatrix} \alpha_{1j} \\ \vdots \\ \alpha_{nj} \end{pmatrix} = \begin{pmatrix} \alpha_{11} & \dots & \alpha_{1m} \\ \vdots & \vdots & \vdots \\ \alpha_{n1} & \dots & \alpha_{nm} \end{pmatrix} \cdot \begin{pmatrix} 0 \\ \vdots \\ 1 \\ \vdots \\ 0 \end{pmatrix} = \varphi\left[\mathcal{B}^{\mathcal{W}}, \mathcal{B}^{\mathcal{V}}\right] \cdot \mathbf{v}_j^{\mathcal{B}^{\mathcal{V}}}$$

die Koordinaten der Bilder der Basisvektoren bezüglich $\mathcal{B}^{\mathcal{W}}$.

Jetzt bestimmen wir die Koordinaten von $\varphi(\mathbf{v})$ bezüglich $\mathcal{B}^{\mathcal{W}}$ für alle $\mathbf{v} \in \mathcal{V}$. Seien dazu

$$\mathbf{v}^{\mathcal{B}^{\mathcal{V}}} = \begin{pmatrix} \alpha_1 \\ \vdots \\ \alpha_m \end{pmatrix}$$

die Koordinaten von $\mathbf{v}$ bezüglich $\mathcal{B}^{\mathcal{V}}$, also

$$\mathbf{v} = \sum_{j=1}^{m} \alpha_j \mathbf{v_j}$$

dann ist wegen der Linearität von φ und mithilfe von (1.13) und (4.21)

$$\begin{aligned}
\varphi(\mathbf{v})^{\mathcal{B}^{\mathcal{W}}} &= \varphi\left(\alpha_1 \mathbf{v_1} + \ldots + \alpha_m \mathbf{v_m}\right)^{\mathcal{B}^{\mathcal{W}}} \\
&= \left(\alpha_1 \varphi(\mathbf{v_1}) + \ldots + \alpha_m \varphi(\mathbf{v_m})\right)^{\mathcal{B}^{\mathcal{W}}} \\
&= \alpha_1 \varphi(\mathbf{v_1})^{\mathcal{B}^{\mathcal{W}}} + \ldots + \alpha_m \varphi(\mathbf{v_m})^{\mathcal{B}^{\mathcal{W}}} \\
&= \alpha_1 \begin{pmatrix} \alpha_{11} \\ \vdots \\ \alpha_{n1} \end{pmatrix} + \ldots + \alpha_m \begin{pmatrix} \alpha_{1m} \\ \vdots \\ \alpha_{nm} \end{pmatrix} \\
&= \begin{pmatrix} \alpha_{11} & \dots & \alpha_{1m} \\ \vdots & \vdots & \vdots \\ \alpha_{n1} & \dots & \alpha_{nm} \end{pmatrix} \cdot \begin{pmatrix} \alpha_1 \\ \vdots \\ \alpha_m \end{pmatrix} \\
&= \varphi\left[\mathcal{B}^{\mathcal{W}}, \mathcal{B}^{\mathcal{V}}\right] \cdot \mathbf{v}^{\mathcal{B}^{\mathcal{V}}}
\end{aligned}$$

Die Koordinaten von $\varphi(\mathbf{v})$ bezüglich $\mathcal{B}^{\mathcal{W}}$ ergeben also durch Multiplaktion der Matrix $\varphi\left[\mathcal{B}^{\mathcal{W}}, \mathcal{B}^{\mathcal{V}}\right]$ mit den Koordinaten von $\mathbf{v}$ bezüglich $\mathcal{B}^{\mathcal{V}}$.

Aus diesem Ergebnis und der Kenntnis, dass jede Matrix eine lineare Abbildung realisiert, folgt unmittelbar

Satz 4.11 Seien $\mathcal{V}$ ein m-dimensionaler und $\mathcal{W}$ ein n-dimensionaler Vektorraum über dem Körper $\mathcal{K}$, dann gilt $\mathcal{L}(\mathcal{V},\mathcal{W}) \cong \mathcal{M}_{nm}^{\mathcal{K}}$. □

Koordinatentransformationsformel

Betrachten wir den Spezialfall $\mathcal{W} = \mathcal{V}$ und nehmen als lineare Abbildung die identische Abbildung $\mathbf{id_V} \in \mathcal{L}(\mathcal{V},\mathcal{V})$, dann erhalten wir für zwei Basen $\mathcal{B}_1$ und $\mathcal{B}_2$ von $\mathcal{V}$ für $\mathbf{x} \in \mathcal{V}$ die *Koordinatentransformationsformel*

$$\mathbf{x}^{\mathcal{B}_2} = \mathbf{id_V}[\mathcal{B}_2, \mathcal{B}_1]\mathbf{v}^{\mathcal{B}_1}$$

Wenn wir dies mit der Koordinatentransfomationsformel (4.20) vergleichen, dann erhalten wir, dass

$$\mathbf{id_V}[\mathcal{B}_2, \mathcal{B}_1] = [\mathcal{B}_1 \to \mathcal{B}_2]$$

gilt.

Übungsaufgaben

4.12 In Aufgabe 1.10 wird gezeigt, dass die Komposition von linearen Abbildungen wieder eine lineare Abbildung ist. Seien nun $\mathcal{V}$ ein k-dimensionaler, $\mathcal{W}$ ein m-dimensionaler und $\mathcal{X}$ ein n-dimensionaler Vektorraum über dem Körper $\mathcal{K}$ mit den Basen $\mathcal{B}^{\mathcal{V}}$, $\mathcal{B}^{\mathcal{W}}$ bzw. $\mathcal{B}^{\mathcal{X}}$, und seien $\boldsymbol{\varphi} \in \mathcal{L}(\mathcal{V},\mathcal{W})$ und $\boldsymbol{\psi} \in \mathcal{L}(\mathcal{W},\mathcal{X})$. Überlegen Sie, dass dann

$$\boldsymbol{\psi} \circ \boldsymbol{\varphi}[\mathcal{B}^{\mathcal{X}}, \mathcal{B}^{\mathcal{V}}] = \boldsymbol{\psi}[\mathcal{B}^{\mathcal{X}}, \mathcal{B}^{\mathcal{W}}] \cdot \boldsymbol{\varphi}[\mathcal{B}^{\mathcal{W}}, \mathcal{B}^{\mathcal{V}}]$$

gilt. □

Im Satz 1.16 haben wir gesehen, wie eine lineare Abbildungen $\boldsymbol{\varphi}$ zwischen zwei Vektorräumen $\mathcal{V}$ und $\mathcal{W}$ festgelegt ist. Dabei hängt die Festlegung von den gewählten Basen ab. Wir wollen nun überlegen, wie sich die Darstellung $\boldsymbol{\varphi}$ ändert, wenn in $\mathcal{V}$ oder in $\mathcal{W}$ oder in beiden ein Basiswechsel stattfindet. Für die folgenden Betrachtungen sei $\mathcal{V}$ ein m-dimensionaler und $\mathcal{W}$ ein n-dimensionaler Vektorraum über einem Körper $\mathcal{K}$. $\mathcal{V}$ habe die Basen

$$\mathcal{B}_1^{\mathcal{V}} = \{\mathbf{v_1}, \ldots, \mathbf{v}_m\} \text{ und } \mathcal{B}_2^{\mathcal{V}} = \{\mathbf{v_1}', \ldots, \mathbf{v}_m'\}$$

und $\mathcal{W}$ habe die Basen

$$\mathcal{B}_1^{\mathcal{W}} = \{\mathbf{w_1}, \ldots, \mathbf{w}_n\} \text{ und } \mathcal{B}_2^{\mathcal{W}} = \{\mathbf{w_1}', \ldots, \mathbf{w}_n'\}$$

Sei $\boldsymbol{\varphi} \in \mathcal{L}(\mathcal{V},\mathcal{W})$ bezüglich $\mathcal{B}_1^{\mathcal{V}}$ und $\mathcal{B}_1^{\mathcal{W}}$ gegeben und $\boldsymbol{\varphi}[\mathcal{B}_1^{\mathcal{W}}, \mathcal{B}_1^{\mathcal{V}}]$ die zugehörige Abbildungsmatrix und finden Basiswechsel von $\mathcal{B}_2^{\mathcal{V}}$ zu $\mathcal{B}_1^{\mathcal{V}}$ sowie von $\mathcal{B}_1^{\mathcal{W}}$ zu $\mathcal{B}_2^{\mathcal{W}}$ statt, dann ergibt sich die Abbildungsmatrix von $\boldsymbol{\varphi}$ bezüglich $\mathcal{B}_2^{\mathcal{V}}$ und $\mathcal{B}_2^{\mathcal{W}}$ durch

$$\boldsymbol{\varphi}[\mathcal{B}_2^{\mathcal{W}}, \mathcal{B}_2^{\mathcal{V}}] = \mathbf{id_W}[\mathcal{B}_2^{\mathcal{W}}, \mathcal{B}_1^{\mathcal{W}}] \cdot \boldsymbol{\varphi}[\mathcal{B}_1^{\mathcal{W}}, \mathcal{B}_1^{\mathcal{V}}] \cdot \mathbf{id_W}[\mathcal{B}_1^{\mathcal{V}}, \mathcal{B}_2^{\mathcal{V}}]$$

Sei $\mathcal{K}$ ein Körper. Wir wissen, dass $\mathcal{K}^n$ ein Vektrorraum über $\mathcal{K}$ ist, das gilt selbstverständlich auch für den Spezialfall $n = 1$, d.h. $\mathcal{K}$ ist ein (1-dimensionaler) Vektorraum über sich selbst. Sei zudem $\mathcal{V}$ ein m-dimensionaler Vektorraum über $\mathcal{K}$. Dann ist $\mathcal{L}(\mathcal{V}, \mathcal{K})$ wohldefiniert, nämlich die Menge der linearen Abbildungen von $\mathcal{V}$ nach $\mathcal{K}$.

Dualraum

Definition 4.4 Sei $\mathcal{V}$ ein Vektorraum über dem Körper $\mathcal{K}$. Dann heißt der Vektorraum $\mathcal{V}^* = \mathcal{L}(\mathcal{V}, \mathcal{K})$ *Dualraum* von $\mathcal{V}$. □

Als Basis für den Raum $\mathcal{K}$ kann man jedes Element $k \in \mathcal{K}^*$ nehmen; üblicherweise nimmt man den „Einheitsvektor“ **1**, d.h. als Basis die Einheitsbasis $\mathcal{B}^{\mathcal{K}} = \{(\mathbf{1})\}$. Sei nun die lineare Abbildung $\varphi \in \mathcal{L}(\mathcal{V}, \mathcal{K})$ für eine Basis $\mathcal{B}^{\mathcal{V}} = \{\mathbf{v_1}, \ldots, \mathbf{v_m}\}$ festgelegt durch $\varphi(\mathbf{v_i}) = k_i \in \mathcal{K}$, $1 \leq i \leq m$. Da $k_i = k_i \cdot 1$ ist, ergibt sich

$$\varphi[\{1\}, \mathcal{B}^{\mathcal{V}}] = (k_1, \ldots, k_m)$$

als Abbildungsmatrix für φ. Sei nun $\mathbf{v} \in \mathcal{V}$ mit den Koordinaten $\mathbf{v}^{\mathcal{B}^{\mathcal{V}}} = (\alpha_1, \ldots, \alpha_m)$ bezüglich $\mathcal{B}^{\mathcal{V}}$. Dann ergibt sich

$$\begin{aligned} \varphi(\mathbf{v})^{\mathcal{B}^{\mathcal{K}}} &= \varphi[\{1\}, \mathcal{B}^{\mathcal{V}}] \cdot \mathbf{v}^{\mathcal{B}^{\mathcal{V}}} \\ &= (k_1, \ldots, k_m) \cdot \begin{pmatrix} \alpha_1 \\ \vdots \\ \alpha_m \end{pmatrix} \end{aligned}$$

was dem Skalarprodukt der Abbildungsmatrix (hier eher Abbildungsvektor) von φ und den Koordinaten von $\mathbf{v}$ entspricht. In Kapitel 1.6 haben wir festgestellt, dass das Skalarprodukt eine Bilinearform ist. Deshalb nennt man die Elemente von $\mathcal{L}(\mathcal{V}, \mathcal{K})$ auch *Linearformen*

Linearform

Duale Basis

Folgerung 4.9 Es sei $\mathcal{V}$ ein n-dimensionaler Vektorraum über dem Körper $\mathcal{K}$ mit Basis $\mathcal{B} = \{\mathbf{v_1}, \ldots, \mathbf{v_n}\}$. Dann ist der Dualraum $\mathcal{V}^*$ ebenfalls n-dimensional, und $\mathcal{B}^* = \{\mathbf{v_1^*}, \ldots, \mathbf{v_n^*}\}$ mit $\mathbf{v_i^*}(\mathbf{v_j}) = \delta_{ij}$[6] ist eine Basis von $\mathcal{V}^*$. $\mathcal{B}^*$ heißt die zu $\mathcal{B}$ *duale Basis.* □

Bemerkung 4.1 Bei allen Überlegungen zu Basistransformationen und Koordinatenwechseln ist zu beachten, dass die Zuordnung der einzelnen Vektoren der beteiligten Basen von Bedeutung ist. Wenn wir z.B. für die Basen $\mathcal{B}_1 = \{\mathbf{b_1}, \ldots, \mathbf{b_m}\}$ und $\mathcal{B}_2 = \{\mathbf{b_1}', \ldots, \mathbf{b_m}'\}$ die Matrix $[\mathcal{B}_1 \to \mathcal{B}_2]$ konstruieren, sind wir immer davon ausgegangen, dass quasi eine Transformation

6 δ_{ij} ist das so genannte *Kronecker-Symbol*, benannt nach dem deutschen Mathematiker Leopold Kronecker (1823 - 1891), der grundlegende Beiträge zu vielen Gebieten der Mathematik lieferte, insbesondere zur Algebra und zur Zahlentheorie. Das Kronecker-Delta ist definiert durch

$$\delta_{ij} = \begin{cases} 1, & i = j \\ 0, & i \neq j \end{cases}$$

des Basisvektors $\mathbf{b}_i$ in den den Basisvektor $\mathbf{b}_i{}'$, $1 \leq i \leq m$, vorgenommen wird, also eine Zuordnung der Vektoren in der in $\mathcal{B}_1$ und in $\mathcal{B}_2$ aufgelisteten Reihenfolge. Formal schreiben wir Basen aber als Mengen, wodurch keine Reihenfolge ihrer Elemente vorgegeben ist. Bei den Transformationen hätten wir also eigentlich die Basen als Folgen notieren müssen: $\mathcal{B}_1 = \langle\, \mathbf{b}_1, \ldots, \mathbf{b}_m \,\rangle$ und $\mathcal{B}_2 = \langle\, \mathbf{b}_1{}', \ldots, \mathbf{b}_m{}' \,\rangle$. Ein Vertauschen der Reihenfolge der Vektoren hat ein Vertauschen der entsprechen Spalten von $[\,\mathcal{B}_1 \rightarrow \mathcal{B}_2\,]$ zur Folge. Da die Notation von Basen als Folgen aber unüblich ist, sind wir davon ausgegangen, dass die Reihenfolge durch die explizite Auflistung in den Basisvektormengen gegeben ist. □

4.5 Zusammenfassung

Die Determinante einer quadratischen Matrix ordnet dieser Matrix ein Element des zugrunde liegenden Körpers zu. Die Determinante ist unabhängig von der Zeile bzw. der Spalte, nach der sie entwickelt wird. Die Determinante einer Matrix ist genau dann ungleich Null, wenn ihre Zeilen bzw. ihre Spalten linear unabhängig sind. Es folgt: Ein lineares Gleichungssystem mit m Unbekannten und m Gleichungen besitzt genau dann eine eindeutige Lösung, wenn die Determinante der Koeffizientenmatrix ungleich 0 ist. $m \times m$-Matrizen, deren Determinante ungleich Null ist, heißen regulär. Genau die regulären Matrizen sind invertierbar, sie bilden die m-dimensionale allgemeine lineare Gruppe. Die Determinante ist multiplikativ, denn die Determinante eines Matrizenproduktes ist gleich dem Produkt der Determinanten.

Lineare Abbildungen, Basiswechsel und Koordinatentransformationen lassen sich durch Matrizen darstellen. Der Vektorraum der linearen Abbildungen zwischen zwei Vektorräumen $\mathcal{V}$ und $\mathcal{W}$ mit den Dimensionen m und n über einem Körper $\mathcal{K}$ sind isomorph zum Vektorraum der $n \times m$-Matrizen über $\mathcal{K}$.

5 Einführung in die algebraische Codierungstheorie

Die Codierung von Daten spielt eine zentrale Rolle bei der Anwendung von Informations- und Kommunikationstechnologien. Daten müssen so dargestellt werden, dass sie von der eingesetzten Hard- und Software verarbeitet werden können. Codierungen begegnen uns aber nicht nur mittelbar in der Informations- und Kommunikationstechnologie, sondern unmittelbar auch ständig in vielen Lebensbereichen. Geldscheinnummern, Strichcode (EAN - europäische Artikelnummerierung), ISBN-Nummern bei Büchern, Personen identifizierende Schlüssel (z.B. Passnummern und Versicherungsnummern), Audio- und Video-Codes sowie der DNS-Code sind einige Beispiele dafür. Dabei spielen die Qualitätsanforderungen Fehlererkennung und Fehlerkorrektur eine zentrale Rolle. Wie können Daten so codiert werden, dass Fehler bei deren Verarbeitung erkannt und möglicherweise sogar korrigiert werden können? Wir werden sehen, dass wir algebraische Grundlagen, die wir bisher kennen gelernt haben, verwenden können, um Fehler erkennende und Fehler korrigierende Codierungen zu realisieren.

Lernziele

Nach dem Durcharbeiten dieses Kapitels sollten Sie

- Grundbegriffe der Codierungstheorie erläutern können,
- einfache Block-Codes kennen,
- die Grundprinzipien der algebraischen Codierung verstehen,
- Generator- und Kontrollmatrizen für Linearcodes bestimmen können und deren Zusammenhang verstehen,
- verstehen, dass ein Linearcode Lösungsraum eines linearen Gleichungssystems ist,
- das Decodierungsritual für Linearcodes erklären und an Beispielen durchführen können,
- die grundlegenden Eigenschaften perfekter Codes kennen,
- die Grundidee der Fehlertoleranz von Hamming-Codes verstehen und anwenden können,
- die Grundlagen der Prüfzeichencodierung und von Prüfziffernsystemen kennen,
- die Fehlererkennungseigenschaften der ISBN-Codierung und des EAN-Prüfziffernsystems analysieren und erläutern können.

5.1 Grundbegriffe

Codierung

Allgemein betrachtet ist eine *Codierung* eine injektive Abbildung

$$c : A \to B^*$$

Codewort
Senderalphabet
Quellenalphabet
Codealphabet
Kanalalphabet
Decodierung

wobei A und B zwei Alphabete, d.h. nicht leere, endliche Mengen von Symbolen sind. $c(a)$ heißt *Codewort*. A heißt *Senderalphabet* oder *Quellenalphabet* und B heißt *Codealphabet* oder *Kanalalphabet*.[7] Die Abbildung c muss injektiv sein, damit die Umkehrabbildung c^{-1} von c eine Funktion ist, d.h. eine eindeutige Decodierung $c^{-1}(c(a)) = a$ soll für jedes Codewort $c(a)$ möglich sein.

c wird auf Wörter über A erweitert:

$$c^* : A^* \to B^*$$

Dabei wird c^* buchstabenweise durch c festgelegt:

$$c^*(\varepsilon) = \varepsilon$$
$$c^*(wa) = c^*(w) \circ c(a), \;\; w \in A^*, \, a \in A$$

Wir werden im Folgenden, falls es zum Verständnis nicht erforderlich ist, nicht mehr zwischen c^* und c unterscheiden.

Für die Decodierung reicht es nicht, dass c injektiv ist, sondern c^* muss ebenfalls injektiv sein. Ist z.B. $A = \{a, b\}$ und $B = \{|\}$ sowie $c(a) = |$ und $c(b) = ||$, dann ist zwar c injektiv, aber das empfangene Wort $|||$ könnte Codierung von aaa, von ab oder von ba sein, denn es gilt:

$$c^*(aaa) = c^*(ab) = c^*(ba) = |||$$

c^* ist also nicht injektiv und damit nicht eindeutig decodierbar. Auf diese Problematik gehen wir in den folgenden Abschnitten bei der Betrachtung verschiedener Codiermethoden noch näher ein.

Sender
Nachrichtenquelle
Kanal
Empfänger
Nachrichtensenke

Die Abbildung 5.1 veranschaulicht die elementaren Begriffe der Codierungstheorie: Es findet eine Übertragung von Daten zwischen einem *Sender* (auch: *Nachrichtenquelle*) und einem *Empfänger* (auch: *Nachrichtensenke*) über ein Medium, *Kanal* genannt, statt. Dazu müssen die Eingabesymbole des Senders, repräsentiert durch das Alphabet A, codiert werden durch Wörter über dem Kanalalphabet B. Für den Empfänger müssen die Codewörter eindeutig decodierbar sein. Der Kanal kann aktiv sein wie bei der Übertragung von Daten, oder er kann passiv sein wie z.B. Datenspeicher, CD-ROMs, DVDs oder ISBN-Nummern.

7 Zu den Begriffen Alphabet, Wort und Wörter siehe Anhang.

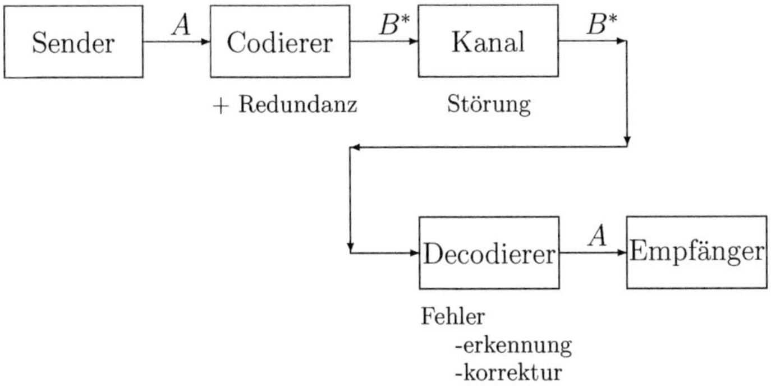

Abbildung 5.1 Elementare Begriffe der Codierungstheorie.

Codes sollten folgende wesentliche Anforderungen erfüllen:

(1) Die Codewörter sollten ziemlich kurz sein, damit ihre Übertragung oder ihre Speicherung möglichst effizient durchgeführt werden kann.

(2) Die Codierung und die Decodierung, d.h. die Abbildung c sowie ihre Umkehrung, sollten möglichst effizient berechenbar sein.

(3) Eine Decodierung und eine Veränderung eines Codes sollte für Unberechtigte nicht möglich sein.

(4) Ein Code sollte fehlertolerant sein, d.h. Übertragungsfehler sollten – zumindest in einem gewissen Maß – erkennbar und nach Möglichkeit korrigierbar sein.

Auf die Anforderung (1) werden wir nicht eingehen, sie sind Thema im Rahmen der Informationstheorie. Die Anforderungen (2) und (3) sind ebenfalls Gegenstand von Betrachtungen anderer Gebiete. Wir konzentrieren uns in diesem Kapitel auf Konzepte und Methoden zur Erfüllung der Anforderung (4).

Bei der Übertragung von Daten über einen Kanal bzw. bei der Speicherung von Daten auf einem Medium können durch Störungen Fehler auftreten (in der Nachrichtentechnik spricht man auch von *Rauschen*). Deshalb ist man insbesondere an Codes interessiert, die es erlauben, bei der Decodierung Fehler zu erkennen und nach Möglichkeit sogar zu korrigieren. So sollten z.B. „leichte“ Kratzer auf DVDs die Qualität der darauf gespeicherten Daten (z.B. Musik, Filme, Software) nicht beeinträchtigen. Wir betrachten in den folgenden Kapiteln einführend Codes, die in gewissen Maßen Fehlererkennung und Fehlerkorrektur gestatten. Ein Codewort enthält dazu neben der Codierung der eigentlich zu übertragenden Daten, den *Nutzdaten*, weitere Bestandteile, die sogenannte *Redundanz*. Das Verhältnis der Größe der

Störung
Rauschen

Fehler-
-erkennung
-korrektur

Redundanz

Informationsrate

Nutzdaten zur Größe ihrer Codierung ist die *Informationsrate*. Die Güte der Fehlertoleranz und die Informationsrate einer Codierung beeinflussen sich gegenseitig.

5.2 Einfache Block-Codes

In diesem Abschnitt betrachten wir beispielhaft sehr einfache Codes. An diesen Beispielen verdeutlichen wir die im letzten Abschnitt sehr allgemein eingeführten Begriffe und definieren weitere für die folgenden Betrachtungen wichtige Begriffe, insbesondere solche, mit denen Qualitäten von Codes, wie Fehlererkennung und -korrektur, beschrieben werden können.

Obwohl viele der Definitionen, Sätze und Folgerungen allgemein für Codes $C \subseteq B^*$ oder $C \subseteq B^n$, $n \in \mathbb{N}$, formuliert werden können, wählen wir als (Empfänger-) Alphabet einen Körper $\mathcal{K}$. Denn bei den Verfahren zur Fehlererkennung und zur Fehlerkorrektur „muss gerechnet" werden. Codewörter betrachten wir also als Vektoren über einem Körper $\mathcal{K}$, die man addieren und mit Skalaren multiplizieren kann. Insbesondere in den Beispielen legen wir Zahlenkörper $\mathbb{F}_p^n$, $p \in \mathbb{P}$, zugrunde. Dabei werden wir oft – aus Anwendungsgründen – $p = 2$ wählen, also $\mathbb{F}_2 = \{0, 1\}$, „unseren Informatik-Körper". Vektoren $\mathbf{x} = (x_1, \ldots, x_n) \in \mathcal{K}^n$ notieren wir auch als Wörter: $\mathbf{x} = x_1 \ldots x_n$. Im Zusammenhang mit Codierungen sprechen wir dann auch von *Codevektoren* oder von *Codewörtern*.

Block-Codes sind Codes, bei denen alle Codewörter dieselbe Länge besitzen, womit die Injektivität der Wortcodierung c^* unmittelbar aus der Injektivität der Buchstabencodierung c folgt.

Block-Code

Definition 5.1 Sei $\mathcal{K}$ ein Körper. Dann heißt jede Menge $C \subseteq \mathcal{K}^n$ ein *Block-Code* der Länge n über $\mathcal{K}$.

Dualcode

Ist $\mathcal{K} = \mathbb{F}_2$, dann heißt $C \subseteq \mathbb{F}_2^n$ auch *Dualcode* (der Länge n). □

Für die Fehlererkennung müssen wir Codewörter miteinander vergleichen können. Dazu führen wir eine Funktion ein, die den Abstand zwischen Codewörtern misst.

Definition 5.2 Sei $\mathcal{K}$ ein Körper. Die Funktion $h : \mathcal{K}^n \times \mathcal{K}^n \to \mathbb{N}_0$ definiert durch

$$h(\mathbf{x}, \mathbf{y}) = |\{\, i \mid x_i \neq y_i,\ 1 \leq i \leq n \,\}|$$

Hamming-Abstand

heißt *Hamming-Abstand* von $\mathbf{x} = x_1 \ldots x_n$ und $\mathbf{y} = y_1 \ldots y_n$. $h(\mathbf{x}, \mathbf{y})$ ist gleich der Anzahl der Komponenten, an denen $\mathbf{x}$ und $\mathbf{y}$ differieren. So gilt z.B. für $\mathcal{K} = \mathbb{F}_2^5$: $h(01101, 10011) = 4$.

Hamming-Gewicht

$w(\mathbf{x}) = h(\mathbf{x}, \mathbf{0})$, die Anzahl der von Null verschiedenen Komponenten in $\mathbf{x}$, heißt das (*Hamming-*) *Gewicht* von $\mathbf{x}$. □

Folgerung 5.1 **a)** Der Hamming-Abstand definiert auf $\mathcal{K}^n \times \mathcal{K}^n$ eine Metrik, denn es gilt:

(i) $h(\mathbf{x}, \mathbf{x}) = 0$ für alle $\mathbf{x} \in \mathcal{K}^n$,

(ii) $h(\mathbf{x}, \mathbf{y}) = h(\mathbf{y}, \mathbf{x})$ für alle $\mathbf{x}, \mathbf{y} \in \mathcal{K}^n$,

(iii) $h(\mathbf{x}, \mathbf{z}) \leq h(\mathbf{x}, \mathbf{y}) + h(\mathbf{y}, \mathbf{z})$ für alle $\mathbf{x}, \mathbf{y}, \mathbf{z} \in \mathcal{K}^n$.

b) Sei $\mathbf{x} = x_1 \ldots x_n \in \mathbb{F}_2^n$ und $\mathbf{y} = y_1 \ldots y_n \in \mathbb{F}_2^n$, dann ist

$$h(\mathbf{x}, \mathbf{y}) = w(\mathbf{x} + \mathbf{y})$$

sowie

$$h(\mathbf{x}, \mathbf{y}) = \sum_{i=1}^{n} (x_i + y_i)$$

(wobei $x_i + y_i$ modulo 2, also in $\mathbb{F}_2$ gerechnet, die Gesamtsumme aber im Dezimalsystem gebildet wird).

c) Für $\mathbf{x} = x_1 \ldots x_n \in \mathbb{F}_2^n$ ist

$$w(\mathbf{x}) = \sum_{i=1}^{n} x_i$$

(wobei die Summe im Dezimalsystem gebildet wird). □

Übungsaufgaben

5.1 **A)** Beweisen Sie Folgerung 5.1!

B) Es sei $\mathbf{x}, \mathbf{y} \in \mathbb{F}_2^n$.

(1) Zeigen Sie, dass $\mathbf{x} \cdot \mathbf{x} = 0$ genau dann gilt, d.h. $\mathbf{x}$ selbstorthogonal ist, wenn $w(\mathbf{x}) = 0\,(2)$ ist!

(2) Sei $\mathbf{x} \otimes \mathbf{y}$ definiert durch:

$$(x_1, \ldots, x_n) \otimes (y_1, \ldots, y_n) = (x_1 \cdot y_1, \ldots, x_n \cdot y_n)$$

Zeigen Sie, dass $w(\mathbf{x} + \mathbf{y}) = w(\mathbf{x}) + w(\mathbf{y}) - 2w(\mathbf{x} \otimes \mathbf{y})$ gilt! □

Definition 5.3 Für einen Block-Code $C \subseteq \mathcal{K}^n$ heißt

$$h(C) = min\{\, h(\mathbf{x}, \mathbf{y}) \mid \mathbf{x}, \mathbf{y} \in C, \mathbf{x} \neq \mathbf{y} \,\}$$

Minimalabstand von C, und **Minimalabstand**

$$w(C) = min\{\, w(\mathbf{x}) \mid \mathbf{x} \in C, \mathbf{x} \neq \mathbf{0} \,\}$$

Minimalgewicht von C. □ **Minimalgewicht**

In den folgenden drei Abschnitten betrachten wir drei einfache Beispiele für Block-Codes.

5.2.1 Repetitionscode

Der duale Repetitionscode $C_{R_n} \subseteq \mathbb{F}_2^n$, $n \geq 1$, enthält nur die beiden Codewörter $\underbrace{0\ldots0}_{n\text{-mal}}$ und $\underbrace{1\ldots1}_{n\text{-mal}}$. Es gilt also z.B. $C_{R_5} = \{\, 00000, 11111 \,\}$.

Im Allgemeinen ist der Repetitionscode der Länge $n \in \mathbb{N}_0$ über dem Körper $\mathbb{F}_p^n$ definiert durch

$$C_{R_n}(p) = \{\, \underbrace{0\ldots0}_{n\text{-mal}}, \underbrace{1\ldots1}_{n\text{-mal}}, \ldots, \underbrace{p-1\ldots p-1}_{n\text{-mal}} \,\}$$

$C_{R_n}(p)$ enthält genau p Codewörter der Länge n. Es gilt $h(\mathbf{x}, \mathbf{y}) = n$ für alle $\mathbf{x}, \mathbf{y} \in C_{R_n}(p)$ mit $\mathbf{x} \neq \mathbf{y}$.

Decodierungsritual

Ein mögliches *Decodierungsritual* für den Repetitionscode C_{R_n} (d.h. $p = 2$) mit $n = 2d + 1$, $d \in \mathbb{N}_0$, ist das folgende:

- *Fehlererkennung:* Jedes fehlerhafte Codewort kann erkannt werden, denn jedes übertragene Wort, welches nicht nur aus Nullen oder nicht nur aus Einsen besteht, ist fehlerhaft. Es können also $n - 1$-Bit-Fehler erkannt werden.
- *Fehlerkorrektur:* Die Decodierung erfolgt so: Gilt $w(\mathbf{x}) = k$, mit $k \leq d$, d.h. das übertragene Wort enthält $k \leq d$ Einsen, dann wird es zum Codewort $\underbrace{0\ldots0}_{n\text{-mal}}$ korrigiert. Entsprechend wird es zum Codewort $\underbrace{1\ldots1}_{n\text{-mal}}$ korrigiert, falls $k \geq d + 1$ ist. Es können also bis zu $d = \lfloor \frac{n}{2} \rfloor$-Bit-Fehler korrigiert werden.

Maximum likelihood-Decodierung

Diese Decodierung ist ein Beispiel für eine *Maximum likelihood-Decodierung*: Jedes empfangene Wort $\mathbf{y}$ wird zu dem Codewort $\mathbf{x}$ decodiert, dem es am „meisten ähnelt“, d.h. zu dem es den geringsten Hamming-Abstand hat.

Redundanz

Informationsrate

Der Repetitionscode C_{R_n} ermöglicht also die Übertragung von zwei Informationen, für die die Wörter 0 und 1 ausreichen würden. Diese werden mit so viel *Redundanz* versehen – $n - 1$ Nullen bzw. $n - 1$ Einsen –, dass jeder Übertragungsfehler erkannt und korrigiert werden kann. Die *Informationsrate*, d.h. das Verhältnis der Länge der zu übertragenden Information zur Länge der entsprechenden Codewörter, beträgt $\frac{1}{n}$.

5.2.2 Codes mit Paritätsbit

Die Anzahl der Einsen in einem Codewort $\mathbf{x} = x_1 \ldots x_n \in C \subseteq \mathbb{F}_2^n$, d.h. sein Gewicht $w(\mathbf{x})$, bestimmt seine Parität.

Gerade, ungerade Parität

Definition 5.4 Sei $C \subseteq \mathbb{F}_2^n$ ein Block-Code. Dann hat $\mathbf{x} \in C$ *gerade Parität*, falls $w(\mathbf{x})$ gerade (also $w(\mathbf{x}) = 0\,(2)$) ist, x hat *ungerade Parität*, falls $w(\mathbf{x})$ ungerade (also $w(\mathbf{x}) = 1\,(2)$) ist. □

Die Parität von Codewörtern kann zur Fehlererkennung benutzt werden. Dazu wird jedes Codewort $\mathbf{x} = x_1 \ldots x_n$ um ein *Prüf-* oder *Paritätsbit* zum Codewort $\mathbf{x'} = x_1 \ldots x_n x_{n+1}$ erweitert, wobei das Prüfbit

Prüf-, Paritätsbit

$$x_{n+1} = \begin{cases} 1 & \text{falls } w(\mathbf{x}) \text{ ungerade} \\ 0 & \text{falls } w(\mathbf{x}) \text{ gerade} \end{cases}$$

gesetzt wird. Für $n = 4$ sind 1100 0, 0001 1, 0010 1, 0011 0 Beispiele für um Prüfbits erweiterte Codewörter.

Folgerung 5.2 Die in der beschriebenen Art um das Prüfbit erweiterten Codewörter haben immer gerade Parität. Man spricht von einem Code mit *gerader Parität.* □

Durch die komplementäre Definition des Paritätsbits kommt man analog zu Codes mit *ungerader Parität,* die allerdings im Folgenden keine Rolle spielen. Der Grund dafür ist Gegenstand von Aufgabe 5.4 (2).

Mithilfe des Prüfbits können 1-Bit-Fehler erkannt werden. Zu einem übertragenen Wort $\mathbf{x} = x_1 \ldots x_n x_{n+1}$ wird das Gewicht $w(\mathbf{x})$ berechnet. Bei gerader Parität gilt: Ist $w(\mathbf{x})$ gerade, dann wird $\mathbf{x}$ als korrektes Codewort interpretiert. Ist $w(\mathbf{x})$ ungerade, dann wird $\mathbf{x}$ als fehlerhaft angesehen. Im Fall, dass $\mathbf{x}$ als korrektes Codewort angesehen wird, muss es nicht das gesendete sein, da das gesendete Codewort so „verfälscht“ werden kann, dass wieder ein – von $\mathbf{x}$ verschiedenes, aber korrektes – Codewort entsteht.

Codes mit Paritätsbit besitzen eine minimale Redundanz, nämlich nur ein zusätzliches Bit, die Informationsrate ist also $\frac{n}{n+1}$. Sie erlauben die Erkennung von 1-Bit-Fehlern. Eine Fehlerkorrektur ist nicht möglich.

5.2.3 Codes mit Blocksicherung

Bei Codes $C \subseteq \mathbb{F}_2^n$ mit Blocksicherung werden m mit Prüfbits versehene Codewörter

$$\mathbf{x_i} = x_{i,1} \ldots x_{i,n} x_{i,n+1},\ 1 \leq i \leq m$$

sowie das Prüfwort

$$\mathbf{x_{m+1}} = x_{m+1,1} \ldots x_{m+1,n} x_{m+1,n+1}$$

zu einem Block zusammengefasst. $x_{m+1,j}$, $1 \leq j \leq n+1$, ist dabei das Prüfbit, das sich für das Wort $x_{1,j} \ldots x_{m,j}$, das aus den j-ten Komponenten der Codewörter $\mathbf{x_i}$, $1 \leq i \leq m$, besteht, ergibt.

Ein Block kann als Matrix wie folgt veranschaulicht werden:

$$\begin{array}{cccccc|c} \mathbf{x_1} & = & x_{1,1} & \cdots & x_{1,n} & & x_{1,n+1} \\ \vdots & \vdots & \vdots & \ddots & \vdots & & \vdots \\ \mathbf{x_m} & = & x_{m,1} & \cdots & x_{m,n} & & x_{m,n+1} \\ \hline \mathbf{x_{m+1}} & = & x_{m+1,1} & \cdots & x_{m+1,n} & & x_{m+1,n+1} \end{array}$$

Wird für die Bildung der „Prüfzeile“ $\mathbf{x_{m+1}} = x_{m+1,1} \dots x_{m+1,n} x_{m+1,n+1}$ eine andere Parität verwendet als für die Prüfspalte $x_{1,n+1} \dots x_{m,n+1} x_{m+1,n+1}$, können sich für das Bit $x_{m+1,n+1}$ zwei verschiedene Werte ergeben.

Im folgenden Beispiel mit $n = 4$ und $m = 6$ ist sowohl für die Bildung der Prüfspalte als auch für die Bildung der Prüfzeile gerade Parität vorausgesetzt.

0110	0
1011	1
0101	0
0111	1
1000	1
0011	0
0100	1

Wird in einem Block $(\mathbf{x_{i,j}})_{\substack{1 \le i \le m+1 \\ 1 \le j \le n+1}}$ genau ein Bit verfälscht, so kann dies erkannt und korrigiert werden. Wird z.B. das Bit $x_{i,j}$, $1 \le i \le m$, $1 \le j \le n$, verfälscht, dann stimmt die Parität der Zeile i nicht und die Parität der Spalte j nicht. Es können also 1-Bit-Fehler erkannt und korrigiert werden. Die Informationsrate beträgt $\frac{mn}{(m+1)(n+1)}$.

5.2.4 Zusammenfassung

Eine Codierung ist eine injektive Abbildung von Wörtern über einem Sendealphabet in Wörter eines Empfängeralphabetes. Zur Erkennung und zur Korrektur von Fehlern werden die Codewörter um eine Redundanz verlängert. Haben alle Codewörter dieselbe Länge, spricht man von einem Block-Code. Das Verhältnis der Länge der zu sendenden Wörter zur Länge ihrer Codierungen ist die Informationsrate des Codes. Der Hamming-Abstand von zwei Codevektoren, der die Anzahl ihrer verschiedenen Komponenten angibt, ist eine Metrik.

5.3 Linearcodes

Wir betrachten in diesem Kapitel einführend Linearcodes. Linearcodes finden in der Praxis vielfältige Anwendungen. Sie besitzen Möglichkeiten zur Fehlererkennung und zur Fehlerkorrektur. Wir werden sehen, dass wir hierzu unsere Kenntnisse über Vektorräume und lineare Gleichungssysteme und unsere Kenntnisse über deren Zusammenhänge fruchtbringend nutzen können.

5.3.1 Grundlegende Definitionen

Definition 5.5 Sei $\mathcal{K}$ ein Körper. Ist $C \subseteq \mathcal{K}^n$ ein k-dimensionaler Unterraum von $\mathcal{K}^n$, dann heißt C ein *(n,k)-Linearcode über $\mathcal{K}$*. □ **Linearcode**

Beispiel 5.1 $C = \{100, 010, 110, 000\} \subset \mathbb{F}_2^3$ ist ein $(3,2)$-Linearcode, denn C bildet einen zweidimensionalen Unterraum von $\mathbb{F}_2^3$. □

Definition 5.6 Sei C ein (n,k)-Linearcode über dem Körper $\mathcal{K}$ und $\{\mathbf{x_1}, \ldots, \mathbf{x_k}\}$ mit $\mathbf{x_i} = x_{i1} \ldots x_{in}$, $1 \leq i \leq k$, eine Basis von C, dann heißt **Generatormatrix**

$$\mathbf{G}_C = \begin{pmatrix} \mathbf{x_1} \\ \vdots \\ \mathbf{x_k} \end{pmatrix} = \begin{pmatrix} x_{1,1} & \ldots & x_{1,n} \\ \vdots & \vdots & \vdots \\ x_{k,1} & \ldots & x_{k,n} \end{pmatrix}$$

Generatormatrix von C. Die Vektoren einer Basis von C bilden also die Zeilenvektoren einer Generatormatrix von C. □

Beispiel 5.2 Die Vektoren $\{100, 010\}$ bilden eine Basis des Linearcodes C in Beispiel 5.1. Somit ist

$$\mathbf{G}_C = \begin{pmatrix} 100 \\ 010 \end{pmatrix}$$

eine Generatormatrix von C. □

Folgerung 5.3 Es sei C ein (n,k)-Linearcode über dem Körper $\mathcal{K}$. Die Menge aller Linearkombinationen der Vektoren $\{\mathbf{x_1}, \ldots, \mathbf{x_k}\}$ einer Basis von C, d.h. der Zeilenvektoren von G_C, bildet den Code C. Es gilt also

$$\begin{aligned} C &= Span_{\mathcal{K}}(\mathbf{G}_C) \\ &= \{\alpha_1 \mathbf{x_1} + \ldots + \alpha_k \mathbf{x_k} \mid \alpha_i \in \mathcal{K},\ 1 \leq i \leq k\} \\ &= \{\boldsymbol{\alpha} \cdot \mathbf{G}_C \mid \boldsymbol{\alpha} \in \mathcal{K}^k\} \end{aligned}$$

Durch die Multiplikation der Vektoren $\alpha \in \mathcal{K}^k$ mit der $(k \times n)$-Generatormatrix $\mathbf{G}_C$ entstehen Vektoren der Länge n, d.h. es wird der eigentlichen Nachricht α der Länge k eine *Redundanz* der Länge $n - k$ hinzugefügt. Hat $\mathbf{G}_C$ sogar die Gestalt **Redundanz**

$$\mathbf{G}_C = \begin{pmatrix} 1 & 0 & \ldots & 0 & r_{1,k+1} & \ldots & r_{1,n} \\ 0 & 1 & \ldots & 0 & r_{2,k+1} & \ldots & r_{2,n} \\ \vdots & \vdots & \ddots & \vdots & \vdots & \vdots & \vdots \\ 0 & 0 & \ldots & 1 & r_{k,k+1} & \ldots & r_{k,n} \end{pmatrix}$$

dann ergibt sich für $\boldsymbol{\alpha} = \alpha_1 \ldots \alpha_k \in \mathcal{K}^k$

$$\boldsymbol{\alpha} \cdot \mathbf{G}_C = \alpha_1 \ldots \alpha_k r_1 \ldots r_{n-k}$$

Die Nachricht $\boldsymbol{\alpha}$ bleibt also unverändert, ihr wird die Redundanz $r_1 \dots r_{n-k}$ angehängt. Dabei ist

$$r_j = \sum_{i=1}^{k} \alpha_i \cdot r_{i.k+j}$$

für $1 \leq j \leq n - k$. □

Beispiel 5.3 Für den Linearcode aus Beispiel 5.1 und seiner Generatormatrix $\mathbf{G}_C$ aus Beispiel 5.2 gilt:

$$00 \cdot \mathbf{G}_C = 00 \cdot \begin{pmatrix} 100 \\ 010 \end{pmatrix} = 000$$

$$10 \cdot \mathbf{G}_C = 10 \cdot \begin{pmatrix} 100 \\ 010 \end{pmatrix} = 100$$

$$01 \cdot \mathbf{G}_C = 01 \cdot \begin{pmatrix} 100 \\ 010 \end{pmatrix} = 010$$

$$11 \cdot \mathbf{G}_C = 11 \cdot \begin{pmatrix} 100 \\ 010 \end{pmatrix} = 110$$

Jeder Nachricht $\boldsymbol{\alpha} \in \{ 00, 10, 10, 11 \} = \mathbb{F}_2^2$ wird das Bit 0 als Redundanz angehängt. □

Aus den bisherigen Überlegungen folgt unmittelbar der

Satz 5.1 *C ist ein (n, k)-Linearcode über dem Körper $\mathcal{K}$ mit Generatormatrix $\mathbf{G}_C$ genau dann, wenn*

$$C = \{ \boldsymbol{\alpha} \cdot \mathbf{G}_C \mid \boldsymbol{\alpha} \in \mathcal{K}^k \}$$

gilt. □

Gleichwertiger Code

Codes, die sich durch Permutation von Komponenten ihrer Elemente ergeben, heißen *gleichwertig.*

Beispiel 5.4 Der $(3, 2)$-Linearcode $C' = \{ 001, 010, 011, 000 \}$ ist gleichwertig zum Code im Beispiel 5.1. C' ergibt sich aus C, indem in jedem Wort von C die erste und die dritte Komponente miteinander vertauscht werden. □

Kanonische, normierte Generatormatrix

Man kann zeigen, dass jeder (n, k)-Linearcode gleichwertig zu einem (n, k)-Linearcode ist, der durch die *kanonische Generatormatrix* (auch *normierte Generatormatrix* oder *Generatormatrix in Normalform*)

$$\mathbf{G}_{norm} = \begin{pmatrix} 1 & 0 & \dots & 0 & r_{1,k+1} & \dots & r_{1,n} \\ 0 & 1 & \dots & 0 & r_{2,k+1} & \dots & r_{2,n} \\ \vdots & \vdots & \ddots & \vdots & \vdots & \ddots & \vdots \\ 0 & 0 & \dots & 1 & r_{k,k+1} & \dots & r_{k,n} \end{pmatrix}$$

erzeugt wird. Eine kanonische Generatormatrix $\mathbf{G}$ besteht also aus der k-dimensionalen Einheitsmatrix $\mathbf{E}_{\boldsymbol{k}}$ und einer Restmatrix $\mathbf{R}_{\boldsymbol{n-k}} = (\mathbf{r}_{\boldsymbol{i,j}})_{\substack{1 \leq i \leq k \\ k+1 \leq j \leq n}}$, wofür wir im Folgenden auch kurz $\mathbf{G} = (\mathbf{E}_{\boldsymbol{k}} \mid \mathbf{R}_{\boldsymbol{n-k}})$ schreiben werden.

Beispiel 5.5 Für den $(3,2)$-Linearcode C aus dem Beispiel 5.1 ist

$$\mathbf{G}_{norm} = \begin{pmatrix} 1 & 0 & 0 \\ 0 & 1 & 0 \end{pmatrix}$$

eine kanonische Generatormatrix. $\mathbf{G}$ hat also die Gestalt

$$\mathbf{G} = (\,\mathbf{E_2} \,|\, \mathbf{R_1}\,) \;\text{ mit }\; \mathbf{R_1} = \begin{pmatrix} 0 \\ 0 \end{pmatrix}$$

Für den zu C gleichwertigen Code C' aus dem Beispiel 5.2 existiert keine kanonische Generatormatrix. □

Die Relation *gleichwertig* zwischen (n,k)-Linearcodes ist eine Äquivalenzrelation. So gibt es also mit der obigen Behauptung über die Existenz kanonischer Generatormatrizen für jede Äquivalenzklasse gleichwertiger (n,k)-Linearcodes eine kanonische Generatormatrix. Deshalb gehen wir im Folgenden immer davon aus, dass wir für einen Linearcode eine kanonische Generatormatrix zur Verfügung haben.

5.3.2 Fehlererkennung

Wir wollen nun Möglichkeiten der Fehlererkennung bei (n,k)-Linearcodes C betrachten. Für die Fehlererkennung nutzen wir den zu C orthogonalen Unterraum (siehe Satz1.18 und Satz 1.19)

Dualer Code

$$C^{\perp} = \{\,\mathbf{y} \in \mathcal{K}^n \mid \mathbf{y} \cdot \mathbf{x} = 0,\, \mathbf{x} \in C\,\} \tag{5.1}$$

$C^{\perp}$ ist ein $(n, n-k)$-Linearcode, und es gilt $(C^{\perp})^{\perp} = C$. $C^{\perp}$ ist der zu C *duale Code.*

Da der $(n, n-k)$-Linearcode $C^{\perp}$ ein $n-k$-dimensionaler Vektorraum ist, besitzt er eine Basis $\{\,\mathbf{y_1}, \ldots, \mathbf{y_{n-k}}\,\}$. Aus dieser Basis kann man eine Generatormatrix $\mathbf{G}_{C^{\perp}}$ für $C^{\perp}$ bilden:

$$\mathbf{G}_{C^{\perp}} = \begin{pmatrix} \mathbf{y_1} \\ \vdots \\ \mathbf{y_{n-k}} \end{pmatrix}$$

Es ist klar, dass der folgende Satz gilt, da $\mathbf{G}_C$ die Basisvektoren von C und $\mathbf{G}_{C^{\perp}}$ die Basisvektoren von $C^{\perp}$ enthält und diese die Gleichung (5.1) erfüllen müssen.

Satz 5.2 Für jeden (n,k)-Linearcode C gilt $\mathbf{G}_{C^{\perp}} \cdot \mathbf{G}_C^T = \mathbf{0_{n-k,k}}$. □

Folgerung 5.4 Sei C ein (n,k)-Linearcode. Dann gilt einerseits, wenn $\mathbf{x} \in C$ ist, dass $\mathbf{x} \cdot \mathbf{G}_{C^{\perp}}^T = \mathbf{0}$ ist, da $\mathbf{G}_{C^{\perp}}$ Generatormatrix von $C^{\perp}$ ist. Andererseits gilt, falls $\mathbf{x} \cdot \mathbf{G}_{C^{\perp}}^T = \mathbf{0}$ ist, dass $\mathbf{x} \in (C^{\perp})^{\perp} = C$ ist.

Insgesamt gilt also

$$\mathbf{x} \in C \text{ genau dann, wenn } \mathbf{x} \cdot \mathbf{G}_{C^\perp}^T = \mathbf{0}$$

ist. □

Die Generatormatrix $\mathbf{G}_{C^\perp}$ von $C^\perp$ kann also dazu benutzt werden zu testen, ob $\mathbf{x} \in \mathcal{K}^n$ zu C gehört oder nicht. Dies rechtfertigt die folgende Definition.

Definition 5.7 Sei C ein Linearcode. Dann heißt die Generatormatrix $\mathbf{G}_{C^\perp}$ von $C^\perp$ *Kontrollmatrix* von C. Wir wollen diese im Folgenden mit $\mathbf{H}_C$ oder, wenn klar ist, auf welchen Code C sich diese Matrix bezieht, mit $\mathbf{H}$ bezeichnen. □

Kontrollmatrix

Aus Folgerung 5.4 folgt unmittelbar, dass jeder Linearcode Lösungsraum eines homogenen Gleichungssystems ist:

Folgerung 5.5 Sei $\mathbf{H}$ Kontrollmatrix des (n, k)-Linearcodes C über dem Körper $\mathcal{K}$, dann gilt:

$$C = \{\, \mathbf{x} \in \mathcal{K}^n \mid \mathbf{x} \cdot \mathbf{H}^T = \mathbf{0} \,\} \tag{5.2}$$

Es gilt $\mathbf{x} \cdot \mathbf{H}^T = \mathbf{0}$ genau dann, wenn $\left(\mathbf{x} \cdot \mathbf{H}^T\right)^T = \mathbf{0}$ ist. Aus Gleichung (2.1) folgt $\left(\mathbf{x} \cdot \mathbf{H}^T\right)^T = \mathbf{H} \cdot \mathbf{x}^T$. Da wir bei Vektoren $\mathbf{x}$ anstelle $\mathbf{x}^T$ schreiben, gilt also $\mathbf{x} \cdot \mathbf{H}^T = \mathbf{0}$ genau dann, wenn $\mathbf{H} \cdot \mathbf{x} = \mathbf{0}$ ist. Aus (5.2) folgt somit

$$C = \{\, \mathbf{x} \in \mathcal{K}^n \mid \mathbf{H} \cdot \mathbf{x} = \mathbf{0} \,\}$$

Es folgt, dass jeder (n, k)-Linearcode Lösungsraum eines homogenen linearen Gleichungssystems mit n Unbekannten und $n - k$ linear unabhängigen Gleichungen ist. Die Koeffizientenmatrix dieses Gleichungssystems ist eine Kontrollmatrix des Codes. □

Übungsaufgaben

5.2 Überlegen Sie, wie aus einer Generatormatrix $\mathbf{G}$ eines (n, k)-Linearcodes C eine Kontrollmatrix $\mathbf{H}$ bestimmt werden kann bzw. umgekehrt, wie aus einer Kontrollmatrix eine Generatormatrix bestimmt werden kann! □

Der folgende Satz gibt an, dass weniger aufwändig, nämlich rein schematisch aus der kanonischen Generatormatrix $\mathbf{G}$ eines Linearcodes eine Kontrollmatrix $\mathbf{H}$ konstruiert werden kann. Diese Konstruktion kann auch umgekehrt angewendet werden: Aus einer kanonischen Kontrollmatrix kann die kanonische Generatormatrix rein schematisch bestimmt werden.

Satz 5.3 Ist $\mathbf{G} = (\mathbf{E}_k \,|\, \mathbf{R}_{n-k})$ kanonische Generatormatrix des (n, k)-Linearcodes C, dann ist

$$\mathbf{H} = (-(\mathbf{R}_{n-k})^T \,|\, \mathbf{E}_{n-k})$$

Kontrollmatrix von C, die kanonische Kontrollmatrix von C.[8]

Beweis Nach Satz 5.2 muss $\mathbf{H} \cdot \mathbf{G}^T = \mathbf{0}$ gelten. Wenn wir $\mathbf{H}$ wie in der Behauptung des Satzes wählen, gilt (siehe auch Beispiel 2.1):

$$\mathbf{H} \cdot \mathbf{G}^T = \left(-(\mathbf{R}_{n-k})^T \,|\, \mathbf{E}_{n-k}\right) \cdot \begin{pmatrix} \mathbf{E}_k \\ \hline \mathbf{R}_{n-k}^T \end{pmatrix} = -(\mathbf{R}_{n-k})^T \cdot \boldsymbol{E}_k + \mathbf{E}_{n-k} \cdot \mathbf{R}_{n-k}^T$$

$$= -(\mathbf{R}_{n-k})^T + \mathbf{R}_{n-k}^T = \mathbf{0}$$

□

Beispiel 5.6 Mit dieser schematischen Transformation ergibt sich aus der kanonischen Generatormatrix $\mathbf{G}_{norm}$ aus Beispiel 5.2 sofort die Kontrollmatrix des Codes C aus dem Beispiel 5.1:

$$\mathbf{H} = \begin{pmatrix} 0 & 0 & 1 \end{pmatrix}$$

Übungsaufgaben

5.3 Zeigen Sie:

(1) Der Repetitionscode C_{R_n} ist ein Linearcode für jedes n. Geben Sie für diesen Code die Dimension sowie die kanonische Generatormatrix und die zugehörige Kontrollmatrix an!

(2) Jeder Code mit gerader Parität bildet einen Linearcode! Geben Sie die Dimension sowie die kanonische Generatormatrix und die zugehörige Kontrollmatrix für diesen Code an!

Warum bilden Codes mit ungerader Parität keinen Linearcode?

5.4 Es sollen stets fünf Codeworte $\mathbf{y}_i \in \mathbb{F}_2^2$, $1 \leq i \leq 5$, in einem Block übertragen werden, wobei jede Zeile und jede Spalte des Blocks durch ein Paritätsbit erweitert wird, so dass jede Zeile und jede Spalte gerade Parität besitzt. Ein solcher Block sieht beispielsweise wie folgt aus:

8 Zur Erinnerung: Für $x \in \mathbb{F}_2$ gilt $-x = x$. Wenn wir uns in $\mathbb{F}_2^n$ befinden, gilt also $-(\mathbf{R}_{n-k})^T = \mathbf{R}_{n-k}^T$.

	1	2	Paritätsbits (Zeilen)
$\mathbf{y}_1$	1	0	1
$\mathbf{y}_2$	1	0	1
$\mathbf{y}_3$	0	1	1
$\mathbf{y}_4$	1	1	0
$\mathbf{y}_5$	0	0	0
Paritätsbits (Spalten)	1	0	1

Ein so um Paritätsbits erweiterter Block heißt *gesicherter Block*.

(1) Zeigen Sie, dass die Menge C der gesicherten Blöcke ein (n,k)-Linearcode ist! Geben Sie n und k an!

(2) Bestimmen Sie eine Generatormatrix von C!

5.5 Sei $C \subseteq \mathbb{F}_2^n$ ein (n,k)-Linearcode. Zeigen Sie: Entweder gilt

$$C \subseteq \{\, \mathbf{x} \in \mathbb{F}_2^n \mid w(\mathbf{x}) \text{ ist gerade} \,\}$$

oder es gilt

$$|\{\, \mathbf{x} \in C \mid w(\mathbf{x}) \text{ ist gerade} \,\}| = |\{\, \mathbf{x} \in C \mid w(\mathbf{x}) \text{ ist ungerade}| \,\}|$$

d.h. entweder besitzen alle Codewörter eines (n,k)-Linearcodes gerades Gewicht oder die Anzahl der Codewörter mit geradem Gewicht ist identisch mit der Anzahl der Codewörter mit ungeradem Gewicht. □

5.3.3 Fehlerkorrektur

Definition 5.8 Sei $\mathbf{H}$ die Kontrollmatrix eines (n,k)-Linearcodes C über dem Körper $\mathcal{K}$. Dann heißt die Abbildung $\mathbf{S_H} : \mathcal{K}^n \to \mathcal{K}^{n-k}$ definiert durch

$$\mathbf{S_H}(\mathbf{x}) = \mathbf{x} \cdot \mathbf{H}^T$$

Syndrom

das *Syndrom* von $\mathbf{x}$ bezüglich $\mathbf{H}$. □

Aus der Definition und den Überlegungen in Abschnitt 3.3 ergibt sich unmittelbar der folgende Satz.

Satz 5.4 Sei $\mathbf{H}$ die Kontrollmatrix eines (n,k)-Linearcodes C über dem Körper $\mathcal{K}$. Dann gilt: $\mathbf{S_H}$ ist eine lineare Abbildung von $\mathcal{K}^n$ nach $\mathcal{K}^{n-k}$. □

Wir werden im Folgenden zeigen, wie die Syndrome zur Fehlererkennung und zur Fehlerkorrektur benutzt werden können.

Aus Definition 5.8 und dem Homomorphiesatz für Gruppen (siehe Anhang A.1) folgt unmittelbar

Folgerung 5.6 Für jeden (n, k)-Linearcode $C \subseteq \mathcal{K}^n$ gilt:

a) $\mathcal{K}^n / \mathit{Kern}(\mathbf{S_H}) \cong \mathit{Bild}(\mathbf{S_H})$.

b) $\mathit{Kern}(\mathbf{S_H}) = C$.

c) Die Abbildung $\mathbf{S_H}$ definiert auf $\mathcal{K}^n$ eine Kongruenzrelation. Diese partitioniert $\mathcal{K}^n$ in Äquivalenzklassen. Es gilt

$$\mathbf{y} \in \boldsymbol{\ell} + C \text{ genau dann, wenn } \mathbf{S_H}(\mathbf{y}) = \mathbf{S_H}(\boldsymbol{\ell})$$

ist. Diese Nebenklassen fassen jeweils alle Vektoren mit demselben Syndrom zusammen. Ist $\mathcal{K}$ endlich, dann

(1) enthalten alle diese Nebenklassen dieselbe Anzahl von Elementen, und diese ist gegeben durch die Anzahl $|C|$ der Codewörter;

(2) ist die Anzahl der Syndrome und damit die Anzahl der Nebenklassen gleich $|\mathcal{K}|^{n-k}$, d.h. für den Index des Kerns C gilt

$$[\mathcal{K}^n : C] = |\mathcal{K}|^{n-k}$$

d) Zu jedem $\mathbf{y} \in \mathcal{K}^n$ existiert genau ein $\boldsymbol{\ell} \in \mathcal{K}^n$ und genau ein $\mathbf{x} \in C$ mit $\mathbf{y} = \boldsymbol{\ell} + \mathbf{x}$ und

$$\mathbf{S_H}(\mathbf{y}) = \mathbf{S_H}(\boldsymbol{\ell} + \mathbf{x}) = \mathbf{S_H}(\boldsymbol{\ell}) + \mathbf{S_H}(\mathbf{x}) = \mathbf{S_H}(\boldsymbol{\ell})$$

e) Es gilt $\mathbf{S_H}(\mathbf{y}) = \mathbf{S_H}(\boldsymbol{\ell})$ genau dann, wenn $\mathbf{y} - \boldsymbol{\ell} \in C$ ist, denn es gilt

$$\begin{aligned} \mathbf{S_H}(\mathbf{y}) = \mathbf{S_H}(\boldsymbol{\ell}) \quad &\text{genau dann, wenn} \quad \mathbf{y} \cdot \mathbf{H}^T = \boldsymbol{\ell} \cdot \mathbf{H}^T \\ &\text{genau dann, wenn} \quad (\mathbf{y} - \boldsymbol{\ell}) \cdot \mathbf{H}^T = \mathbf{0} \\ &\text{genau dann, wenn} \quad \mathbf{y} - \boldsymbol{\ell} \in C \end{aligned}$$

ist. □

Definition 5.9 Sei C ein (n, k)-Linearcode über einem endlichen Körper $\mathcal{K}$, und $\mathbf{H}$ sei Kontrollmatrix von C. Die durch das Syndrom $\mathbf{S_H}$ festgelegten Nebenklassen von C heißen *Fehlerklassen* von C. Ein Element der Fehlerklasse $\boldsymbol{\ell} + C$, $\boldsymbol{\ell} \in \mathcal{K}^n$, mit minimalem Gewicht heißt *Führer* von $\boldsymbol{\ell} + C$. diesen bezeichnen wir mit $\mathbf{f}_C(\boldsymbol{\ell})$. □

Fehlerklasse

Fehlerklassen-führer

Die Syndrome charakterisieren die Nebenklassen von C: Eine Nebenklasse umfasst genau alle Wörter mit demselben Syndrom, d.h. mit derselben *Fehlergüte*. Durch Multiplikation mit der Kontrollmatrix wird ein Wort $\mathbf{y} \in \mathcal{K}^n$ einer *Fehlerklasse* („Krankheit“) zugeordnet. Es gehört zur Klasse $\mathbf{0} + C = C$ genau dann, wenn es ein Codewort ist. Gehört es zu einer anderen Fehlerklasse, ist zu überlegen, ob und, wenn ja, wie es decodiert werden kann.

Fehlergüte

Beispiel 5.7 Wir betrachten den Code $C \subset \mathbb{F}_2^5$ mit den Codewörtern

$$\begin{aligned}
\mathbf{x_1} &= 000\,00 = \mathbf{0}\\
\mathbf{x_2} &= 010\,01\\
\mathbf{x_3} &= 001\,01\\
\mathbf{x_4} &= 100\,11\\
\mathbf{x_5} &= 011\,00 = \mathbf{x_2} + \mathbf{x_3}\\
\mathbf{x_6} &= 110\,10 = \mathbf{x_2} + \mathbf{x_4}\\
\mathbf{x_7} &= 101\,10 = \mathbf{x_3} + \mathbf{x_4}\\
\mathbf{x_8} &= 111\,11 = \mathbf{x_2} + \mathbf{x_3} + \mathbf{x_4} = \mathbf{1}
\end{aligned}$$

Die Wörter $\mathbf{x_4}$, $\mathbf{x_2}$ und $\mathbf{x_3}$ bilden eine Basis von C. Daraus ergibt sich die kanonische Generatormatrix

$$\mathbf{G} = \begin{pmatrix} 100\,11\\ 010\,01\\ 001\,01 \end{pmatrix}$$

C ist also ein $(5,3)$-Linearcode. Aus der kanonischen Generatormatrix ergibt sich mit Satz 5.3 die kanonische Kontrollmatrix

$$\mathbf{H} = \begin{pmatrix} 100\,10\\ 111\,01 \end{pmatrix}$$

von C.

Wird das Codewort $\mathbf{x_2} = 010\,01$ übertragen, aber das Wort $\mathbf{y} = 01\,\mathbf{1}\,01$ (drittes Bit verfälscht) empfangen, so wird durch das Syndrom

$$\mathbf{S_H}(\mathbf{y}) = \mathbf{y} \cdot \mathbf{H}^T = 01101 \cdot \begin{pmatrix} 1 & 1\\ 0 & 1\\ 0 & 1\\ 1 & 0\\ 0 & 1 \end{pmatrix} = 01 \neq \mathbf{0}$$

festgestellt, dass ein Übertragungsfehler vorliegt. Soll ein fehlerhaft übertragenes Wort zu einem nächstliegenden Codewort decodiert werden (Maximum likelihood-Decodierung), kann im vorliegenden Fall $\mathbf{y}$ zu $\mathbf{x_2}$ oder zu $\mathbf{x_5}$ (hier wäre das letzte Bit als verfälscht angenommen worden) decodiert werden. □

Decodierungsritual

Auf der Basis von Folgerung 5.6 stellt der folgende Algorithmus ein *Decodierungsritual* dar:

- Sei $C \subseteq \mathcal{K}^n$ ein (n,k)-Linearcode über dem endlichen Körper $\mathcal{K}$.
- Des Weiteren sei $\mathbf{f}_C(\mathbf{y})$ der für die Fehlerklasse $\mathbf{y} + C$ gewählte Führer. Bei Maximum Likelihood-Decodierung wählt man als Führer der Fehlerklasse $\mathbf{y} + C$ ein Elemenmt mit minimalem Gewicht.

- Jedes empfangene Worte $\mathbf{y} \in \mathcal{K}^n$ wird zu $\mathbf{y} - \mathbf{f}_C(\mathbf{y})$ decodiert.

Da das empfangene Wort $\mathbf{y}$ und der Führer $\mathbf{f}_C(\mathbf{y})$ in derselben, nämlich in der durch das Syndrom $\mathbf{S_H}(\mathbf{y})$ bestimmten Fehlerklasse liegen, gilt mit Folgerung 5.6 e)

Satz 5.5 Sei C ein (n, k)-Linearcode mit Kontrollmatrix $\mathbf{H}$ sowie $\mathbf{y} \in \mathcal{K}^n$. Das durch das obige Decodierungsritual ermittelte Wort $\mathbf{x} = \mathbf{y} - \mathbf{f}_C(\mathbf{y})$ ist ein Codewort, d.h. es ist $\mathbf{x} \in C$. □

Beispiel 5.8 Für den Code aus dem Beispiel 5.7 sind in der folgenden Tabelle Syndrome, Fehlerklassen und Führer zusammengestellt.

Syndrome	Führer	Weitere Elemente der Fehlerklasse						
00	00000	01001	00101	10011	01100	11010	10110	11111
11	10000	00110	01111	00011	10101	01010	11100	11001
10	00010	01011	00111	10001	01110	11000	10100	11101
01	01000	00100	01101	00001	10111	11110	10010	11011

In der letzten Klasse können als Führer auch 00100 oder 00001 gewählt werden. Die Decodierung im Fehlerfalle hängt von dem gewählten Führer ab.

Das Wort $\mathbf{y} = 01101$ hat (siehe Beispiel 5.7) das Syndrom 01. Folgende Decodiermöglichkeiten bestehen:

$$
\begin{aligned}
&01101 - 01000 = 00101 = \mathbf{x_3} \quad \text{(mit Führer laut Tabelle)}\\
&01101 - 00001 = 01100 = \mathbf{x_5}\\
&01101 - 00100 = 01001 = \mathbf{x_2} \quad \text{(das in Beispiel 5.7 gesendete Codewort)}
\end{aligned}
$$

Die Berechnung von Fehlerklassen wollen wir uns am Beispiel des Syndroms 01 verdeutlichen. Für die Elemente $\mathbf{y} = y_1y_2y_3y_4y_5$ der zum Syndrom 01 gehörigen Fehlerklasse gilt $\mathbf{y} \cdot \mathbf{H}^T = 01$, also in unserem Falle

$$
y_1y_2y_3y_4y_5 \cdot \begin{pmatrix} 1 & 1 \\ 0 & 1 \\ 0 & 1 \\ 1 & 0 \\ 0 & 1 \end{pmatrix} = 01
$$

Ausmultipliziert ergibt sich das Gleichungssystem

$$
\begin{array}{ccccccccccc}
y_1 & + & & & & & y_4 & & & = & 0\\
y_1 & + & y_2 & + & y_3 & & & + & y_5 & = & 1
\end{array}
$$

dessen Lösungsmenge gleich der Fehlerklasse ist, zu der $\mathbf{y}$ gehört.

Wie wir aus Abschnitt 3.3 bzw. Folgerung 5.6 c) wissen, reicht es, eine spezielle Lösung $\boldsymbol{\ell}$ zu berechnen, weil sich alle anderen Elemente der Fehlerklasse durch Addition dieser Lösung zu allen Codewörtern ergeben. In unserem Beispiel ist etwa $y_1 = y_4 = 1$, $y_2 = y_3 = y_5 = 0$, d.h. $\mathbf{y} = 10010$ eine spezielle Lösung. Addiert man diese zu allen Codewörtern, erhält man alle Elemente der Fehlerklasse, die durch das Syndrom 01 bestimmt ist. □

Übungsaufgaben

5.6 **a)** Gegeben sei der Code $C =$

$$\{\,000\,000, 001\,011, 010\,101, 011\,110, 100\,110, 101\,101, 110\,011, 111\,000\,\}$$

über $\mathbb{F}_2^6$.

(1) Zeigen Sie, dass C ein (n,k)-Linearcode ist, und bestimmen Sie n und k!

(2) Geben Sie zu C eine Generatormatrix in Normalform und die zugehörige Kontrollmatrix an!

(3) Geben Sie den zu C dualen Code $C^{\perp}$ an!

(4) Geben Sie alle Fehlerklassen von C jeweils mit Syndrom und Führer an!

(5) Decodieren Sie mithilfe von (4) die Wörter 010 110 und 010 010!

b) Sei $\mathbf{G} = \begin{pmatrix} \mathbf{g}_1 \\ \mathbf{g}_2 \end{pmatrix} = \begin{pmatrix} 1 & 0 & 2 & 0 \\ 0 & 1 & 0 & 2 \end{pmatrix}$ die Generatormatrix eines (n,k)-Linearcodes $C \subseteq \mathbb{F}_3^4$.

(1) Geben Sie alle Elemente von C sowie n und k sowie eine Kontrollmatrix für C an!

(2) Bestimmen Sie das Syndrom von 2222 sowie die Elemente der Fehlerklasse, zu der 2222 gehört, und alle möglichen Führer dieser Klasse!

(3) Korrigieren Sie 2222 gemäß dem Decodierungsritual für Linearcodes mit allen möglichen Führern!

(4) Bestimmen Sie den zu C dualen Code $C^{\perp}$!

(5) Zeigen Sie, dass $C = \{\,x_1x_2x_3x_4 \in \mathbb{Z}_3^4 \mid x_1 + x_3 = x_2 + x_4 = 0\,\}$ gilt!

(6) Zeigen Sie: Ist $x_1x_2x_3x_4 \in C$, dann ist auch $x_4x_1x_2x_3 \in C$ (C ist zyklisch)! □

5.3.4 Zusammenfassung

Ein (n, k)-Linearcode C über einem Körper $\mathcal{K}$ ist ein k-dimensionaler Unterraum von $\mathcal{K}^n$. Repetitionscodes, Codes mit gerader Parität und Codes mit Blocksicherungen sind Beispiele für Linearcodes über $\mathbb{F}_2$.

Die Basisvektoren eines Linearcodes C bilden die Zeilen der Generatormatrix $\mathbf{G}$. Durch Multiplikation mit der Generatormatrix werden die Vektoren aus $\mathcal{K}^k$ durch Vektoren aus $\mathcal{K}^n$ codiert, dabei werden $n - k$ Komponenten als Redundanz angefügt.

Ist $\mathbf{G}$ kanonisch, d.h. ist $\mathbf{G} = (\mathbf{E}_{\boldsymbol{k}} \mid \mathbf{R})$, dann bleiben bei der Codierung die zu codierenden Vektoren erhalten, an sie wird durch Multiplikation mit $\mathbf{G}$ lediglich die Redundanz angefügt.

Die Generatormatrix des Dualcodes $C^{\perp}$ von C ist die Kontrollmatrix $\mathbf{H}$ von C. $\mathbf{H}$ ist die Koeffizientenmatrix des homogenen linearen Gleichungssystems, dessen Lösungsraum C ist. Aus der kanonischen Generatormatrix $\mathbf{G}$ lässt sich rein schematisch die Kontrollmatrix $\mathbf{H} = \left(-\mathbf{R}^T \mid \mathbf{E}_{\boldsymbol{n-k}}\right)$ konstruieren und umgekehrt.

Das Syndrom $\mathbf{S_H}(\mathbf{x}) = \mathbf{x} \cdot \mathbf{H}^T$ ist eine lineare Abbildung von $\mathcal{K}^n$ nach $\mathcal{K}^{n-k}$, dessen Kern genau der Code ist. Die Syndrome bestimmen die Fehlerklassen, das sind die Nebenklassen des Codes. Aus jeder Fehlerklasse wird (bei Maximum likelihood-Decodierung) ein Element mit minimalem Gewicht als Führer ausgewählt. Die Decodierung eines Vektors $\mathbf{y}$ geschieht, indem von ihm der Führer der zum Syndrom $\mathbf{S_H}(\mathbf{y})$ gehörigen Fehlerklasse subtrahiert wird. Das Ergebnis ist in jedem Fall ein Codevektor.

5.4 Perfekte Codes

Das Decodierungsritual im letzten Kapitel erkennt Fehler und korrigiert ein fehlerhaft empfangenes Wort zu einem Codewort, wobei dieses decodierte Wort nicht das ursprünglich gesendete sein muss (siehe Beispiel 5.8). Der Grund liegt darin, dass das Decodierungsritual die Fehlerstelle nicht lokalisiert. Wir wollen nun Codes betrachten, die es erlauben, Übertragungsfehler zu lokalisieren und damit zu korrigieren. Dazu führen wir zunächst perfekte Codes ein. Perfekte Codes zerlegen den Raum $\mathcal{K}^n$ in disjunkte Teilmengen. Jede Teilmenge ist eine Umgebung um ein Codewort. Ein empfangenes Wort wird zu dem Codewort decodiert, in dessen Umgebung es liegt.

Hammingsphäre **Definition 5.10** a) Es sei $d \in \mathbb{N}_0$. Die Menge

$$S_d^n(\mathbf{x}) = \{\, \mathbf{y} \in \mathcal{K}^n \mid h(\mathbf{x}, \mathbf{y}) \leq d \,\}$$

heißt *d-Hammingsphäre* um $\mathbf{x}$.

Fehler erkennender Code b) Ein Code $C \subseteq \mathcal{K}^n$ heißt *d Fehler erkennend*, falls für alle $\mathbf{x}, \mathbf{y} \in C$ mit $\mathbf{x} \neq \mathbf{y}$ gilt: $\mathbf{y} \notin S_d^n(\mathbf{x})$.

Fehler korrigierender Code c) Ein Code $C \subseteq \mathcal{K}^n$ heißt *d Fehler korrigierend*, falls für alle $\mathbf{x}, \mathbf{y} \in C$ mit $\mathbf{x} \neq \mathbf{y}$ gilt: $S_d^n(\mathbf{x}) \cap S_d^n(\mathbf{y}) = \emptyset$. □

Wenn sich je zwei Codewörter an mindestens d Komponenten unterscheiden, können Verfälschungen an bis zu d Komponenten festgestellt werden. Für $\mathbf{x} \in C$ können alle Wörter $\mathbf{z} \in S_d^n(\mathbf{x})$ durch k Fehler, $0 \leq k \leq d$, aus $\mathbf{x}$ entstanden sein. Liegt kein weiteres Codewort $\mathbf{y}$ in der d-Spähre von $\mathbf{x}$, kann das Wort $\mathbf{z}$ als fehlerhaft erkannt werden. Ist $\mathbf{z} \in S_d^n(\mathbf{x}) \cap S_d^n(\mathbf{y})$, dann kann das Wort $\mathbf{z}$ aus $\mathbf{x}$ oder aus $\mathbf{y}$ entstanden sein. Wenn wir zusätzlich fordern, dass die d-Sphären um die Codewörter disjunkt sind, kann eine eindeutige Decodierung erfolgen (mit Maximum likelihood-Strategie): $\mathbf{z}$ wird zu dem Codewort decodiert, in dessen d-Sphäre es sich befindet. Wörter, die nicht in der d-Sphäre eine Codewortes liegen, können nicht decodiert und müssen als „fehlerhaft" festgestellt werden, man spricht auch von einem *Decodierausfall*. **Decodierausfall**

Aus diesen Überlegungen resultiert der folgende Satz.

Satz 5.6 a) Ein Code $C \subseteq \mathcal{K}^n$ ist d Fehler erkennend genau dann, wenn $h(C) \geq d + 1$ ist.

b) Ein Dualcode $C \subseteq \mathcal{K}^n$ ist d Fehler korrigierend genau dann, wenn $h(C) \geq 2d + 1$ ist.

Beweis a) „$\Rightarrow$": C erkenne bis zu d Fehler. Wir nehmen an, dass $h(C) \leq d$ gilt, d.h. es gibt zwei Codewörter $\mathbf{x}, \mathbf{y} \in C$ mit $h(\mathbf{x}, \mathbf{y}) \leq d$. Dann ist $\mathbf{y} \in S_d^n(\mathbf{x})$ und das Codewort $\mathbf{x}$ könnte zum Codewort $\mathbf{y}$ verfälscht worden sein, ohne dass dieser Fehler erkannt wird. Dies widerspricht der Voraussetzung, dass C bis zu d Fehler erkennt.

„$\Leftarrow$": Es gelte $h(C) \geq d + 1$. Daraus folgt unmittelbar, dass $h(\mathbf{x}, \mathbf{y}) \geq d + 1$ für alle Codewörter $\mathbf{x}, \mathbf{y} \in C$ mit $\mathbf{x} \neq \mathbf{y}$ gilt. Das bedeutet: Für alle $\mathbf{x}, \mathbf{y} \in C$ mit $\mathbf{x} \neq \mathbf{y}$ gilt $\mathbf{y} \notin S_d^n(\mathbf{x})$, d.h. C ist d Fehler erkennend.

b) „$\Rightarrow$": C korrigiere bis zu d Fehler. Wäre $h(C) \leq 2d$, dann gibt es zwei Codewörter $\mathbf{x}, \mathbf{y} \in C$ mit $h(\mathbf{x}, \mathbf{y}) = k \leq 2d$. Für k und d gilt $k - d \leq d$. Wir betrachten nun zwei Fälle: (1) $k < d$ sowie (2) $k \geq d$. Zu (1): Es folgt unmittelbar, dass $\mathbf{y} \in S_d^n(\mathbf{x})$ gilt und damit $S_d^n(\mathbf{x}) \cap S_d^n(\mathbf{y}) \neq \emptyset$. Zu (2): Wir konstruieren ein Wort $\mathbf{z}$, indem wir von den k Komponenten, in denen sich $\mathbf{x}$ und $\mathbf{y}$ unterscheiden, d so ändern, dass sie mit den entsprechenden Komponenten von $\mathbf{y}$ übereinstimmen. Es gilt dann für $\mathbf{z}$: $h(\mathbf{x}, \mathbf{z}) = d$ und $h(\mathbf{y}, \mathbf{z}) = k - d$. Somit ist $\mathbf{z} \in S_d^n(\mathbf{x})$ und, da $k - d \leq d$ ist, auch $\mathbf{z} \in S_d^n(\mathbf{y})$, d.h. es ist $\mathbf{z} \in S_d^n(\mathbf{x}) \cap S_d^n(\mathbf{y})$, damit $S_d^n(\mathbf{x}) \cap S_d^n(\mathbf{y}) \neq \emptyset$, und damit ist C nicht d Fehler korrigierend, ein Widerspruch zur Voraussetzung.

„$\Leftarrow$“: Es gelte $h(C) \geq 2d + 1$. Es sei $\mathbf{x} \in C$ gesendet und $\mathbf{z}$ mit höchstens d Fehlern empfangen worden, d.h. es gelte $h(\mathbf{x}, \mathbf{z}) \leq d$. Für ein weiteres Codewort $\mathbf{y} \in C$, $\mathbf{x} \neq \mathbf{y}$, gilt dann $h(\mathbf{z}, \mathbf{y}) \geq d + 1$. Denn, wäre $h(\mathbf{z}, \mathbf{y}) \leq d$, dann wäre wegen Folgerung 5.1 (iii) $h(\mathbf{x}, \mathbf{y}) \leq h(\mathbf{x}, \mathbf{z}) + h(\mathbf{z}, \mathbf{y}) = d + d = 2d$, was der Voraussetzung $h(C) \geq 2d+1$ widerspräche. Also gilt $\mathbf{z} \in S_d^n(\mathbf{x})$ und $\mathbf{z} \notin S_d^n(\mathbf{y})$. Analog kann man zeigen, dass für jedes $\mathbf{z} \in S_d^n(\mathbf{y})$ gilt $\mathbf{z} \notin S_d^n(\mathbf{x})$. Insgesamt folgt, dass $S_d^n(\mathbf{x}) \cap S_d^n(\mathbf{y}) = \emptyset$ gilt. Damit ist gezeigt, dass C d Fehler korrigierend ist. □

Zur Fehlerkorrektur ist es also erstrebenswert, den Minimalabstand zwischen zwei Codewörtern möglichst groß zu machen. Das geht aber nur auf Kosten der Anzahl der Codewörter, denn der Abstand bestimmt die Anzahl der möglichen Codewörter:

Satz 5.7 **a)** Sei $\mathcal{K}$ endlicher Körper mit $|\mathcal{K}| = k \geq 2$ sowie $d \in \mathbb{N}_0$, $\mathbf{x} \in \mathcal{K}^n$ und $d \leq n$. Dann gilt:

$$|S_d^n(\mathbf{x})| = \sum_{i=0}^{d} \binom{n}{i} (k-1)^i$$

b) Sei $\mathcal{K}$ endlicher Körper mit $|\mathcal{K}| = k \geq 2$, $d \in \mathbb{N}_0$, $\mathbf{x} \in \mathcal{K}^n$ und $d \leq \left\lfloor \frac{n}{2} \right\rfloor$. Ist $C \subseteq \mathcal{K}^n$ ein Block-Code mit $h(C) = 2d + 1$, dann gilt:

$$|C| \leq \frac{k^n}{|S_d^n(\mathbf{x})|} \tag{5.3}$$

für alle $\mathbf{x} \in C$. □

Übungsaufgaben

5.7 Beweisen Sie Satz 5.7! □

Die obere Schranke (5.3) für Block-Codes der Länge n gibt eine maximale Anzahl von möglichen Codewörtern für einen Code mit gegebenem Minimalabstand an. Die Codes, die diese Maximalzahl erreichen, heißen *perfekte Codes.*

Perfekter Code

Definition 5.11 Ein Block-Code $C \subseteq \mathcal{K}^n$ heißt *d-perfekt,* falls er die beiden folgenden Bedingungen erfüllt:

(1) $\mathcal{K}^n = \bigcup_{\mathbf{x} \in C} S_d^n(\mathbf{x})$ und

(2) $S_d^n(\mathbf{x}) \cap S_d^n(\mathbf{y}) = \emptyset$ für alle $\mathbf{x}, \mathbf{y} \in C$ mit $\mathbf{x} \neq \mathbf{y}$. □

Aus dieser Definition und dem vorhergehenden Satz folgt unmittelbar, dass jeder d-perfekte Code den Minimalabstand $h(C) = 2d + 1$ hat.

Folgerung 5.7 Für jeden d-perfekten Block-Code $C \subseteq \mathcal{K}^n$, $C \neq \{\mathbf{0}\}$, gilt $h(C) = 2d + 1$. □

Ein d-perfekter Blockcode partitioniert den Raum $\mathcal{K}^n$ in $|C|$ n-dimensionale Kugeln $S_d^n(\mathbf{x})$ mit dem Radius d um jedes Codewort $\mathbf{x} \in C$. Jede dieser Kugeln enthält $\sum_{i=0}^{d} \binom{n}{i}(|\mathcal{K}| - 1)^i$ Wörter, und alle diese Wörter werden zum „Mittelpunkt" $\mathbf{x}$ decodiert. Es folgt unmittelbar

Folgerung 5.8 d-perfekte Codes sind d Fehler korrigierend und haben keine Decodierausfälle. □

Wir betrachten im Folgenden einige perfekte Linearcodes näher.

5.4.1 Triviale perfekte Codes

Wir betrachten zunächst drei für die Praxis wenig taugliche perfekte Codes. Ihre Extremität veranschaulicht aber gut die definierenden Eigenschaften perfekter Codes (siehe Definition 5.11).

Der Code

$$C = \{\underbrace{0\ldots0}_{n}\}$$

der nur den Nullvektor enthält, ist ein $(n, 0)$-Linearcode. Er ist n-perfekt, alle Bitfehler können korrigiert werden. Es ist $S_n^n(\mathbf{0}) = \mathcal{K}^n$.

Der Code $C = \mathcal{K}^n$ ist ein (n, n)-Linearcode. Er ist 0-perfekt, kein Bitfehler kann korrigiert werden. Es ist $S_0^n(\mathbf{x}) = \{\mathbf{x}\}$, für alle $\mathbf{x} \in \mathcal{K}^n$, sowie $h(\mathbf{x}, \mathbf{y}) = 1$ für alle $\mathbf{x}, \mathbf{y} \in \mathcal{K}^n$ mit $\mathbf{x} \neq \mathbf{y}$.

Der Repetitionscode (siehe Abschnitt 5.2.1)

$$C_{R_n} = \{\underbrace{0\ldots0}_{n}, \underbrace{1\ldots1}_{n}\}$$

ist ein $(n, 1)$-Linearcode. Er ist $d = \lfloor \frac{n}{2} \rfloor$-perfekt für $h(C) = n = 2d + 1$.

Übungsaufgaben

5.8 **a)** Codieren Sie die vier Symbole A, B, C und D so mit Elementen aus $\mathbb{F}_2^5$, dass 1-Bit-Fehler erkannt und korrigiert werden können und der Code einen $(5, k)$-Linearcode bildet (k ist zu bestimmen)! Geben Sie eine Generator- und die zugehörige Kontrollmatrix zu diesem Code an!

b) Geben Sie für die vier Symbole A, B, C und D einen dualen $(n, 2)$-Linearcode C über $\mathbb{F}_2$ an, so dass 2-Bit-Fehler korrigiert werden können und n minimal ist! Geben Sie zu C eine kanonische Generatormatrix $\mathbf{G}$ sowie eine Kontrollmatrix $\mathbf{H}$ an! □

5.4.2 Hamming-Codes

Bei dem im Abschnitt 5.3.3 eingeführten Decodierungsritual für (n, k)-Linearcodes $C \subseteq \mathcal{K}^n$ wird jeder Vektor $\mathbf{y} \in \mathcal{K}^n$ zu einem Codevektor $\mathbf{x} \in C$ decodiert. Bei den in diesem Kapitel betrachteten d-perfekten Codes wird ein empfangener Vektor $\mathbf{y}$ zu $\mathbf{x}$ decodiert, falls $\mathbf{y} \in S_d^n(\mathbf{x})$ gilt, d.h. $\mathbf{y}$ wird zum nächstgelegenen Codevektor decodiert. Bei beiden Decodierungsverfahren können allerdings die fehlerhaften Komponenten nicht festgestellt werden, d.h. der Fehlervektor ist unbekannt. Eine Konsequenz ist, dass das Ergebnis $\mathbf{x}$ der Decodierung nicht der ursprünglich gesendete Codevektor sein muss.

Wir betrachten nun einführend Hamming-Codes[9], die es erlauben, fehlerhafte Bits zu lokalisieren und damit zu korrigieren. In diesem Abschnitt gehen wir davon aus, dass höchstens eine Komponente fehlerhaft ist. Auf Ansätze, mit denen auch mehr als ein Fehler lokalisiert werden kann, können wir im Rahmen dieser einführenden Betrachtungen nicht eingehen.

Fehlervektor

Es sei $C \subseteq \mathbb{F}_2^n$ ein $(n, n-l)$-Linearcode. Falls $\mathbf{x} \in C$ gesendet und $\mathbf{y} = \mathbf{x} + \mathbf{e}$ empfangen wird, wobei $\mathbf{e} = e_1 \ldots e_n$ der Übertragungsfehler (*Fehlervektor*) ist mit

$$e_i = \begin{cases} 1 & \text{falls Fehler an der Stelle } i \\ 0 & \text{sonst} \end{cases}$$

dann gilt mit der Kontrollmatrix $\mathbf{H} = (\mathbf{h}_{i,j})_{\substack{1 \le i \le l \\ 1 \le j \le n}}$ von C:

$$\begin{aligned}
\mathbf{S_H}(\mathbf{y}) &= \mathbf{y} \cdot \mathbf{H}^T \\
&= (\mathbf{x} + \mathbf{e}) \cdot \mathbf{H}^T \\
&= \mathbf{x} \cdot \mathbf{H}^T + \mathbf{e} \cdot \mathbf{H}^T \\
&= \mathbf{e} \cdot \mathbf{H}^T \\
&= e_1 \cdot (h_{11}, \ldots, h_{l1}) + e_2 \cdot (h_{12}, \ldots, h_{l2}) + \ldots + e_n \cdot (h_{1n}, \ldots, h_{ln}) \\
&= e_1 \cdot \mathbf{h_1} + e_2 \cdot \mathbf{h_2} \ldots + e_n \cdot \mathbf{h_n} \\
&= \sum_{\substack{1 \le i \le n \\ e_i = 1}} \mathbf{h_i}
\end{aligned}$$

9 Richard Hamming (1915 - 1998), amerikanischer Mathematiker und Ingenieur, entwickelte die Grundlagen für fehlertolerante Codes. Außerdem leistete er u.a. Beiträge zur numerischen Analysis und zur Lösung von Differentialgleichungen, und er war an der Entwicklung der ersten IBM 650-Rechner beteiligt.

Dabei ist $\mathbf{h_i} = (h_{1i}, \ldots, h_{li})$, $1 \leq i \leq n$, die i-te Spalte der Kontrollmatrix $\mathbf{H} = (\mathbf{h_1}, \ldots, \mathbf{h_n})$.

Das Syndrom des übertragenen $\mathbf{y}$ ist also gleich der Summe der Spalten i von $\mathbf{H}$, an denen im gesendeten $\mathbf{x}$ ein Fehler aufgetreten ist. Ist sicher, dass nur ein Fehler auftreten kann, dann gilt

$$\mathbf{S_H}(\mathbf{y}) = \mathbf{y} \cdot \mathbf{H}^T = \mathbf{h_i}$$

genau dann, wenn das Bit i fehlerhaft übertragen wird. Ergibt also die Berechnung des Syndroms von $\mathbf{y}$ die Spalte $\mathbf{h_i}$, dann muss das i-te Bit korrigiert werden.

Um diese Art der Fehlererkennung und -korrektur zu vereinfachen, wählen wir in geschickter Weise eine Kontrollmatrix $\mathbf{H}$: Die i-te Spalte $\mathbf{h_i}$ von $\mathbf{H}$ soll die Dualzahl mit dem Wert i sein, d.h. $\mathit{wert}(\mathbf{h_i}) = \mathit{wert}(h_{1,i} \ldots h_{l,i}) = i$.

Beispiel 5.9 Die folgende Kontrollmatrix $\mathbf{H}$ enthält als Spalten alle Wörter aus $\mathbb{F}_2^3 - \{000\}$ mit $\mathit{wert}(\mathbf{h_i}) = i$, $1 \leq i \leq 7$:

$$\mathbf{H} = \begin{pmatrix} 0001111 \\ 0110011 \\ 1010101 \end{pmatrix}$$

□

Decodierungsritual

Für den durch eine derart gestaltete Kontrollmatrix bestimmten $(7,4)$-Linearcode kann der folgende Decodierungsalgorithmus verwendet werden:

1. Empfange $\mathbf{y} \in \mathbb{F}_2^n$.
2. Berechne das Syndrom $\mathbf{S_H}(\mathbf{y}) = \mathbf{y} \cdot \mathbf{H}^T = \mathbf{h_i}$.
3. Falls $\mathbf{h_i} = \mathbf{0}$ ist, decodiere $\mathbf{y}$ zu $\mathbf{y}$, denn es ist kein Fehler aufgetreten. Falls $\mathbf{h_i} \neq \mathbf{0}$ ist, dann korrigiere in $\mathbf{y}$ die Stelle $i = \mathit{wert}(\mathbf{h_i})$.

Wir wollen nun beispielhaft betrachten, wie aus der gegebenen Kontrollmatrix die Codewörter berechnet werden können. Dazu bringen wir die Kontrollmatrix $\mathbf{H}$ durch geeignete Spaltenvertauschungen in kanonische Form $\mathbf{H'}$. Für die Kontrollmatrix aus dem Beispiel 5.9 ergibt sich durch Vertauschen der Spalte 1 mit der Spalte 7, der Spalte 2 mit der Spalte 6 sowie der Spalte 4 mit der Spalte 5 die Matrix

$$\mathbf{H'} = \begin{pmatrix} 1101\,100 \\ 1110\,010 \\ 1011\,001 \end{pmatrix}$$

Hieraus lässt sich (siehe Satz 5.3) die kanonische Generatormatrix

$$\mathbf{G'} = \begin{pmatrix} 1000\,111 \\ 0100\,110 \\ 0010\,011 \\ 0001\,001 \end{pmatrix}$$

bestimmen. Durch Rückgängigmachen der obigen Spaltenvertauschungen ergibt sich die Generatormatrix des Codes

$$\mathbf{G} = \begin{pmatrix} 1101\,001 \\ 0101\,010 \\ 1110\,000 \\ 1001\,100 \end{pmatrix} = \begin{pmatrix} \mathbf{x_1}' \\ \mathbf{x_2}' \\ \mathbf{x_3}' \\ \mathbf{x_4}' \end{pmatrix}$$

Durch die Basistransformationen

$$\begin{aligned} \mathbf{x_1} &= \mathbf{x_1}' + \mathbf{x_2}' \\ \mathbf{x_2} &= \mathbf{x_1}' + \mathbf{x_4}' \\ \mathbf{x_3} &= \mathbf{x_2}' + \mathbf{x_3}' + \mathbf{x_4}' \\ \mathbf{x_4} &= \mathbf{x_1}' + \mathbf{x_2}' + \mathbf{x_4}' \end{aligned}$$

ergibt sich die kanonische Generatormatrix

$$\mathbf{G}_{norm} = \begin{pmatrix} 1000\,011 \\ 0100\,101 \\ 0010\,110 \\ 0001\,111 \end{pmatrix} = \begin{pmatrix} \mathbf{x_1} \\ \mathbf{x_2} \\ \mathbf{x_3} \\ \mathbf{x_4} \end{pmatrix}$$

Alle möglichen Linearkombinationen der Basisvektoren $\mathbf{x_1}, \mathbf{x_2}, \mathbf{x_3}, \mathbf{x_4}$ bilden die Menge der Codewörter:

$$C = \left\{ \sum_{i=1}^{4} a_i \cdot \mathbf{x_i} \mid a_i \in \mathbb{F}_2 \right\} = \left\{ \mathbf{a} \cdot \mathbf{G}_{norm} \mid \mathbf{a} \in \mathbb{F}_2^4 \right\}$$

C hat also vier Informationsstellen und drei Prüfstellen. Es gilt $h(C) = 3 = 2 \cdot 1 + 1$, es sind also 1-Bit-Fehler korrigierbar. □

Codes, die gemäß der beschriebenen Art gebildet werden, wobei allgemein von einer $l \times 2^l - 1$-Kontrollmatrix $\mathbf{H}$ ausgegangen wird, deren Spalten $\mathbf{h_i}$, $1 \leq i \leq 2^l - 1$, genau die Elemente aus $\mathbb{F}_2^l - \{\mathbf{0}\}$ enthalten, heißen *Hamming-Codes* mit l Prüfstellen. Ihr Minimalabstand ist gleich l. Jeder Hamming-Code ist 1-perfekt.

Übungsaufgaben

5.9 Es liege eine $(7,4)$-Hamming-Codierung vor, und das Wort $\mathbf{y} = 1000001$ sei empfangen worden.

(1) Ist $\mathbf{y}$ ein Codewort? Begründen Sie Ihre Antwort!

(2) Falls $\mathbf{y}$ kein Codewort ist, dann geben Sie unter der Voraussetzung, dass nur ein Bitfehler vorliegt, die Stelle des Fehlers an, und korrigieren Sie das empfangene Wort $\mathbf{y}$! □

5.4.3 Zusammenfassung

Durch geschickte Anordnung der Spalten der Kontrollmatrix lassen sich 1-Bit-Fehler lokalisieren und damit korrigieren. Bei Hamming-Codes ist die i-te Spalte der Kontrollmatrix die Dualcodierung der Zahl i. Bei Vorliegen eines Bit-Fehlers an der Stelle i ist das Syndrom gleich der Spalte i, womit dieser Fehler unmittelbar korrigiert werden kann.

Ein Block-Code ist d Fehler erkennend, wenn sich in der d-Hammingsphäre eines Codewortes kein weiteres Codewort befindet. Ein Block-Code ist d Fehler korrigierend, wenn die d-Hammingsphären aller Codewörter paarweise disjunkt zueinander sind. Ein Block-Code ist d-perfekt, falls die d-Hammingsphären um alle Codewörter eine Partitionierung des zugrunde liegenden Raums bilden. d-perfekte Codes sind $2d$ Fehler erkennend und d Fehler korrigierend.

5.5 Prüfzeichencodierung

In diesem Abschnitt beschäftigen wir uns anhand von zwei Beispielen mit Prüfzeichenverfahren, d.h. mit der Erkennung von Fehlern bei der Eingabe bzw. bei der Erkennung von Zeichenfolgen, wobei in der Regel deren Korrektur nicht automatisch, sondern durch Wiederholung der Eingabe erfolgt. Beispiele solcher Codierungen sind: ISBN-Nummern (International Standard Book Number), EAN-Nummern (European Article Number), Banknotenkennzeichnungen, Konto-, Versicherungs- und Ausweisnummern. Die bei diesen Codierungen verwendeten Symbole sind Ziffern, wir sprechen deshalb statt allgemein von Prüfzeichenverfahren speziell von Prüfziffersystemen.

Einzelfehler

Nachbartransposition

Sprungtransposition

Zwillingsfehler

Empirische Untersuchungen haben ergeben, dass bei der Eingabe bzw. beim Lesen einer Prüfziffernfolge $x_1 \ldots x_n$, $n \geq 2$, die falsche Eingabe oder das falsche Lesen einer Ziffer, ein sogenannter *Einzelfehler*, d.h. anstelle von x_i wird $y_i \neq x_i$ für ein i eingegeben oder gelesen, in etwa 80% aller Fälle die Ursache für Fehler ist. Bei etwa 10% der Fälle liegt eine sogenannte *Nachbartransposition* („Zahlendreher“) vor: anstelle von $x_i x_{i+1}$ wird $x_{i+1} x_i$ eingegeben. Daneben gibt es noch weitere Fälle, allerdings mit Häufigkeiten unter 1%: z.B. *Sprungtranspositionen*, d.h. Eingabe von $x_{i+2} x_{i+1} x_i$ anstelle von $x_i x_{i+1} x_{i+2}$, oder *Zwillingsfehler*, d.h. Eingabe von $y_i y_{i+1}$ anstelle von $x_i x_{i+1}$ mit $x_i \neq y_i$ und $x_{i+1} \neq y_{i+1}$.

Die Eingabe von Prüfziffernfolgen geschieht zwar heutzutage kaum noch per Hand, so dass die aufgezählten Fehlerarten und deren Häufigkeiten nicht mehr so akut sind bzw. andere Wahrscheinlichkeiten haben. Aber auch beim Einlesen über Lesegeräte sowie bei der Speicherung, Verarbeitung und Übertragung von Prüfziffernfolgen können Fehler auftreten, so dass es sich weiter lohnt, Möglichkeiten für die Fehlererkennung zu betrachten. Dabei werden wir an einem Beispiel, der ISBN-Nummer, sehen, wie man unter welchen Bedingungen mit zusätzlichen Eigenschaften auch Möglichkeiten zur Fehlerkorrektur realisieren kann. Es überrascht nicht, dass wir dabei auf Konzepte und Methoden zurückgreifen, die wir bereits bei Linearcodes (siehe Kapitel 5.2) kennen gelernt haben.

5.5.1 Prüfzeichenverfahren: Definitionen und allgemeine Eigenschaften

Alle praktisch verwendeten Prüfzeichenverfahren können auf die folgende allgemeine Definition zurückgeführt werden.

Definition 5.12 Sei A ein Alphabet und $G = (A, *)$ eine endliche Gruppe über A. Eine *Prüfzeichencodierung* (der Länge n) $P_G = (\pi_1, \ldots, \pi_n; c)$ über G ist gegeben durch

Prüfzeichen-codierung

(1) n Permutationen $\pi_1, \ldots, \pi_n$ von A sowie

(2) durch ein Element $c \in A$, das sogenannte *Kontrollsymbol*, so dass

Kontrollsymbol

(3) die *Kontrollgleichung*

Kontroll-gleichung

$$\pi_1(x_1) * \ldots * \pi_n(x_n) = c$$

für alle $x_1, \ldots, x_n \in G$ erfüllt ist. □

Folgerung 5.9 Sei eine Prüfzeichencodierung $P_G = (\pi_1, \ldots, \pi_n; c)$ über der Gruppe $G = (A, *)$ gegeben. Dann gilt:

a) Jede Menge $\{x_1, \ldots, x_n\} - \{x_i\} \subseteq A$ bestimmt eindeutig x_i, $1 \leq i \leq n$.

b) P_G erkennt alle Einzelfehler.

c) P_G erkennt eine Nachbartransposition, falls

$$x * \pi_{i+1}(\pi_i^{-1}(y)) \neq y * \pi_{i+1}(\pi_i^{-1}(x))$$

für alle $x, y \in G$, $x \neq y$, und für alle i gilt.

d) P_G erkennt eine Sprungtransposition, falls

$$x * y * \pi_{i+2}(\pi_i^{-1}(z)) \neq z * y * \pi_{i+2}(\pi_i^{-1}(x))$$

für alle $x, y, z \in G$, $x \neq z$, und für alle i gilt.

e) P_G erkennt einen Zwillingsfehler, falls

$$x * \pi_{i+1}(\pi_i^{-1}(x)) \neq y * \pi_{i+1}(\pi_i^{-1}(y))$$

für alle $x, y \in G$, $x \neq y$, und für alle i gilt.

Beweis a) Für alle $x_1, \ldots, x_n \in G$ muss gelten:

$$\pi_1(x_1) * \ldots * \pi_{i-1}(x_{i-1}) * \pi_i(x_i) * \pi_{i+1}(x_{i+1}) * \ldots * \pi_n(x_n) = c$$

Daraus folgt wegen der Existenz der Inversen und wegen der Bijektivität der Permutationen:

$$x_i = \pi_i^{-1}((\pi_{i-1}(x_{i-1}))^{-1} * \ldots * (\pi_1(x_1))^{-1} * c * (\pi_n(x_n))^{-1} * \ldots * (\pi_{i+1}(x_{i+1}))^{-1})$$

Dies gilt für $1 < i < n$. Für $i = 1$ und $i = n$ folgt der Beweis analog.

b) Wir nehmen einen Einzelfehler an: Anstelle von x_i sei $y_i \neq x_i$ an der Stelle i, alle anderen Ziffern $x_1, \ldots, x_{i-1}, x_{i+1}, \ldots, x_n$ seien korrekt. Da $x_i \neq y_i$ und π_i eine Permutation ist, gilt $\pi_i(x_i) \neq \pi_i(y_i)$. $x_1, \ldots, x_{i-1}, x_i, x_{i+1}, \ldots, x_n$ muss die Kontrollgleichung erfüllen:

$$\pi_i(x_i) = (\pi_{i-1}(x_{i-1}))^{-1} * \ldots * (\pi_1(x_1))^{-1} * c * (\pi_n(x_n))^{-1} * \ldots * (\pi_{i+1}(x_{i+1}))^{-1}$$

Wäre y_i korrekt, müsste $x_1, \ldots, x_{i-1}, y_i, x_{i+1}, \ldots, x_n$ ebenfalls die Kontrollgleichung erfüllen:

$$\pi_i(y_i) = (\pi_{i-1}(x_{i-1}))^{-1} * \ldots * (\pi_1(x_1))^{-1} * c * (\pi_n(x_n))^{-1} * \ldots * (\pi_{i+1}(x_{i+1}))^{-1}$$

Daraus folgt $\pi_i(x_i) = \pi_i(y_i)$, was ein Widerspruch zu $\pi_i(x_i) \neq \pi_i(y_i)$ ist.

c) Eine Nachbartransposition $x_i x_{i+1} \to x_{i+1} x_i$ wird entdeckt, falls

$$\pi_i(x_i) * \pi_{i+1}(x_{i+1}) \neq \pi_i(x_{i+1}) * \pi_{i+1}(x_i)$$

ist. Für $\pi_i(x_i) = x$ und $\pi_i(x_{i+1}) = y$ ist dies äquivalent zu

$$x * \pi_{i+1}(\pi_i^{-1}(y)) \neq y * \pi_{i+1}(\pi_i^{-1}(x))$$

Diese Bedingung muss für alle $x, y \in G$, $x \neq y$, und für alle i erfüllt sein.

Die Beweise zu d) und e) erfolgen analog zum Beweis von c). □

5.5.2 Prüfziffernsysteme

Als Spezialfall von Prüfzeichencodierungen betrachten wir in diesem Kapitel Prüfziffernsysteme. Die einem Prüfziffernsystem zugrunde liegende Gruppe ist $(\mathbb{Z}_m, +)$, die additive Restklassengruppe modulo m. Die Permutationen werden mithilfe der Einheiten von $\mathbb{Z}_m$ gebildet. Für eine Einheit $w \in \mathbb{Z}_m^*$ ist die Abbildung $\pi_w : \mathbb{Z}_m \to \mathbb{Z}_m$ definiert durch $\pi_w(x) = w \cdot x$ eine Bijektion auf $\mathbb{Z}_m$, d.h. eine Permutation der Elemente von $\mathbb{Z}_m$.

Übungsaufgaben

5.10 Beweisen Sie diese Aussage! □

Prüfziffernsystem

Definition 5.13 Es sei $(\mathbb{Z}_m, +)$ die additive Restklassengruppe modulo m. Ein *Prüfziffernsystem* (der Länge n) $P_m(w_1, \ldots, w_n)$ über $\mathbb{Z}_m$ ist gegeben durch

(1) n (nicht notwendigerweise verschiedene) Einheiten $w_1, \ldots, w_n \in \mathbb{Z}_m^*$, wobei $w_n = 1$ oder $w_n = -1$[10] fest gewählt sei, so dass

Checksumme

(2) die *Checksumme*

$$\sum_{i=1}^{n} w_i x_i = 0, \quad \text{d.h. } w_1 x_1 + \ldots + w_n x_n = 0$$

für alle $x_1, \ldots, x_n \in \mathbb{Z}_m$ erfüllt ist.

Gewichte

Die jeweils ausgewählten Einheiten $w_1, \ldots, w_n$ heißen auch *Gewichte* des Prüfziffernsystems $P_m(w_1, \ldots, w_n)$. □

Das Kontrollsymbol in einem Prüfziffernsystem ist also $c = 0$. Unter der Berücksichtigung, dass $w_n = 1$ oder $w_n = -1$ ist, gilt für die Checksumme auch

$$x_n = \sum_{i=1}^{n-1} w_i x_i \quad \text{bzw.} \quad x_n = -\sum_{i=1}^{n-1} w_i x_i$$

Prüfziffer

Aus diesen Gleichungen folgt, dass eine Folge $x_1 \ldots x_n \in \mathbb{Z}_m^n$ zum Prüfziffernsystem $P_m(w_1, \ldots, w_n)$ gehört, falls die letzte Ziffer x_n, die Prüfziffer, gleich der gewichteten Summe bzw. gleich dem Negativen der gewichteten Summe der Ziffern $x_1, \ldots, x_{n-1}$ (modulo m gerechnet) ist.

Für den Fall, dass ein Prüfziffernsystem über einem Körper $\mathbb{F}_q$ gebildet wird, gilt der folgende Satz.

Satz 5.8 Es sei $P_q = (w_1, \ldots, w_n)$ ein Prüfziffernsystem über dem Körper $\mathbb{F}_q$, dann ist

$$\mathcal{L}(P_q) = \{x_1 \ldots x_n \in \mathbb{F}_q^n \mid w_1 x_1 + \ldots + w_n x_n = 0\}$$

ein $(n, n-1)$-Linearcode über $\mathbb{F}_q$.

Beweis Die Gleichung $w_1 x_1 + \ldots + w_n x_n = 0$ stellt ein homogenes lineares Gleichungssystem mit einer Gleichung und n Unbekannten über dem Körper

10 Beachte: In $\mathbb{Z}_m$ ist $-1 = m - 1$.

$\mathbb{F}_q$ dar. Aus Kapitel 3 wissen wir, dass die Lösungsmenge eines homogenen linearen Gleichungssystems mit n Unbekannten einen Unterraum von $\mathbb{F}_q^n$ bildet. Die Dimension des Unterraums ergibt sich durch n minus dem Rang des Gleichungssystems. Unser Gleichungssystem hat den Rang 1. Es folgt, dass $\mathcal{L}(P_q)$ ein $n-1$-dimensionaler Unterraum von $\mathbb{F}_q^n$ ist, d.h. $\mathcal{L}(P_q)$ ist ein $(n, n-1)$-Linearcode über $\mathbb{F}_q$, was zu zeigen war. □

Aus Folgerung 5.5 folgt unmittelbar, dass der Vektor der Gewichte eines Prüfziffernsystems über dem Körper $\mathbb{F}_q$ eine Kontrollmatrix des dadurch bestimmten Linearcodes bildet.

Folgerung 5.10 Es sei $P_q = (w_1, \ldots, w_n)$ ein Prüfziffernsystem über dem Körper $\mathbb{F}_q$, dann ist

$$\mathbf{H} = \begin{pmatrix} w_1 & \ldots & w_n \end{pmatrix} \tag{5.4}$$

eine Kontrollmatrix für den $(n, n-1)$-Linearcode $\mathcal{L}(P_q)$. □

Aus dieser Folgerung folgt unmittelbar, dass der Paritätscode mit gerader Parität mit n Informationsstellen und einem Paritätsbit einen $(n+1, n)$-Linearcode über $\mathbb{F}_2$ bildet sowie dass dessen Kontrollmatrix gleich

$$\mathbf{H} = \begin{pmatrix} 1 & \ldots & 1 \end{pmatrix}$$

ist. Diese Aussagen kennen wir allerdings bereits aus Abschnitt 5.2.2 bzw. aus Aufgabe 5.3 (2).

Für den Fall $w_n = 1$ ist die Kontrollmatrix $\mathbf{H}$ aus (5.4) in kanonischer Form:

$$\mathbf{H} = \begin{pmatrix} w_1 & \ldots & w_{n-1} & 1 \end{pmatrix} \tag{5.5}$$

Ist $w_n = -1$, erhalten wir eine Kontrollmatrix in kanonischer Form, indem wir die Kontrollmatrix H aus (5.4) mit -1 multiplizieren. Die kanonische Kontrollmatrix hat dann die Gestalt

$$\mathbf{H} = \begin{pmatrix} -w_1 & \ldots & -w_{n-1} & 1 \end{pmatrix} \tag{5.6}$$

Als kanonische Generatormatrizen ergeben sich mit Satz 5.3

$$\mathbf{G} = \begin{pmatrix} 1 & 0 & \ldots & 0 & -w_1 \\ 0 & 1 & \ldots & 0 & -w_2 \\ \vdots & \vdots & \ddots & \vdots & \\ 0 & 0 & \ldots & 1 & -w_{n-1} \end{pmatrix} \quad \text{bzw.} \quad \mathbf{G} = \begin{pmatrix} 1 & 0 & \ldots & 0 & w_1 \\ 0 & 1 & \ldots & 0 & w_2 \\ \vdots & \vdots & \ddots & \vdots & \\ 0 & 0 & \ldots & 1 & w_{n-1} \end{pmatrix} \tag{5.7}$$

Wir betrachten nun Fehlererkennungseigenschaften eines Prüfziffernsystems $P_q = (w_1, \ldots, w_n)$ über dem Körper $\mathbb{F}_q$.

Satz 5.9 **a)** Jedes Prüfziffernsystem $P_q = (w_1, \ldots, w_n)$ über dem Körper $\mathbb{F}_q$ erkennt alle Einzelfehler.

b) Jedes Prüfziffernsystem $P_q = (w_1, \ldots, w_n)$ über dem Körper $\mathbb{F}_q$ mit $w_i \neq w_j$ für $i \neq j$ erkennt alle Transpositionen.

Beweis **a)** Es sei $x_1 \ldots x_n \in \mathcal{L}(P_q)$ ein Codewort. Wir nehmen einen Fehler an der Stelle i an: $y_i = x_i + e$, $e \neq 0$, für ein i, $1 \leq i \leq n$. Mit $\mathbf{y} = x_1 \ldots x_{i-1} y_i x_{i+1} \ldots x_n$ folgt, dass das Syndrom $\mathbf{S_H}(\mathbf{y}) = \mathbf{y} \cdot \mathbf{H}^T = w_i \cdot e$ ungleich Null ist, da $\mathbb{F}_q$ keine Nullteiler enthält. Somit werden alle Einzelfehler entdeckt.

b) Es sei $\mathbf{x} = x_1 \ldots x_i \ldots x_j \ldots x_n \in \mathcal{L}(P_q)$, d.h. $\mathbf{x} \cdot \mathbf{H}^T = \mathbf{0}$, mit $i < j$ und $x_i \neq x_j$ sowie $\mathbf{x'} = x_1 \ldots x_j \ldots x_i \ldots x_n$. Es gilt

$$\begin{aligned}
\mathbf{S_H}(\mathbf{x'}) &= \mathbf{x'} \cdot \mathbf{H}^T \\
&= w_1 x_1 + \ldots + w_i \cdot x_j + \ldots + w_j \cdot x_i + \ldots + w_n \cdot x_n \\
&= w_1 x_1 + \ldots + w_i \cdot x_i + \ldots + w_j \cdot x_j + \ldots + w_n \cdot x_n \\
&\qquad + w_i \cdot x_j - w_i \cdot x_i + w_j \cdot x_i - w_j \cdot x_j \\
&= \mathbf{x} \cdot \mathbf{H}^T + w_i \cdot x_j - w_i \cdot x_i + w_j \cdot x_i - w_j \cdot x_j \\
&= (w_i - w_j)(x_j - x_i)
\end{aligned}$$

Da $i \neq j$ und $x_i \neq x_j$ sowie $w_i \neq w_j$ ist, ist $(w_i - w_j)(x_j - x_i) \neq 0$ und somit das Syndrom $\mathbf{S_H}(\mathbf{x'})$ ungleich Null, da in $\mathbb{F}_q$ keine Nullteiler existieren. Somit wird jede Transposition entdeckt. □

Wir betrachten in den folgenden beiden Abschnitten zwei Beispiele für Prüfziffernsysteme etwas näher: ISBN-Nummern und EAN-Nummern.

5.5.3 ISBN-Codierung

Jedes Buch besitzt eine zehnstellige internationale Buchnummer. So hat z.B. das Buch

G. Vossen, K.-U. Witt: *Grundkurs Theoretische Informatik, 4. Auflage;* Braunschweig/Wiesbaden, 2006

die ISBN-Nummer 3-8348-0153-4. Dabei gibt 3 den Sprachraum (3 steht für die Schweiz, Österreich und Deutschland), 8348 den Verlag (hier Vieweg) und 0153 das Buch an. Die letzte Ziffer, hier 4, ist die Prüfziffer modulo 11 (d.h. $m = 11$). ISBN-Nummern $x_1 \ldots x_{10}$ sind festgelegt durch die Checksumme

$$x_{10} = \sum_{i=1}^{9} i \cdot x_i \tag{5.8}$$

Für unser Beispiel ist also:

$$4 = 1 \cdot 3 + 2 \cdot 8 + 3 \cdot 3 + 4 \cdot 4 + 5 \cdot 8 + 6 \cdot 0 + 7 \cdot 1 + 8 \cdot 5 + 9 \cdot 3$$

Ergibt sich $x_{10} = 10$, dann wird als Prüfziffer X verwendet (wie z.B. bei der ISBN-Nummer 0-7167-1079-X).

ISBN ist also ein Prüfziffernsystem über $\mathbb{F}_{11}$ mit $n = 10$, $w_i = i$, $1 \leq i \leq 9$, und $w_{10} = -1 = 10$. Wenn wir die Checksumme (5.8) umstellen, dann erhalten wir:

$$0 = \sum_{i=1}^{9} i \cdot x_i - x_{10} = \sum_{i=1}^{9} i \cdot x_i + 10 \cdot x_{10} = \sum_{i=1}^{10} i \cdot x_i \tag{5.9}$$

Die ISBN-Nummern sind also durch das Prüfziffernsystem $P_{11}(1, 2, \ldots, 10)$ festgelegt. Aus Satz 5.8 folgt unmittelbar, dass die Menge der korrekten ISBN-Nummern, d.h. die Lösungsmenge der Gleichung (5.9)[11]

$$\mathit{ISBN} = \{\, x_1 \ldots x_n \in \mathbb{F}_{11}^{10} \mid 1x_1 + 2x_2 + 3x_3 + \ldots + 9x_9 + 10x_{10} = 0 \,\}$$

einen $(10, 9)$-Linearcode darstellt, und aus (5.6) bzw. aus (5.7) lassen sich die kanonische Kontrollmatrix bzw. die kanonische Generatormatrix des ISBN-Prüfziffernsystems unmittelbar ablesen.

Folgerung 5.11 **a)** *ISBN* ist ein $(10, 9)$-Linearcode über $\mathbb{F}_{11}$.

b) Die Matrix

$$\begin{aligned} \mathbf{H} &= \begin{pmatrix} -1 & -2 & -3 & -4 & -5 & -6 & -7 & -8 & -9 & 1 \end{pmatrix} \\ &= \begin{pmatrix} 10 & 9 & 8 & 7 & 6 & 5 & 4 & 3 & 2 & 1 \end{pmatrix} \end{aligned}$$

ist die kanonische Kontrollmatrix für das ISBN-Prüfziffernsystem.

c) Die Matrix

$$\mathbf{G} = \begin{pmatrix} 1 & 0 & 0 & 0 & 0 & 0 & 0 & 0 & 1 \\ 0 & 1 & 0 & 0 & 0 & 0 & 0 & 0 & 2 \\ \vdots & \vdots & \vdots & \vdots & \vdots & \vdots & \vdots & \vdots & \vdots \\ 0 & 0 & 0 & 0 & 0 & 0 & 0 & 1 & 9 \end{pmatrix}$$

ist die kanonische Generatormatrix für das ISBN-Prüfziffernsystem. □

Aus dem Satz 5.9 folgt unmittelbar, dass der ISBN-Code alle Einzelfehler und alle Transpositionen erkennt.

Folgerung 5.12 **a)** Die ISBN-Codierung entdeckt alle Einzelfehler.

b) Die ISBN-Codierung entdeckt alle Transpositionen. □

---

11 Diese Aussage ist nicht ganz korrekt, da bei ISBN-Nummern nur die Ziffer x_{10} den Wert X haben darf. Für die weiteren Betrachtungen lassen wir diesen Wert für alle Ziffern zu.

Übungsaufgaben

5.11 Zeigen Sie:

(1) Jede Folge der Länge 10 über $\mathbb{F}_{11}$ mit identischen Komponenten ist eine korrekte ISBN-Nummer!

(2) Ist $x_1 \ldots x_{10} \in \mathbb{F}_{11}^{10}$ eine korrekte ISBN-Nummer, dann auch ihre Spiegelung $x_{10} \ldots x_1$! □

Mithilfe einer weiteren Checksumme, in der alle Gewichte $w_i' = 1$ gewählt werden, d.h. mit der Checksumme

$$\sum_{i=1}^{10} x_i = 0$$

kann ein Fehler nicht nur erkannt, sondern auch lokalisiert und korrigiert werden. Wir erhalten also eine Variante des ISBN-Codes:

$$\mathit{ISBN'} = \left\{ x_1 \ldots x_{10} \in F_{11}^{10} \;\middle|\; \sum_{i=1}^{10} i \cdot x_i = 0 \text{ und } \sum_{i=1}^{10} x_i = 0 \right\}$$

Daraus ergibt sich die Kontrollmatrix

$$\mathbf{H'} = \begin{pmatrix} 1 & 2 & 3 & 4 & 5 & 6 & 7 & 8 & 9 & 10 \\ 1 & 1 & 1 & 1 & 1 & 1 & 1 & 1 & 1 & 1 \end{pmatrix} \tag{5.10}$$

Es folgt, da die beiden Zeilen linear unabhängig sind, dass *ISBN'* ein $(10, 8)$-Linearcode über $\mathbb{F}_{11}$ ist.

Für $\mathbf{x} = x_1 \ldots x_{10} \in \mathbb{F}_{11}^{10}$ ist $\mathbf{S_{H'}}(\mathbf{x}) = \mathbf{x} \cdot \mathbf{H'}^T = (S_1\ S_2)$ mit

$$S_1 = \sum_{i=1}^{10} i \cdot x_i \quad \text{und} \quad S_2 = \sum_{i=1}^{10} x_i$$

das Syndrom von $\mathbf{x}$. $\mathbf{x}$ ist eine korrekte ISBN'-Nummer genau dann, wenn $S_1 = 0$ und $S_2 = 0$ ist.

Es sei $\mathbf{x} = x_1 \ldots x_{10} \in \mathit{ISBN'}$. Wir nehmen nun einen Fehler bei der Ziffer i an: $y_i = x_i + e$, $e \neq 0$, für ein i, $1 \leq i \leq 10$. Mit $\mathbf{y} = x_1 \ldots x_{i-1} y_i x_{i+1} \ldots x_{10}$ folgt, dass

$$S_1 = i \cdot e \quad \text{und} \quad S_2 = e$$

ist. Durch Einsetzen folgt $S_1 = i \cdot S_2$ und damit

$$i = S_1 \cdot S_2^{-1} \tag{5.11}$$

Falls $S_1 \neq 0$ und $S_2 \neq 0$ ist, kann i aus (5.11) eindeutig bestimmt werden. Es muss dann gelten: $y_i = x_i + e = x_i + S_2$, d.h. mit Einsetzen von (5.11)

$$x_{S_1 \cdot S_2^{-1}} = y_{S_1 \cdot S_2^{-1}} - S_2 \tag{5.12}$$

Decodierungsritual

Für den erweiterten ISBN-Code ISBN' haben wir nun für den Fall, dass höchstens ein Einzelfehler auftritt, folgendes Decodierungsritual entwickelt: Sei $\mathbf{y} = y_1 \ldots y_{10} \in \mathbb{F}_{11}^{10}$, dann

1. berechne $\mathbf{S_{H'}}(\mathbf{y}) = \mathbf{y} \cdot \mathbf{H'}^T = (S_1\ S_2)$.
2. Ist $S_1 = 0$ und $S_2 = 0$, dann nehme an, dass kein Fehler vorliegt, denn es ist $\mathbf{y} \in$ *ISBN'*.
3. Ist $S_1 \neq 0$ und $S_2 \neq 0$, dann korrigiere $\mathbf{y}$ zu
$$\mathbf{x} = x_1 \ldots x_{10} \text{ mit } x_i = \begin{cases} y_i, & \text{falls } i \neq S_1 \cdot S_2^{-1} \\ y_i - S_2, & \text{falls } i = S_1 \cdot S_2^{-1} \end{cases}$$
4. In allen anderen Fällen wird keine Decodierung vorgenommen (allerdings sollte eine sinnvolle Fehlerreaktion erfolgen).

Beispiel 5.10 Wir wenden das Decodierungsverfahren auf den Vektor $\mathbf{y} = 3528037425$ an. Das Syndrom von $\mathbf{y}$ ist $\mathbf{S_{H'}}(\mathbf{y}) = \mathbf{y} \cdot \mathbf{H'}^T = (S_1\ S_2)$ mit

$$\begin{aligned} S_1 &= 1 \cdot 3 + 2 \cdot 5 + 3 \cdot 2 + 4 \cdot 8 + 5 \cdot 0 + 6 \cdot 3 + 7 \cdot 7 + 8 \cdot 4 + 9 \cdot 2 + 10 \cdot 5 \\ &= 9 \\ S_2 &= 3 + 5 + 2 + 8 + 0 + 3 + 7 + 4 + 2 + 5 \\ &= 6 \\ S_2^{-1} &= 6^{-1} = 2 \\ -S_2 &= -6 = 5 \end{aligned}$$

Damit gilt mit (5.11) $i = S_1 \cdot S_2^{-1} = 9 \cdot 2 = 7$ und mit (5.12) gilt $x_7 = y_7 - S_2 = 7 + 5 = 1$. 3528037425 wird also korrigiert zu 3528031425. □

Übungsaufgaben

5.12 **a)** Decodieren Sie $\mathbf{y} = 3528159214 \in \mathbb{F}_{11}^{10}$ mithilfe des oben vorgestellten Decodierungsrituals für den ISBN'-Code!

b) $\mathbf{x} = 3528059214$ ist eine korrekte ISBN'-Nummer. Wir nehmen an, $x_5 = 0$ sei verfälscht zu $y_5 = 1$. Decodieren Sie $\mathbf{y} = 3528159214$ mit obigem Decodierungsritual und vergleichen Sie das Ergebnis mit dem Ergebnis von Aufgabe a)! □

Wir wollen noch die kanonische Generatormatrix $\mathbf{G'}$ für *ISBN'* bestimmen. Dazu führen wir zunächst folgende Operationen auf $\mathbf{H'}$ (siehe 5.10) aus: Addition der 2. zur 1. Zeile, dann Multiplikation der 1. Zeile mit 10 und schließlich Subtraktion der 2. von der 1. Zeile. Damit erhalten wir die zu $\mathbf{H'}$ äquivalente Kontrollmatrix

$$\mathbf{H''} = \begin{pmatrix} 9 & 8 & 7 & 6 & 5 & 4 & 3 & 2 & 1 & 0 \\ 3 & 4 & 5 & 6 & 7 & 8 & 9 & 10 & 0 & 1 \end{pmatrix}$$

für *ISBN'*. Durch Anwendung der schematischen Transformation aus Satz 5.3 hierauf erhalten wir die kanonische Generatormatrix

$$\mathbf{G'} = \begin{pmatrix} 1 & 0 & 0 & 0 & 0 & 0 & 0 & 0 & 2 & 8 \\ 0 & 1 & 0 & 0 & 0 & 0 & 0 & 0 & 3 & 7 \\ 0 & 0 & 1 & 0 & 0 & 0 & 0 & 0 & 4 & 6 \\ 0 & 0 & 0 & 1 & 0 & 0 & 0 & 0 & 5 & 5 \\ 0 & 0 & 0 & 0 & 1 & 0 & 0 & 0 & 6 & 4 \\ 0 & 0 & 0 & 0 & 0 & 1 & 0 & 0 & 7 & 3 \\ 0 & 0 & 0 & 0 & 0 & 0 & 1 & 0 & 8 & 2 \\ 0 & 0 & 0 & 0 & 0 & 0 & 0 & 1 & 9 & 1 \end{pmatrix}$$

für *ISBN'*.

Die Erweiterung des ISBN-Codes zum ISBN'-Code geht natürlich auf Kosten der Anzahl der Codewörter. Der ISBN-Code enthält im Prinzip 10^9, der ISBN'-Code 10^8 Wörter, wobei die Fußnote auf Seite 110 zu berücksichtigen ist.

5.5.4 EAN-Codierung

Bei der ISBN-Codierung können wir „ganz normal“ rechnen, da wir uns in einem Körper, nämlich in $\mathbb{F}_{11}$, befinden, und, da dieser Code sogar einen Vektorraum bildet, hat er alle Eigenschaften eines Linearcodes. Ein Nachteil des ISBN-Codes ist allerdings, dass er elf Ziffern benötigt und damit eine mehr als das Dezimalsystem. Das ist bei der europäischen Artikelnummer anders, sie benutzt die Dezimalziffern als Symbole.[12] Die Artikelnummer besteht aus dreizehn Ziffern, dabei bezeichnet die erste Ziffer das Ursprungsland, und die letzte Ziffer ist eine Prüfziffer, die wie folgt gebildet wird:

$$x_{13} = -(x_1 + 3x_2 + x_3 + 3x_4 + \ldots + x_{11} + 3x_{12}) \tag{5.13}$$

12 Seit einigen Jahren bekommen Bücher neben der zehnstelligen ISBN-Nummer, wie wir sie im vorigen Abschnitt behandelt haben, zusätzlich eine dreizehnstellige ISBN-Nummer, welche die zehnstellige enthält. Die dreizehnstellige ISBN-Nummer ist eine EAN-Nummer.

Dabei wird modulo 10 gerechnet. Im Hinblick auf die Definition von Prüfzifferncodierungen ist also $m = 10$, $n = 13$ und

$$w_i = \begin{cases} 1, & i \text{ ungerade} \\ 3, & i \text{ gerade} \end{cases}, \; 1 \leq i \leq 13$$

Die EAN-Nummerierung stellt also eine Prüfzeichencodierung der Art

$$P_{10}(1,3,1,3,1,3,1,3,1,3,1,3,1;0)$$

dar. Da $(10,1) = 1$ und $(10,3) = 1$ ist, d.h. 1 (als Einselement trivialerweise) und 3 sind Einheiten in $\mathbb{Z}_{10}$, bilden die Abbildungen $\pi_i(x) = x$ für $i = 2k+1$, $0 \leq k \leq 6$ (jeweils die Identität), sowie $\pi_i(x) = 3x$ für $i = 2k$, $1 \leq k \leq 6$, Permutationen von $\mathbb{Z}_{10}$.

Durch Umstellen der Gleichung (5.13) folgt, dass eine Ziffernfolge $\mathbf{x} = x_1 \ldots x_{13}$ eine korrekte EAN-Nummer genau dann ist, wenn die Checksumme

$$S(\mathbf{x}) = \sum_{i=1}^{13} w_i x_i = 0$$

erfüllt ist.

Wie bei der ISBN-Codierung untersuchen wir die Fehlererkennungseigenschaften der EAN-Nummerierung bei Einzelfehlern und bei Transpositionen. Wir werden sehen, da wir beim EAN-Code in $\mathbb{Z}_{10}$, der additiven Restklassengruppe modulo 10, die kein Körper ist, rechnen, dass der EAN-Code nicht dieselben Qualitäten bei der Fehlererkennung wie der ISBN-Code hat.

Folgerung 5.13 Für den EAN-Code gilt:

a) Jeder Einzelfehler wird erkannt.

b) Nicht alle Nachbartranspositionen $x_i x_{i+1} \rightarrow x_{i+1} x_i$, $1 \leq i \leq 12$, werden erkannt. Sind z.B. die Ziffern 0 und 5 benachbart, dann gilt

$$1 \cdot 0 + 3 \cdot 5 = 5$$
$$1 \cdot 5 + 3 \cdot 0 = 5$$

d.h. ihre Vertauschung bleibt in der Checksumme S unbemerkt, da sie in jeder Reihenfolge denselben Beitrag zur Summe liefern. Wir bestimmen im Beweis alle weiteren Ziffernpaare, deren Transposition nicht erkannt wird.

Beweis **a)** Es sei $\mathbf{x} = x_1 \ldots x_{13}$ eine korrekte EAN-Nummer, und es sei $\mathbf{y} = x_1 \ldots x_j + e \ldots x_{13}$ mit $0 < e \leq 9$ für ein j, $1 \leq j \leq 13$, d.h. an der Stelle j liege ein Einzelfehler vor.

Dann gilt für ungerades j: $S(\mathbf{y}) = S(\mathbf{x}) + e \neq S(\mathbf{x})$, da $0 < e \leq 9$ ist.

Für gerades j gilt: $S(\mathbf{y}) = S(\mathbf{x}) + 3e$. Da $(3,10) = 1$ ist, ist $3e$ für $0 < e \leq 9$ eine Permutation der Folge $\langle 0, \ldots, 9 \rangle$ (nämlich $\langle 0,3,6,9,2,5,8,1,4,7 \rangle$), d.h. $3e$ ist für alle e, $0 < e \leq 9$, verschieden.

Somit werden also in allen Fällen Einzelfehler erkannt.

b) Wir setzen $a = x_i$ und $b = x_{i+1}$. Wir suchen a und b, so dass

$$1 \cdot a + 3 \cdot b = 3 \cdot a + 1 \cdot b$$

gilt, d.h. so dass $2a = 2b$ gilt. 2 ist nicht invertierbar in $\mathbb{Z}_{10}$, wir können also diese Gleichung nicht einfach mit 2^{-1} multiplizieren, und da $\mathbb{Z}_{10}$ kein Integritätsbereich ist, gilt auch die Kürzungsregel nicht. Deshalb suchen wir ein c mit $a = b + c$, so dass $2a = 2b$ ist:

$$2(b + c) = 2b \text{ genau dann, wenn } 2b + 2c = 2b \text{ genau dann, wenn } 2c = 0$$

Hieraus folgt $c = 5$, denn 2 und 5 sind Nullteiler in $\mathbb{Z}_{10}$, d.h. die gesuchten Paare a, b sind die, für die $a = b + 5$ gilt. Das sind: 0 und 5, 1 und 6, 2 und 7, 3 und 8 sowie 4 und 9 und deren Umkehrungen, also insgesamt 10 Paare. Das sind ungefähr 11% von allen verschiedenen Paaren. □

Übungsaufgaben

5.13 Es sei $\mathbb{Z}_{10}$ die additive Restklassengruppe modulo 10, p_i die i-te Primzahl, d.h. $p_1 = 2$, $p_2 = 3$, ..., $p_9 = 23$, sowie $0 = \sum_{i=1}^{9} p_i \cdot x_i$ mit $x_i \in \{0, 1, \ldots, 9\}$, $1 \leq i \leq 9$, die Kontrollgleichung für eine Prüfziffercodierung über diese Gruppe, es liege also das Prüfziffernsystem $P_{10}(2, 3, 5, 7, 11, 13, 17, 19, 23; 0)$ vor.

(1) Analysieren Sie, welche Einzelfehler diese Prüfzifferncodierung erkennt und welche sie nicht erkennt!

(2) Analysieren Sie, welche Nachbartranspositionen diese Prüfzifferncodierung erkennt und welche sie nicht erkennt! □

5.5.5 Zusammenfassung

Eine Prüfzeichencodierung der Länge n über einer Gruppe G ist gegeben durch n Permutationen π_i der Gruppe sowie durch ein Kontrollsymbol $c \in G$, so dass die Kontrollgleichung $\pi_1(x_1) * \ldots * \pi_n(x_n) = c$ für alle $x_1, \ldots, x_n \in G$ erfüllt ist. Prüfzeichencodierungen erkennen alle Einzelfehler.

Ist $G = \mathbb{Z}_m$, die additive Restklassengruppe modulo m, die Kontrollziffer gleich 0 und die Permutationen durch Gewichte $w \in \mathbb{Z}_m^*$ festgelegt, d.h. durch $\pi_w(x) = w{\cdot}x$, dann spricht man von einem Prüfziffernsystem. Prüfziffernsysteme der Länge n über einem Körper bilden $(n, n-1)$-Linearcodes. Sie erkennen alle Einzelfehler sowie im Falle paarweise verschiedener Gewichte auch alle Transpositionen.

Ein Beispiel für eine solches System ist die ISBN-Codierung, ein Prüfziffernsystem über dem Körper $\mathbb{F}_{11}$. Die EAN-Codierung ist ein Prüfziffernsystem über $\mathbb{Z}_{10}$, sie erkennt alle Einzelfehler, aber nicht alle Transpositionen.

6 Quantenalgorithmen

Quantencomputing, Quanteninformation, Quantenrechner, ... sind seit einigen Jahren Themen, die sowohl in der wissenschaftlichen Literatur als auch in populären Medien behandelt werden. Einige elementare Ideen lassen sich mithilfe von Begriffen und Methoden darstellen, die wir in den ersten Kapiteln dieses Buches kennen gelernt haben. Wir zeigen am Beispiel des Deutsch- und des Deutsch-Jozsa-Algorithmus, dass es Probleme gibt, die in einem gewissen Sinn effizienter mit Quanten-Algorithmen gelöst werden können als mit Algorithmen, die auf Rechner derzeitiger Technologie ausführbar sind.

Lernziele

Nach dem Durcharbeiten dieses Kapitels sollten Sie

- das Tensorprodukt von Vektoren bzw. Matrizen berechnen können,
- Eigenschaften unitärer Matrizen erklären können,
- den Unterschied zwischen klassischen Bits und Quantenbits verstehen,
- den Deutsch- und den Deutsch-Jozsa-Algorithmus erklären können.

6.1 Quantenzustände, Tensorprodukte und unitäre Matrizen

6.1.1 Quantenzustände

Komplexe Zahl **Realteil** **Imaginärteil** **Konjugierte** **Betrag**

Eine *komplexe Zahl* $z \in \mathbb{C}$ ist gegeben durch $z = a + bi$ mit dem *Realteil* $a \in \mathbb{R}$, dem *Imaginärteil* $b \in \mathbb{R}$ und $i^2 = -1$. Die *Konjugierte* zu z ist $z^* = a - bi$. $|z| = \sqrt{a^2 + b^2}$ heißt der *Betrag* von z. Es folgt

$$z \cdot z^* = z^* \cdot z = |z|^2 \tag{6.1}$$

Des Weiteren gilt für $x, y \in \mathbb{C}$

$$(x + y)^* = x^* + y^* \tag{6.2}$$

$$(x \cdot y)^* = x^* \cdot y^* \tag{6.3}$$

Inneres Produkt

Die Abbildung $\langle \,|\, \rangle : \mathbb{C}^n \times \mathbb{C}^n \to \mathbb{C}$ definiert durch

$$\langle \mathbf{x} \,|\, \mathbf{y} \rangle = \sum_{k=1}^{n} x_k^* y_k = x_1^* y_1 + \ldots + x_n^* y_n \tag{6.4}$$

ist ein *inneres Produkt*, denn für alle $\mathbf{x}, \mathbf{y}, \mathbf{z} \in \mathbb{C}^n$ und alle $\alpha, \beta \in \mathbb{C}$ sind die folgenden definierenden Eigenschaften eines inneren Produktes erfüllt (siehe auch Kapitel 1.6):

$$\langle \mathbf{x} \,|\, \mathbf{y} \rangle = \langle \mathbf{y} \,|\, \mathbf{x} \rangle^* \tag{6.5}$$

$$\langle \mathbf{x} \,|\, \mathbf{x} \rangle \geq 0 \text{ sowie } \langle \mathbf{x} \,|\, \mathbf{x} \rangle = 0 \text{ genau dann, wenn } \mathbf{x} = 0 \tag{6.6}$$

$$\langle \mathbf{x} \,|\, \alpha \mathbf{y} + \beta \mathbf{z} \rangle = \alpha \langle \mathbf{x} \,|\, \mathbf{y} \rangle + \beta \langle \mathbf{x} \,|\, \mathbf{z} \rangle \tag{6.7}$$

Übungsaufgaben

6.1 Es sei $\mathcal{V}$ ein Vektorraum über dem Körper $\mathbb{C}$ und $\mathbf{x}, \mathbf{y}, \mathbf{z} \in \mathcal{V}$ sowie $\alpha, \beta \in \mathbb{C}$. Zeigen Sie, dass dann gilt:
(1) $\langle \mathbf{x} \,|\, \mathbf{x} \rangle \in \mathbb{R}$ (insofern ist die Eigenschaft (6.6) sinnvoll).
(2) $\langle \alpha \mathbf{x} + \beta \mathbf{y} \,|\, \mathbf{z} \rangle = \alpha^* \langle \mathbf{x} \,|\, \mathbf{z} \rangle + \beta^* \langle \mathbf{y} \,|\, \mathbf{z} \rangle$.
(3) $\langle \mathbf{x} \,|\, \mathbf{0} \rangle = 0$. □

Aus (6.1) und (6.4) folgt

$$\langle \mathbf{x} \,|\, \mathbf{x} \rangle = \sum_{k=1}^{n} |x_k|^2 \tag{6.8}$$

Betrag Norm

Definition 6.1 **a)** Für $\mathbf{x} \in \mathbb{C}^n$, wird durch

$$||\mathbf{x}|| = \sqrt{\langle \mathbf{x} \,|\, \mathbf{x} \rangle} = \sqrt{\sum_{k=1}^{n} |x_k|^2} \tag{6.9}$$

der *Betrag* – oder auch die *Norm* – von $\mathbf{x}$ festgelegt.

Orthogonale Abbildung

b) Eine Abbildung $f : \mathbb{C}^n \to \mathbb{C}^n$ heißt *orthogonal* genau dann, wenn für alle $\mathbf{x}, \mathbf{y} \in \mathbb{C}^n$

$$\langle f(\mathbf{x}) \,|\, f((\mathbf{y}) \rangle = \langle \mathbf{x} \,|\, \mathbf{y} \rangle \tag{6.10}$$

gilt.

Längentreue Abbildung

c) Eine Abbildung $f : \mathbb{C}^n \to \mathbb{C}^n$ heißt *längentreu* genau dann, wenn für alle $\mathbf{x} \in \mathbb{C}^n$

$$||f(\mathbf{x})|| = ||\mathbf{x}|| \tag{6.11}$$

gilt. □

Folgerung 6.1 a) Für alle $\mathbf{x} \in \mathbb{C}^n$ gilt

$$||\mathbf{x}||^2 = \langle\, \mathbf{x} \,|\, \mathbf{x} \,\rangle \tag{6.12}$$

b) Ist $f : \mathbb{C}^n \to \mathbb{C}^n$ orthogonal, dann ist f auch längentreu.

Beweis a) folgt unmittelbar aus (6.9).

b) Mithilfe der Festlegungen in Definition 6.1 folgt

$$||f(\mathbf{x})|| = \sqrt{\langle\, f(\mathbf{x}) \,|\, f(\mathbf{x}) \,\rangle} = \sqrt{\langle\, \mathbf{x} \,|\, \mathbf{x} \,\rangle} = ||\mathbf{x}||$$

und damit die Behauptung. □

Vollständiger Vektorraum

Definition 6.2 Sei $\mathcal{V}$ ein normierter Vektorraum mit Norm $||\ ||$ über dem Körper $\mathbb{C}$. Gibt es für jede Folge von Vektoren $\{\mathbf{x_i}\}_{i\geq 1}$ in $\mathcal{V}$ mit $\lim_{m,n\to\infty} ||\mathbf{x_m} - \mathbf{x_n}|| = 0$ einen Vektor $\mathbf{x} \in \mathcal{V}$ mit $\lim_{k\to\infty} ||\mathbf{x_k} - \mathbf{x}|| = \mathbf{0}$, dann heißt $\mathcal{V}$ *vollständig* bezüglich $||\ ||$.[13] □

Hilbertraum

Definition 6.3 Sei $\mathcal{V}$ ein Vektorraum über $\mathbb{C}$ mit einem inneren Produkt und $||\ ||$ die von diesem Produkt induzierte Norm. Ist $\mathcal{V}$ vollständig bezüglich dieser Norm $||\ ||$, dann heißt $\mathcal{V}$ ein *Hilbertraum.*[14] Hilberträume bezeichnen wir im Folgenden im Allgemeinen mit $\mathcal{H}$. □

Beispiel 6.1 $\mathbb{C}^n$ mit der Norm (6.9) ist ein Hilbertraum über $\mathbb{C}$. □

Quantenzustand

Quantenzustände werden durch Vektoren $\mathbf{x} \in \mathcal{H}$ eines Hilbertraums beschrieben, für die $||\mathbf{x}|| = 1$ gilt. Ist $\mathcal{B} = \{\mathbf{x_1}, \ldots, \mathbf{x_n}\}$ eine *Orthonormalbasis* von $\mathcal{H}$, d.h. es gilt $\langle\, \mathbf{x_i} \,|\, \mathbf{x_j} \,\rangle = 0$ für $i \neq j$, die Baisvektoren sind orthogonal, sowie $||\mathbf{x_i}|| = 1$, $1 \leq i, j \leq n$, dann stellt $\mathbf{x} \in \mathcal{H}$ mit

$$\mathbf{x} = \sum_{k=1}^{n} \alpha_i \mathbf{x_i},\ \alpha_i \in \mathbb{C},\ 1 \leq i \leq n$$

genau dann einen Quantenzustand dar, wenn für die Koordinaten

$$\mathbf{x}^{\mathcal{B}} = (\alpha_1, \ldots, \alpha_n) \in \mathbb{C}^n$$

von $\mathbf{x}$ gilt

$$||\mathbf{x}||^2 = \sum_{k=1}^{n} |\alpha_i|^2 = 1$$

Bei allen folgenden Betrachtungen gehen wir davon aus, dass Quantenzustände bezüglich einer festen Orthonormalbasis dargestellt werden. Die Quantenzustände von $\mathcal{H}$ fassen wir in der Menge $\mathcal{H}_1$ zusammen:

$$\mathcal{H}_1 = \left\{ \mathbf{x} \in \mathcal{H} : ||\mathbf{x}||^2 = 1 \right\}$$

13 Die Vollständigkeit von Vektorräumen hat im Folgenden keine unmittelbare Bedeutung. Der Begriff wird nur eingeführt für die folgende Definition von Hilberträumen.

14 David Hilbert, 1862 - 1943, deutscher Mathematiker, gilt als einer der bedeutendsten Mathematiker aller Zeiten. Er leistete fundamentale Beiträge zu vielen Gebieten der Mathematik und der mathematischen Physik, viele seiner Arbeiten sind Ausgangspunkte für neue, eigenständige Forschungsgebiete.

Die Messung M eines Quantenzustandes $\mathbf{x}$ liefert mit Wahrscheinlichkeit $|\alpha_i|^2$ den Zustand $\mathbf{x}_i$:

$$Prob\,[\,M(\mathbf{x}) = \mathbf{x}_i\,] = |\alpha_i|^2 \tag{6.13}$$

Messung

Die Messung des Ergebnisses $\mathbf{x}_i$ bewirkt, dass $\alpha_j = 0$ für $j \neq i$ und $\alpha_i = 1$ wird, d.h. $\mathbf{x}$ wechselt in den gemessenen Basiszustand. Die Koordinaten α_i von $\mathbf{x}$ heißen *Wahrscheinlichkeitsamplituden*.

Wahrscheinlichkeitsamplituden

6.1.2 Tensorprodukte

Neben dem inneren Produkt benötigen wir noch ein weiteres Produkt, das Tensorprodukt, was wir allgemein für Matrizen definieren; das Tensorprodukt für Vektoren ergibt sich daraus als Spezialfall.

Tensorprodukt

Definition 6.4 Sei $\mathcal{K}$ ein Körper sowie $\mathbf{A} \in \mathcal{M}_{kl}^{\mathcal{K}}$ und $\mathbf{B} \in \mathcal{M}_{mn}^{\mathcal{K}}$, dann ist das *Tensorprodukt* von $\mathbf{A}$ und $\mathbf{B}$ definiert durch

$$\mathbf{A} \otimes \mathbf{B} = \begin{pmatrix} a_{11} \cdot \mathbf{B} & \dots & a_{1l} \cdot \mathbf{B} \\ a_{21} \cdot \mathbf{B} & \dots & a_{2l} \cdot \mathbf{B} \\ \vdots & \vdots & \vdots \\ a_{k1} \cdot \mathbf{B} & \dots & a_{kl} \cdot \mathbf{B} \end{pmatrix} \tag{6.14}$$

Es folgt: $\mathbf{A} \otimes \mathbf{B} \in \mathcal{M}_{km,ln}^{\mathcal{K}}$. □

Beispiel 6.2 Es seien $\mathbf{A}, \mathbf{B} \in \mathcal{M}_2^{\mathcal{K}}$ mit

$$\mathbf{A} = \begin{pmatrix} a & b \\ c & d \end{pmatrix} \text{ und } \mathbf{B} = \begin{pmatrix} e & f \\ g & h \end{pmatrix}$$

dann ist

$$\mathbf{A} \otimes \mathbf{B} = \begin{pmatrix} a \cdot \mathbf{B} & b \cdot \mathbf{B} \\ c \cdot \mathbf{B} & d \cdot \mathbf{B} \end{pmatrix} = \begin{pmatrix} ae & af & be & bf \\ ag & ah & bg & bh \\ ce & cf & de & df \\ cg & ch & dg & dh \end{pmatrix}$$

Es ist $\mathbf{A} \otimes \mathbf{B} \in \mathcal{M}_4^{\mathcal{K}}$. □

Für den Spezialfall von Vektoren $\mathbf{x} = (x_1, \dots, x_m) \in \mathcal{K}^m$ und $\mathbf{y} = (y_1, \dots, y_n) \in \mathcal{K}^n$ gilt $\mathbf{x} \otimes \mathbf{y} =$

$$(x_1y_1, x_1y_2, \dots, x_1y_n, x_2y_1, x_2y_2, \dots, x_2y_n, \dots, \dots, x_my_1, x_my_2, \dots, x_my_n)$$

und $\mathbf{x} \otimes \mathbf{y} \in \mathcal{K}^{mn}$.

Man kann zeigen, dass für $\mathbf{x} \in \mathcal{K}^m$, $\mathbf{y} \in \mathcal{K}^n$, $\mathbf{A} \in \mathcal{M}_{m \cdot n}^{\mathcal{K}}$, $\mathbf{B} \in \mathcal{M}_m^{\mathcal{K}}$, $\mathbf{C} \in \mathcal{M}_n^{\mathcal{K}}$ mit $\mathbf{A} = \mathbf{B} \otimes \mathbf{C}$ gilt

$$\mathbf{A} \cdot (\mathbf{x} \otimes y) = (\mathbf{B} \cdot \mathbf{x}) \otimes (\mathbf{C} \cdot \mathbf{y}) \tag{6.15}$$

Es seien $\{\mathbf{x_1}, \ldots, \mathbf{x_m}\}$ und $\{\mathbf{y_1}, \ldots, \mathbf{y_n}\}$ Orthonormalbasen der Hilberträume $\mathcal{H}$ und $\mathcal{H}'$, dann bildet die Menge

$$\{\mathbf{x_i} \otimes \mathbf{y_j} \mid 1 \leq i \leq m,\ 1 \leq j \leq n\}$$

der paarweisen Tensorprodukte beider Basen eine Orthonormalbasis für den Hilbertraum $\mathcal{H} \otimes \mathcal{H}' = \{\mathbf{x} \otimes \mathbf{y} \mid \mathbf{x} \in \mathcal{H},\ \mathbf{y} \in \mathcal{H}'\}$; dieser Raum hat die Dimension $m{\cdot}n$. Für die Zustände $\mathbf{x} \in \mathcal{H}$ und $\mathbf{y} \in \mathcal{H}'$ nennen wir $\mathbf{x}{\otimes}\mathbf{y} \in \mathcal{H}{\otimes}\mathcal{H}'$ *Produktzustand* von $\mathbf{x}$ und $\mathbf{y}$. In den nächsten Kapiteln betrachten wir (fortgesetzte) Produktbildungen von Hilberträumen $\mathcal{H}$ mit sich selbst:

Produktzustand

$$\begin{aligned} \mathcal{H}^{\otimes 1} &= \mathcal{H} \\ \mathcal{H}^{\otimes n} &= \mathcal{H}^{\otimes n-1} \otimes \mathcal{H} \ \text{ für } n \geq 2 \end{aligned} \tag{6.16}$$

Für Quantenzustände $\mathbf{x} \in \mathcal{H}_1$ und $\mathbf{y} \in \mathcal{H}_1'$ gilt (rechnen Sie nach!)

$$||\mathbf{x} \otimes \mathbf{y}||^2 = \langle\, \mathbf{x} \otimes \mathbf{y} \,|\, \mathbf{x} \otimes \mathbf{y} \,\rangle = \langle\, \mathbf{x} \,|\, \mathbf{x} \,\rangle \cdot \langle\, \mathbf{y} \,|\, \mathbf{y} \,\rangle = ||\mathbf{x}||^2 \cdot ||\mathbf{y}||^2 = 1 \cdot 1 = 1$$

Der Produktzustand von zwei Quantenzuständen ist also ebenfalls ein Quantenzustand: Aus $\mathbf{x} \in \mathcal{H}_1$ und $\mathbf{y} \in \mathcal{H}_1'$, folgt also $\mathbf{x} \otimes \mathbf{y} \in \mathcal{H}_1 \otimes \mathcal{H}_1'$. $\mathcal{H}_1 \otimes \mathcal{H}_1'$ heißt der *Produktraum* von $\mathcal{H}_1$ und $\mathcal{H}_1'$.

Produktraum

Nicht alle Quantenzustände im Produktraum $\mathcal{H}_1 \otimes \mathcal{H}_1$ sind Produkte von Quantenzuständen aus $\mathcal{H}_1$, d.h. es gibt $\mathbf{z} \in \mathcal{H}_1^{\otimes 2}$, zu denen es keine $\mathbf{x}, \mathbf{y} \in \mathcal{H}_1$ gibt mit $\mathbf{z} = \mathbf{x} \otimes \mathbf{y}$ (das Tensorprodukt $\otimes : \mathcal{H}_1 \times \mathcal{H}_1 \to \mathcal{H}_1^{\otimes 2}$ ist also nicht surjektiv). Solche Quantenzustände werden *verschränkt* genannt. Quantenzustände $\mathbf{z} \in \mathcal{H}_1^{\otimes 2}$, die Produkte von Quantenzuständen $\mathbf{x}, \mathbf{y} \in \mathcal{H}_1$ sind, heißen *separabel*. Im nächsten Kapitel werden wir Beispiele für verschränkte und separable Quantenzustände kennen lernen. Das Phänomen der Verschränkung ist wesentlich für den Unterschied von Quantenalgorithmen zu konventionellen Algorithmen.

Verschränkter Quantenzustand

Separabler Quantenzustand

6.1.3 Unitäre Matrizen

Übergänge von Quantenzuständen $\mathbf{x} \in \mathcal{H}_1$ müssen mit Abbildungen $\mathbf{F}$ beschrieben werden, die gewährleisten, dass der Folgezustand $\mathbf{y} = \mathbf{F}(\mathbf{x})$ wieder ein Quantenzustand, d.h. $\mathbf{y} \in \mathcal{H}_1$ ist.

Definition 6.5 Es sei $\mathbf{A} \in \mathcal{M}_n^{\mathbb{C}}$, dann setzen wir $\mathbf{A}^* = \left(\mathbf{a}_{ij}^*\right)$. Es gilt $\left(\mathbf{A}^T\right)^* = (\mathbf{A}^*)^T$. Wir setzen weiterhin $\mathbf{A}^\dagger = \left(\mathbf{A}^T\right)^* = (\mathbf{A}^*)^T$.

Eine Matrix $\mathbf{A} \in \mathcal{M}_n^{\mathbb{C}}$ heißt *unitär* genau dann, wenn $\mathbf{A}^{-1} = \mathbf{A}^\dagger$ ist, d.h. wenn $\mathbf{A} \cdot \mathbf{A}^\dagger = \mathbf{A}^\dagger \cdot \mathbf{A} = \mathbf{E_n}$ ist. □

Unitäre Matrix

Folgerung 6.2 a) Für $\mathbf{A} \in \mathcal{M}_n^{\mathbb{R}}$ gilt $\mathbf{A}^* = \mathbf{A}$ und $\mathbf{A}^\dagger = \mathbf{A}^T$.

b) Ist $\mathbf{A} \in \mathcal{M}_n^{\mathbb{C}}$ unitär, dann ist auch $\mathbf{A}^\dagger$ unitär.

c) Für $\mathbf{A}, \mathbf{B} \in \mathcal{M}_n^{\mathbb{C}}$ gilt

$$(\mathbf{A} \cdot \mathbf{B})^\dagger = \mathbf{B}^\dagger \cdot \mathbf{A}^\dagger \tag{6.17}$$

d) Sind $\mathbf{A}, \mathbf{B} \in \mathcal{M}_n^{\mathbb{C}}$ unitär, dann ist auch $\mathbf{A} \cdot \mathbf{B}$ unitär.

Beweis **a)** und **b)** sind offensichtlich.

c) Mit Definition 6.5, Folgerung 2.1 c) und Gleichung (6.3) gilt

$$(\mathbf{A} \cdot \mathbf{B})^\dagger = \left((\mathbf{A} \cdot \mathbf{B})^T\right)^* = \left(\mathbf{B}^T \cdot \mathbf{A}^T\right)^* = \left(\mathbf{B}^T\right)^* \cdot \left(\mathbf{A}^T\right)^* = \mathbf{B}^\dagger \cdot \mathbf{A}^\dagger$$

womit die Behauptung gezeigt ist.

d) Da $\mathbf{A}$ und $\mathbf{B}$ unitär sind, gilt $\mathbf{A}^{-1} = \mathbf{A}^\dagger$ und $\mathbf{B}^{-1} = \mathbf{B}^\dagger$. Damit und mithilfe von c) gilt

$$(\mathbf{A} \cdot \mathbf{B})^\dagger = \mathbf{B}^\dagger \cdot \mathbf{A}^\dagger = \mathbf{B}^{-1} \cdot \mathbf{A}^{-1} = (\mathbf{A} \cdot \mathbf{B})^{-1}$$

womit die Behauptung gezeigt ist. □

Die unitären Matrizen sichern die eingangs des Abschnitts geforderte Eigenschaft für Übergänge von Quantenzuständen, denn es gilt für $\mathbf{x} \in \mathcal{H}_1$ und einer unitären Matrix $\mathbf{U}$ mit $\mathbf{y} = \mathbf{U} \cdot \mathbf{x}$

$$||\mathbf{y}||^2 = \langle\, \mathbf{y} \,|\, \mathbf{y} \,\rangle = \langle\, \mathbf{U} \cdot \mathbf{x} \,|\, \mathbf{U} \cdot \mathbf{x} \,\rangle = \langle\, \mathbf{U}^\dagger \cdot \mathbf{U} \cdot \mathbf{x} \,|\, \mathbf{x} \,\rangle = \langle\, \mathbf{x} \,|\, \mathbf{x} \,\rangle = ||\mathbf{x}||^2 = 1$$

und damit $\mathbf{y} \in \mathcal{H}_1$.

Des Weiteren gilt für $\mathbf{x}, \mathbf{y} \in \mathcal{H}_1$

$$\langle\, \mathbf{U} \cdot \mathbf{x} \,|\, \mathbf{U} \cdot \mathbf{y} \,\rangle = \langle\, \mathbf{U}^\dagger \cdot \mathbf{U} \cdot \mathbf{x} \,|\, \mathbf{y} \,\rangle = \langle\, \mathbf{x} \,|\, \mathbf{y} \,\rangle$$

Folgerung 6.3 Die durch unitäre Matrizen festgelegten Abbildungen sind orthogonal und längentreu. □

Damit sind unitäre Abbildungen geeignet für die Definition von Übergängen zwischen Quantenzuständen. Wir betrachten im Folgenden wichtige Beispiele von unitären Matrizen.

Hadamard-Matrix

Beispiel 6.3 **a)** Eine für Quantenalgorithmen bedeutende unitäre Matrix ist die *Hadamard-Matrix*[15]

$$\mathbf{H_1} = \frac{1}{\sqrt{2}} \begin{pmatrix} 1 & 1 \\ 1 & -1 \end{pmatrix} \tag{6.18}$$

15 Jacques Salomon Hadamard, 1865 - 1963, französischer Mathematiker, lieferte wesentliche Beiträge zu verschiedenen Gebieten der Mathematik und der matehmatischen Physik. Unter anderem bewies er 1896 gleichzeitig, aber unabhängig von Jean Charles La Vallée-Poussin, 1866 - 1962, belgischer Mathematiker, den Primzahlsatz, der besagt, dass sich die Anzahl der Primzahlen kleiner gleich einer Zahl x ungefähr wie $\frac{x}{\ln x}$ verhält. Die Gültigkeit dieses Verhältnisses hatten bereits der (15-jährige) Gauss 1793 und unabhängig von ihm der französische Mathematiker Adrien-Marie Legendre 1798 vermutet.

b) Ebenso sind für $n \geq 1$ die Tensorprodukte

$$\mathbf{H}_{n+1} = \mathbf{H}_1 \otimes \mathbf{H}_n \tag{6.19}$$

wie z.B.

$$\mathbf{H}_2 = \mathbf{H}_1 \otimes \mathbf{H}_1 = \frac{1}{2}\begin{pmatrix} 1 & 1 & 1 & 1 \\ 1 & -1 & 1 & -1 \\ 1 & 1 & -1 & -1 \\ 1 & -1 & -1 & 1 \end{pmatrix} \tag{6.20}$$

unitäre Matrizen.

c) Es sei $\mathcal{K}$ ein Körper und $\mathbf{e}_i = (e_{i1}, \ldots, e_{in}) \in \mathcal{K}^n$, $1 \leq i \leq n$, mit $e_{ii} = 1$ und $e_{ij} = 0$ für $i \neq j$, die *Einheitsvektoren* des Vektorraums $\mathcal{K}^n$ (siehe Beispiel 1.3 a). Des Weiteren sei $\pi : \{1, \ldots, n\} \to \{1, \ldots, n\}$ eine Permutation. Dann heißt

Einheitsvektoren

$$\mathbf{S}_\pi = \begin{pmatrix} e_{\pi(1)} \\ e_{\pi(2)} \\ \vdots \\ e_{\pi(n)} \end{pmatrix} \tag{6.21}$$

Permutationsmatrix. Jede der $n!$ vielen Permutationsmatrizen ist unitär.

Permutationsmatrix

d) Spezielle Permutationsmatrizen und damit unitäre Matrizen, die wir im Folgenden noch benötigen, sind

(1) die Einheitsmatrizen $\mathbf{E}_n$;

(2) die *CNOT-Gatter* $\mathbf{C}_n$, $n \geq 1$, definiert durch $\mathbf{C}_n = \mathbf{C}(2^n - 1, 2^n) \cdot \mathbf{E}_{2^n}$. $\mathbf{C}_n$ entsteht also aus der $2^n \times 2^n$-Einheitsmatrix, indem deren beiden letzten Zeilen vertauscht werden. Es ist also z.B.

$$\mathbf{C}_1 = \begin{pmatrix} 0 & 1 \\ 1 & 0 \end{pmatrix} \tag{6.22}$$

$$\mathbf{C}_2 = \begin{pmatrix} 1 & 0 & 0 & 0 \\ 0 & 1 & 0 & 0 \\ 0 & 0 & 0 & 1 \\ 0 & 0 & 1 & 0 \end{pmatrix} \tag{6.23}$$

Die Anwendung der *CNOT-Gatter* $\mathbf{C}_n$ auf einen Vektor $(x_1, \ldots, x_{2^n})$ bewirkt also die Vertauschung der beiden letzten Komponenten x_{2^n-1} und x_{2^n}. □

Übungsaufgaben

6.2 Beweisen Sie, dass

(1) die im Beispiel 6.3 vorgestellten Matrizen unitär sind;

(2) die folgenden Matrizen unitär sind:

$$\mathbf{Y_0} = \begin{pmatrix} 0 & -1 \\ 1 & 0 \end{pmatrix} \qquad \mathbf{Y} = \begin{pmatrix} 0 & -i \\ i & 0 \end{pmatrix}$$

$$\mathbf{Z} = \begin{pmatrix} 1 & 0 \\ 0 & -1 \end{pmatrix} \qquad \mathbf{S} = \begin{pmatrix} 1 & 0 \\ 0 & i \end{pmatrix}$$

$$\mathbf{T} = \begin{pmatrix} 1 & 0 \\ 0 & \sqrt{i} \end{pmatrix}$$

$$\mathbf{SH} = \begin{pmatrix} 1 & 0 & \dots & 0 & 0 \\ 0 & 1 & \dots & 0 & 0 \\ \vdots & \vdots & \ddots & \vdots & \vdots \\ 0 & 0 & \dots & 1 & 0 \\ 0 & 0 & \dots & 0 & \sqrt{i} \end{pmatrix}$$

(die waagerechten und senkrechten Punkte stehen für Nullen, die diagonalen Punkte für Einsen; **SH** ist eine Verallgemeinerung von **T**)

$$\mathbf{A} = \frac{1}{\sqrt{3}} \begin{pmatrix} 1 & 0 & -1 & 1 \\ 0 & 1 & 1 & 1 \\ 1 & -1 & 1 & 0 \\ 1 & 1 & 0 & -1 \end{pmatrix}$$

□

6.2 Quantenbits

Quantenbit
Qubit

Die konventionellen Bits 0 und 1 erlauben die Darstellung von genau zwei Zuständen x_1 und x_2, z.B. *schwarz* und *weiß*, *Kopf* und *Zahl*, *falsch* und *wahr*. Ein *Quantenbit*, kurz *Qubit*, wird durch einen Quantenzustand $\mathbf{x}$ des zweidimensionalen Hilbertraums $\mathcal{H}_1$ repräsentiert. Ist $\{\mathbf{x_1}, \mathbf{x_2}\}$ eine (Orthonormal-) Basis von $\mathcal{H}_1$, dann ist (siehe Abschnitt 6.1.1)

$$\mathbf{x} = \alpha_1 \mathbf{x_1} + \alpha_2 \mathbf{x_2} \text{ mit } \alpha_1, \alpha_2 \in \mathbb{C} \text{ und } ||\mathbf{x}||^2 = |\alpha_1|^2 + |\alpha_2|^2 = 1 \quad (6.24)$$

Das Qubit $\mathbf{x}$ hat nicht nur zwei Zustände, sondern alle Amplituden, die (6.24) erfüllen, legen mögliche Zustände fest. Die Amplituden legen eine *Überlagerung*, auch *Superposition* genannt, der beiden Zustände $\mathbf{x_1}$ und $\mathbf{x_2}$ zum Quantenzustand $\mathbf{x}$ fest. Superposition ist ein weiterer wesentlicher Unterschied zwischen Quantenalgorithmen und konventionellen Algorithmen.

Überlagerung
Superposition

In der Quantenmechanik ist es üblich, (physikalische) Zustände durch eine auf P. Dirac[16] zurückgehende Notation darzustellen, nämlich in der so genannten *Ket-Notation*: Ein Element $\mathbf{x}$ aus einem n-dimensionalen Hilbertraum wird dargestellt als Ket

Ket-Notation

$$|\mathbf{x}\rangle = \begin{pmatrix} x_1 \\ x_2 \\ \vdots \\ x_n \end{pmatrix}$$

Wir stellen die beiden Basisektoren $(1,0)$ und $(0,1)$ des zweidimensionalen Hilbertraums $\mathcal{H}$ jetzt in Ket-Notation dar:

$$|\mathbf{0}\rangle = \begin{pmatrix} 1 \\ 0 \end{pmatrix}$$

$$|\mathbf{1}\rangle = \begin{pmatrix} 0 \\ 1 \end{pmatrix}$$

Ein Qubit $|\mathbf{x}\rangle$ ist dann gegeben durch

$$|\mathbf{x}\rangle = \alpha|\mathbf{0}\rangle + \beta|\mathbf{1}\rangle = \alpha\begin{pmatrix} 1 \\ 0 \end{pmatrix} + \beta\begin{pmatrix} 0 \\ 1 \end{pmatrix} = \begin{pmatrix} \alpha \\ \beta \end{pmatrix} \tag{6.25}$$

mit den Amplituden $\alpha, \beta \in \mathbb{C}$ mit

$$|\alpha|^2 + |\beta|^2 = 1 \tag{6.26}$$

Eine Messung M von $|\mathbf{x}\rangle$ (bezüglich der Basis $\{|\mathbf{0}\rangle, |\mathbf{1}\rangle\}$) liefert mit der Wahrscheinlichkeit $|\alpha|^2$ den Zustand $|\mathbf{0}\rangle$ bzw. mit Wahrscheinlichkeit $|\beta|^2$ den Zustand $|\mathbf{1}\rangle$:

Messung

$$\mathit{Prob}\,[\,M(|\mathbf{x}\rangle) = |\mathbf{0}\rangle\,] = |\alpha|^2$$
$$\mathit{Prob}\,[\,M(|\mathbf{x}\rangle) = |\mathbf{1}\rangle\,] = |\beta|^2$$

Anschließend ist

$$|\mathbf{x}\rangle = 1 \cdot |\mathbf{0}\rangle + 0 \cdot |\mathbf{1}\rangle = |\mathbf{0}\rangle = \begin{pmatrix} 1 \\ 0 \end{pmatrix}$$

16 Paul Adrien Maurice Dirac, 1902 - 1984, britischer Pysiker, war Mitbegründer der Quantenphysik und leistete viele wesentliche Beiträge zur Mathematischen Physik. Er erhielt 1933 (zusammen mit Erwin Schrödinger) den Nobelpreis für Physik.

wenn das Ergebnis $|\mathbf{0}\rangle$ war, oder es ist

$$|\mathbf{x}\rangle = 0 \cdot |\mathbf{0}\rangle + 1 \cdot |\mathbf{1}\rangle = |\mathbf{1}\rangle = \begin{pmatrix} 0 \\ 1 \end{pmatrix}$$

wenn das Ergebnis $|\mathbf{1}\rangle$ war.

Beispiel 6.4 **a)** Wir wollen das Ergebnis eines Münzwurf als Superposition der Zustände „*K*opf“ und „*Z*ahl“ beschreiben. Dazu stellen wir K als $|\mathbf{0}\rangle$ und Z als $|\mathbf{1}\rangle$ dar und wählen als Amplituden $\alpha = \beta = \frac{1}{\sqrt{2}}$. Das Ergebnis „*K*opf *o*der *Z*ahl“ des Münzwurfs ist dann der überlagerte Zustand

$$|\mathbf{KoZ}\rangle = \frac{1}{\sqrt{2}}\,|\mathbf{0}\rangle + \frac{1}{\sqrt{2}}\,|\mathbf{1}\rangle = \frac{1}{\sqrt{2}} \begin{pmatrix} 1 \\ 1 \end{pmatrix}$$

Es gilt dann

$$\mathit{Prob}[M(|\mathbf{KoZ}\rangle) = |\mathbf{0}\rangle] = \left|\frac{1}{\sqrt{2}}\right|^2 = \frac{1}{2}$$

$$\mathit{Prob}[M(|\mathbf{KoZ}\rangle) = |\mathbf{1}\rangle] = \left|\frac{1}{\sqrt{2}}\right|^2 = \frac{1}{2}$$

Die Messung des Quantenzustands $|\mathbf{KoZ}\rangle$ liefert also (bezüglich der Basis $\{\,|\mathbf{0}\rangle, |\mathbf{1}\rangle\,\}$) mit jeweils Wahrscheinlichkeit $\frac{1}{2}$ den Zustand *K*opf oder den Zustand *Z*ahl.

b) Wählen wir als Amplituden $\alpha = \frac{\sqrt{7}}{4}$ und $\beta = \frac{3}{4}$, dann ist das Ergebnis „*K*opf *o*der *Z*ahl“ des Münzwurfs der überlagerte Zustand

$$|\mathbf{KoZ}\rangle = \frac{\sqrt{7}}{4}\,|\mathbf{0}\rangle + \frac{3}{4}\,|\mathbf{1}\rangle = \frac{1}{4} \begin{pmatrix} \sqrt{7} \\ 3 \end{pmatrix}$$

Es gilt dann

$$\mathit{Prob}[M(|\mathbf{KoZ}\rangle) = |\mathbf{0}\rangle] = \left|\frac{\sqrt{7}}{4}\right|^2 = \frac{7}{16}$$

$$\mathit{Prob}[M(|\mathbf{KoZ}\rangle) = |\mathbf{1}\rangle] = \left|\frac{3}{4}\right|^2 = \frac{9}{16}$$

Die Messung des Quantenzustands $|\mathbf{KoZ}\rangle$ liefert jetzt (bezüglich der Basis $\{\,|\mathbf{0}\rangle, |\mathbf{1}\rangle\,\}$) mit der Wahrscheinlichkeit $\frac{7}{16}$ das Ergebnis *K*opf und mit Wahrscheinlichkeit $\frac{9}{16}$ das Ergebnis *Z*ahl. □

Für Tensorprodukte $|\mathbf{x}\rangle \otimes |\mathbf{y}\rangle$ von Qubits $|\mathbf{x}\rangle$ und $|\mathbf{y}\rangle$ schreiben wir auch kürzer $|\mathbf{x}\rangle|\mathbf{y}\rangle$ oder $|\mathbf{x}, \mathbf{y}\rangle$ oder auch $|\mathbf{xy}\rangle$, wenn es nicht nötig ist, die Trennung von $\mathbf{x}$ und $\mathbf{y}$ sichtbar zu machen. Mit dieser Schreibweise erhalten wir durch Tensorproduktbildung der beiden Basisvektoren $|\mathbf{0}\rangle$ und $|\mathbf{1}\rangle$ von $\mathcal{H}$ die folgenden Basisvektoren von $\mathcal{H}^{\otimes 2}$:

$$|\mathbf{0\,0}\rangle = \begin{pmatrix}1\\0\end{pmatrix} \otimes \begin{pmatrix}1\\0\end{pmatrix} = \begin{pmatrix}1\\0\\0\\0\end{pmatrix} \tag{6.27}$$

$$|\mathbf{0\,1}\rangle = \begin{pmatrix}1\\0\end{pmatrix} \otimes \begin{pmatrix}0\\1\end{pmatrix} = \begin{pmatrix}0\\1\\0\\0\end{pmatrix} \tag{6.28}$$

$$|\mathbf{1\,0}\rangle = \begin{pmatrix}0\\1\end{pmatrix} \otimes \begin{pmatrix}1\\0\end{pmatrix} = \begin{pmatrix}0\\0\\1\\0\end{pmatrix} \tag{6.29}$$

$$|\mathbf{1\,1}\rangle = \begin{pmatrix}0\\1\end{pmatrix} \otimes \begin{pmatrix}0\\1\end{pmatrix} = \begin{pmatrix}0\\0\\0\\1\end{pmatrix} \tag{6.30}$$

Diese Tensorproduktbildung der jeweiligen Basisvektoren kann entsprechen fortgesetzt werden; so ist z.B.

$$|\mathbf{000}\rangle = |0\rangle \otimes |00\rangle = \begin{pmatrix}1\\0\end{pmatrix} \otimes \begin{pmatrix}1\\0\\0\\0\end{pmatrix} = \begin{pmatrix}1\\0\\0\\0\\0\\0\\0\\0\end{pmatrix}$$

$$|\mathbf{111}\rangle = |1\rangle \otimes |11\rangle = \begin{pmatrix}0\\1\end{pmatrix} \otimes \begin{pmatrix}0\\0\\0\\1\end{pmatrix} = \begin{pmatrix}0\\0\\0\\0\\0\\0\\0\\1\end{pmatrix}$$

Überlegen Sie, dass die Menge $\{|\mathbf{x_0 x_1 x_2}\rangle \mid \mathbf{x}_i \in \{\mathbf{0}, \mathbf{1}\}, 0 \leq i \leq 2\}$ eine Einheitsbasis für $\mathcal{H}^{\otimes 3}$ bildet!

Allgemein bildet die Menge

$$\{|\mathbf{x_0} \ldots \mathbf{x_{n-1}}\rangle \mid \mathbf{x}_i \in \{\mathbf{0}, \mathbf{1}\}, 0 \leq i \leq n-1\} \tag{6.31}$$

n-Qubit-Register

eine Einheitsbasis für $\mathcal{H}^{\otimes n}$. Wir nennen $|\mathbf{x_0} \ldots \mathbf{x_{n-1}}\rangle$ ein *Qubit der Länge* n oder auch *n-Qubit-Register*. „Ausgerechnet" besteht ein n-Qubit-Register aus einem Bitvektor der Länge 2^n. Als Ket $|\mathbf{x_0} \ldots \mathbf{x_{n-1}}\rangle$ kommen genau die Elemente von $\mathbb{F}_2^n$ vor.

Aus den obigen Definitionen und Überlegungen ergibt sich für $|\mathbf{x}\rangle = \alpha_0|\mathbf{0}\rangle + \alpha_1|\mathbf{1}\rangle$ und $|\mathbf{y}\rangle = \beta_0|\mathbf{0}\rangle + \beta_1|\mathbf{1}\rangle$

$$|\mathbf{xy}\rangle = (\,\alpha_0|\mathbf{0}\rangle + \alpha_1|\mathbf{1}\rangle\,) \otimes (\,\beta_0|\mathbf{0}\rangle + \beta_1|\mathbf{1}\rangle\,) \tag{6.32}$$

$$= \left(\alpha_0 \begin{pmatrix}1\\0\end{pmatrix} + \alpha_1 \begin{pmatrix}0\\1\end{pmatrix}\right) \otimes \left(\beta_0 \begin{pmatrix}1\\0\end{pmatrix} + \beta_1 \begin{pmatrix}0\\1\end{pmatrix}\right) \tag{6.33}$$

$$= \begin{pmatrix}\alpha_0\\\alpha_1\end{pmatrix} \otimes \begin{pmatrix}\beta_0\\\beta_1\end{pmatrix} \tag{6.34}$$

$$= \begin{pmatrix}\alpha_0\beta_0\\\alpha_0\beta_1\\\alpha_1\beta_0\\\alpha_1\beta_1\end{pmatrix} \tag{6.35}$$

$$= \alpha_0\beta_0 \begin{pmatrix}1\\0\\0\\0\end{pmatrix} + \alpha_0\beta_1 \begin{pmatrix}0\\1\\0\\0\end{pmatrix} + \alpha_1\beta_0 \begin{pmatrix}0\\0\\1\\0\end{pmatrix} + \alpha_1\beta_1 \begin{pmatrix}0\\0\\0\\1\end{pmatrix} \tag{6.36}$$

$$= \alpha_0\beta_0|\mathbf{00}\rangle + \alpha_0\beta_1|\mathbf{01}\rangle + \alpha_1\beta_0|\mathbf{10}\rangle + \alpha_1\beta_1|\mathbf{11}\rangle \tag{6.37}$$

Bemerkung 6.1 Wenn man sich das Ergebnis (6.37) anschaut und mit der auszurechnenden Aufgabe (6.32) vergleicht, erkennt man, dass man das Ergebnis auch durch „normales Ausmultiplizieren" erreicht hätte. Wenn wir nämlich $|\mathbf{0}\rangle$ durch a, $|\mathbf{1}\rangle$ durch b und $\otimes$ durch $\cdot$ ersetzen, können wir ganz einfach ausmultiplizieren:

$$(\,\alpha_0 a + \alpha_1 b\,) \cdot (\,\beta_0 a + \beta_1 b\,) = \alpha_0\beta_0 aa + \alpha_0\beta_1 ab + \alpha_1\beta_0 ba + \alpha_1\beta_1 bb$$

Wenn wir a und b jetzt wieder zurücksetzen, bekommen wir das Ergebnis (6.37). Die Schritte (6.33) bis (6.36) wären also gar nicht nötig gewesen.

Hier zeigt sich der Vorteil der Ket-Notation, den wir im Folgenden nutzen werden, indem wir eine umständliche Rechnung wie oben vermeiden. □

Wir wissen zwar schon aus allgemeinen Betrachtungen des vorigen Kapitels, dass (6.37) wieder ein Qubit ist, wenn $|\mathbf{x}\rangle$ und $|\mathbf{y}\rangle$ Qubits sind. Wir wollen das aber für diesen speziellen Fall jetzt nachrechen: Sind $|\mathbf{x}\rangle = \alpha_0|\mathbf{0}\rangle + \alpha_1|\mathbf{1}\rangle$ und $|\mathbf{y}\rangle = \beta_0|\mathbf{0}\rangle + \beta_1|\mathbf{1}\rangle$ Qubits, dann gilt $|\alpha_0|^2 + |\alpha_1|^2 = 1$ und $|\beta_0|^2 + |\beta_1|^2 = 1$. Wir müssen zeigen, dass dann auch

$$|\alpha_0\beta_0|^2 + |\alpha_0\beta_1|^2 + |\alpha_1\beta_0|^2 + |\alpha_1\beta_0|^2 = 1$$

ist. Wir rechnen: $|\alpha_0\beta_0|^2 + |\alpha_0\beta_1|^2 + |\alpha_1\beta_0|^2 + |\alpha_1\beta_0|^2$

$$\begin{aligned}
&= |\alpha_0|^2\,|\beta_0|^2 + |\alpha_0|^2\,|\beta_1|^2 + |\alpha_1|^2\,|\beta_0|^2 + |\alpha_1|^2\,|\beta_0|^2 \\
&= |\alpha_0|^2\left(|\beta_0|^2 + |\beta_1|^2\right) + |\alpha_1|^2\left(|\beta_0|^2 + |\beta_0|^2\right) \\
&= \left(|\alpha_0|^2 + |\alpha_1|^2\right)\left(|\beta_0|^2 + |\beta_1|^2\right) \\
&= 1 \cdot 1 \\
&= 1
\end{aligned}$$

und erhalten das erwünschte Ergebnis.

Am Ende von Abschnitt 6.1.2 wird angekündigt, dass wir noch konkrete verschränkte Quantenzustände kennen lernen. Als Beispiel betrachten wir das Qubit

$$\mathbf{\Phi}^+ = \frac{1}{\sqrt{2}}\left(|\mathbf{00}\rangle + |\mathbf{11}\rangle\right) \tag{6.38}$$

und nehmen an, es sei separabel, d.h. wir nehmen an, dass $|\mathbf{x}\rangle = \alpha_0|\mathbf{0}\rangle + \alpha_1|\mathbf{1}\rangle$ und $|\mathbf{y}\rangle = \beta_0|\mathbf{x}\rangle + \beta_1|\mathbf{1}\rangle$ existieren mit $\mathbf{\Phi}^+ = |\mathbf{x}\rangle \otimes |\mathbf{y}\rangle$. Wir wissen aus der obigen Rechnung (6.33) – (6.37)

$$|\mathbf{x}\rangle \otimes |\mathbf{y}\rangle = \alpha_0\beta_0|\mathbf{00}\rangle + \alpha_0\beta_1|\mathbf{01}\rangle + \alpha_1\beta_0|\mathbf{10}\rangle + \alpha_1\beta_1|\mathbf{11}\rangle \tag{6.39}$$

Ein Koeffizientenvergleich von (6.38) und (6.39) liefert die Gleichungen

$$\alpha_0\beta_0 = \alpha_1\beta_1 = \frac{1}{\sqrt{2}} \text{ und } \alpha_0\beta_1 = \alpha_1\beta_0 = 0$$

Man sieht, dass es keine α_0, α_1, β_0 und β_1 geben kann, die diese Gleichungen lösen, somit ist die Annahme falsch und gezeigt, dass $\mathbf{\Phi}^+$ verschränkt ist. $\mathbf{\Phi}^+$ ist einer der vier so genannten *Bell-Zustände*:[17]

Bell-Zustände

17 Benannt nach John Stewart Bell (1928 - 1990), einem nordirischen Physiker, der einige wesentliche Beiträge zum Verständnis der Quantenmechanik lieferte.

$$\mathbf{\Phi}^{+} = \frac{1}{\sqrt{2}}\left(\,|\mathbf{00}\rangle + |\mathbf{11}\rangle\,\right)$$
$$\mathbf{\Phi}^{-} = \frac{1}{\sqrt{2}}\left(\,|\mathbf{00}\rangle - |\mathbf{11}\rangle\,\right)$$
$$\mathbf{\Psi}^{+} = \frac{1}{\sqrt{2}}\left(\,|\mathbf{01}\rangle + |\mathbf{11}\rangle\,\right)$$
$$\mathbf{\Psi}^{+} = \frac{1}{\sqrt{2}}\left(\,|\mathbf{01}\rangle - |\mathbf{10}\rangle\,\right)$$

Übungsaufgaben

6.3 Zeigen Sie, dass auch $\mathbf{\Phi}^{-}$, $\mathbf{\Psi}^{+}$ und $\mathbf{\Psi}^{-}$ verschränkt sind! □

Verschränkte Zustände haben die Eigenart, dass sie trotz kompletter Trennung miteinander verbunden sind. Diese Verbindung wurde von Einstein als „spukhafte“ Fernwirkung bezeichnet. Gegeben seien zwei Quantenbits, welche sich im verschränkten Zustand befinden. Das bedeutet, die zwei einzelnen Bits können alleine nicht in einem reinen Zustand existieren. Trennt man jetzt diese Bits, gelten sie als verschränkt zueinander. Die Messbasis der beiden Bits ist $|\mathbf{0}\rangle$ und $|\mathbf{1}\rangle$. Die Fernwirkung zwischen diesen Bits besteht im Phänomen, was nach der Messung auftritt. Misst man nämlich das erste Bit, geht es zu einer gewissen Wahrscheinlichkeit in den Zustand 0 und zu der Gegenwahrscheinlichkeit in den Zustand 1. Wenn man jetzt das zweite Qubit misst, so wird man feststellen, dass das Messergebnis immer dasselbe ist, wie beim ersten Bit. Dies bedeutet, dass die beiden Bits nachher immer denselben Zustand besitzen. Bis heute kann man sich dieses Phänomen nicht wirklich erklären. Diese Eigenschaft ist Basis für die Quantenteleportation.

Wir wenden jetzt die Hadamard-Transformation auf Qubits an:

$$\begin{aligned}
\mathbf{H}_1|\mathbf{0}\rangle &= \frac{1}{\sqrt{2}}\begin{pmatrix}1 & 1\\ 1 & -1\end{pmatrix}\begin{pmatrix}1\\0\end{pmatrix} = \frac{1}{\sqrt{2}}\begin{pmatrix}1\\1\end{pmatrix}\\
&= \frac{1}{\sqrt{2}}\left[\begin{pmatrix}1\\0\end{pmatrix} + \begin{pmatrix}0\\1\end{pmatrix}\right]\\
&= \frac{1}{\sqrt{2}}\left(\,|\mathbf{0}\rangle + |\mathbf{1}\rangle\,\right)
\end{aligned} \tag{6.40}$$

$$\mathbf{H_1}|\mathbf{1}\rangle = \frac{1}{\sqrt{2}}\begin{pmatrix}1 & 1\\ 1 & -1\end{pmatrix}\begin{pmatrix}0\\ 1\end{pmatrix} = \frac{1}{\sqrt{2}}\begin{pmatrix}1\\ -1\end{pmatrix}$$
$$= \frac{1}{\sqrt{2}}\left[\begin{pmatrix}1\\ 0\end{pmatrix} - \begin{pmatrix}0\\ 1\end{pmatrix}\right]$$
$$= \frac{1}{\sqrt{2}}\left(\,|\mathbf{0}\rangle - |\mathbf{1}\rangle\,\right) \tag{6.41}$$

$\mathbf{H_1}$ versetzt die beiden Basisvektoren $|\mathbf{0}\rangle$ und $|\mathbf{1}\rangle$ in Superpositionen, was wir zur allgemeinen Transformation

$$\mathbf{H_1}|\mathbf{x}\rangle = \frac{1}{\sqrt{2}}\left(\,|\mathbf{0}\rangle + (\,-1\,)^{x}\,|\mathbf{1}\rangle\,\right) = \frac{1}{\sqrt{2}}\sum_{y=0}^{1}(\,-1\,)^{x\cdot y}\,|\mathbf{y}\rangle$$
$$= \frac{1}{\sqrt{2^1}}\sum_{y=0}^{2^1-1}(\,-1\,)^{x\cdot y}\,|\mathbf{y}\rangle = \frac{1}{\sqrt{2^1}}\sum_{y\in\mathbb{F}_2}(\,-1\,)^{x\cdot y}\,|\mathbf{y}\rangle \tag{6.42}$$

zusammenfassen können; dabei seien $x, y \in \mathbb{F}_2$, und die Multiplikation von $x \cdot y$ im Exponenten fassen wir als Multiplikation in $\mathbb{F}_2$ auf.

Übungsaufgaben

6.4 Wenden Sie $\mathbf{H_2}$ auf alle Qubits der Länge 2 an! □

Es ergibt sich für die Basisvektoren von $\mathcal{H}^{\otimes 2}$:

$$\mathbf{H_2}|\mathbf{00}\rangle = \frac{1}{2}\begin{pmatrix}1 & 1 & 1 & 1\\ 1 & -1 & 1 & -1\\ 1 & 1 & -1 & -1\\ 1 & -1 & -1 & 1\end{pmatrix}\begin{pmatrix}1\\ 0\\ 0\\ 0\end{pmatrix} = \frac{1}{2}\begin{pmatrix}1\\ 1\\ 1\\ 1\end{pmatrix}$$
$$= \frac{1}{2}\left[\begin{pmatrix}1\\ 0\\ 0\\ 0\end{pmatrix} + \begin{pmatrix}0\\ 1\\ 0\\ 0\end{pmatrix} + \begin{pmatrix}0\\ 0\\ 1\\ 0\end{pmatrix} + \begin{pmatrix}0\\ 0\\ 0\\ 1\end{pmatrix}\right]$$
$$= \frac{1}{2}\left(\,|\mathbf{00}\rangle + |01\rangle + |\mathbf{10}\rangle + |\mathbf{11}\rangle\,\right) \tag{6.43}$$

$$\begin{aligned}
\mathbf{H_2}|\mathbf{01}\rangle &= \frac{1}{2}\begin{pmatrix} 1 & 1 & 1 & 1 \\ 1 & -1 & 1 & -1 \\ 1 & 1 & -1 & -1 \\ 1 & -1 & -1 & 1 \end{pmatrix}\begin{pmatrix} 0 \\ 1 \\ 0 \\ 0 \end{pmatrix} = \frac{1}{2}\begin{pmatrix} 1 \\ -1 \\ 1 \\ -1 \end{pmatrix} \\
&= \frac{1}{2}\left[\begin{pmatrix} 1 \\ 0 \\ 0 \\ 0 \end{pmatrix} - \begin{pmatrix} 0 \\ 1 \\ 0 \\ 0 \end{pmatrix} + \begin{pmatrix} 0 \\ 0 \\ 1 \\ 0 \end{pmatrix} - \begin{pmatrix} 0 \\ 0 \\ 0 \\ 1 \end{pmatrix}\right] \\
&= \frac{1}{2}\left(\,|\mathbf{00}\rangle - |\mathbf{01}\rangle + |\mathbf{10}\rangle - |\mathbf{11}\rangle\,\right) \qquad (6.44) \\
\mathbf{H_2}|\mathbf{10}\rangle &= \frac{1}{2}\begin{pmatrix} 1 & 1 & 1 & 1 \\ 1 & -1 & 1 & -1 \\ 1 & 1 & -1 & -1 \\ 1 & -1 & -1 & 1 \end{pmatrix}\begin{pmatrix} 0 \\ 0 \\ 1 \\ 0 \end{pmatrix} = \frac{1}{2}\begin{pmatrix} 1 \\ 1 \\ -1 \\ -1 \end{pmatrix} \\
&= \frac{1}{2}\left[\begin{pmatrix} 1 \\ 0 \\ 0 \\ 0 \end{pmatrix} + \begin{pmatrix} 0 \\ 1 \\ 0 \\ 0 \end{pmatrix} - \begin{pmatrix} 0 \\ 0 \\ 1 \\ 0 \end{pmatrix} - \begin{pmatrix} 0 \\ 0 \\ 0 \\ 1 \end{pmatrix}\right] \\
&= \frac{1}{2}\left(\,|\mathbf{00}\rangle + |\mathbf{01}\rangle - |\mathbf{10}\rangle - |\mathbf{11}\rangle\,\right) \qquad (6.45) \\
\mathbf{H_2}|\mathbf{11}\rangle &= \frac{1}{2}\begin{pmatrix} 1 & 1 & 1 & 1 \\ 1 & -1 & 1 & -1 \\ 1 & 1 & -1 & -1 \\ 1 & -1 & -1 & 1 \end{pmatrix}\begin{pmatrix} 0 \\ 0 \\ 0 \\ 1 \end{pmatrix} = \frac{1}{2}\begin{pmatrix} 1 \\ -1 \\ -1 \\ 1 \end{pmatrix} \\
&= \frac{1}{2}\left[\begin{pmatrix} 1 \\ 0 \\ 0 \\ 0 \end{pmatrix} - \begin{pmatrix} 0 \\ 1 \\ 0 \\ 0 \end{pmatrix} - \begin{pmatrix} 0 \\ 0 \\ 1 \\ 0 \end{pmatrix} + \begin{pmatrix} 0 \\ 0 \\ 0 \\ 1 \end{pmatrix}\right] \\
&= \frac{1}{2}\left(\,|\mathbf{00}\rangle - |\mathbf{01}\rangle - |\mathbf{10}\rangle + |\mathbf{11}\rangle\,\right) \qquad (6.46)
\end{aligned}$$

$\mathbf{H_2}$ versetzt die Basisvektoren $|\mathbf{00}\rangle$, $|\mathbf{01}\rangle$, $|\mathbf{10}\rangle$ und $|\mathbf{11}\rangle$ in Superpositonen, was wir zur allgemeinen Transformation

$$\mathbf{H_2}|\mathbf{x}\rangle = \frac{1}{\sqrt{2^2}} \sum_{y=0}^{2^2-1} (\,-1\,)^{x \cdot y}\, |\mathbf{y}\rangle = \frac{1}{\sqrt{2^2}} \sum_{y \in \mathbb{F}_2^2} (\,-1\,)^{x \cdot y}\, |\mathbf{y}\rangle \qquad (6.47)$$

zusammenfassen können; dabei seien $x, y \in \mathbb{F}_2^2$, und die Multiplikation von $x \cdot y$ im Exponenten fassen wir als skalare Multiplikation in $\mathbb{F}_2^2$ auf.

Allgemein kann man zeigen, dass für $|\mathbf{x}\rangle = |\mathbf{x_0} \dots \mathbf{x_{n-1}}\rangle \in \mathcal{H}^{\otimes n}$ gilt:

$$\mathbf{H}_n|\mathbf{x}\rangle = \frac{1}{\sqrt{2^n}} \sum_{y=0}^{2^n-1} (\,-1\,)^{x \cdot y}\, |\mathbf{y}\rangle = \frac{1}{\sqrt{2^n}} \sum_{y \in \mathbb{F}_2^n} (\,-1\,)^{x \cdot y}\, |\mathbf{y}\rangle \qquad (6.48)$$

Dabei seien $x, y \in \mathbb{F}_2^n$, und die Multiplikation von $x \cdot y$ im Exponenten fassen wir als skalare Multiplikation in $\mathbb{F}_2^n$ auf. Als Spezialfall, den wir im folgenden Kapitel noch benötigen, folgt daraus für $|\mathbf{0}\rangle = |\mathbf{0}\ldots\mathbf{0}\rangle \in \mathcal{H}^{\otimes n}$:

$$\mathbf{H}_{\boldsymbol{n}}|\mathbf{0}\rangle = \frac{1}{\sqrt{2^n}} \sum_{y \in \mathbb{F}_2^n} |\mathbf{y}\rangle \tag{6.49}$$

6.3 Zwei Beispiele für Quantenalgorithmen

Am Problem festzustellen, ob eine boolesche Funktion konstant oder ausgeglichen ist, hat David Deutsch[18] gezeigt, dass Quantenalgorithmen in einem gewissen Sinne konventionellen Algorithmen überlegen sein können. Mit den in den vorigen Abschnitten zur Verfügung gestellten mathematischen Mitteln können diese Algorithmen beschrieben werden.

6.3.1 Der Deutsch-Algorithmus

Über dem Körper $\mathbb{F}_2 = \{0, 1\}$ gibt es vier Funktionen $f : \mathbb{F}_2 \to \mathbb{F}_2$, nämlich $f \in \{\mathbf{O}, \mathbf{E}, \mathbf{Id}, \overline{\mathbf{Id}}\}$ definiert durch:

$$\mathbf{O}(0) = 0 \qquad \mathbf{Id}(0) = 0$$
$$\mathbf{O}(1) = 0 \qquad \mathbf{Id}(1) = 1$$

$$\mathbf{E}(0) = 1 \qquad \overline{\mathbf{Id}}(0) = 1$$
$$\mathbf{E}(1) = 1 \qquad \overline{\mathbf{Id}}(1) = 0$$

Die Funktionen $\mathbf{O}$ und $\mathbf{E}$ sind die *konstanten* Funktionen über $\mathbb{F}_2$; $\mathbf{Id}$ und $\overline{\mathbf{Id}}$ heißen *balanciert* oder *ausgeglichen.*

Konstante, balancierte boolesche Funktion

Um mithilfe von klassischen Algorithmen auf klassischen Rechnern festzustellen, ob eine konstante oder eine balancierte Funktionen im gegebenen Fall vorliegt, sind zwei Zugriffe auf das „Orakel“ f nötig. Es müssen $f(0)$ und $f(1)$ angefragt werden um festzustellen, welches $f \in \{\mathbf{O}, \mathbf{E}, \mathbf{Id}, \overline{\mathbf{Id}}\}$ vorliegt. Es gilt (in $\mathbb{F}_2$ gerechnet):

$$f(0) + f(1) = \begin{cases} 0, & \text{falls } f \text{ konstant ist} \\ 1, & \text{falls } f \text{ balanciert ist} \end{cases} \tag{6.50}$$

18 David Deutsch (geb. 1953 in Haifa), ein englischer Mathematiker und Physiker, hat als Erster einen Quantenalgorithmus vorgestellt.

David Deutsch hat 1985 einen Quantenalgorithmus vorgestellt, der die Frage, ob eine konstante oder eine balancierte Funktion vorliegt, mit einem Zugriff auf ein Orakel beantwortet. Der Algorithmus verwendet die 2-Qubit-Register $|\mathbf{00}\rangle$, $|\mathbf{01}\rangle$, $|\mathbf{10}\rangle$ und $|\mathbf{11}\rangle$. Wir benötigen eine unitäre Transformation, welche die Funktionen $f \in \{\, \mathbf{O}, \mathbf{E}, \mathbf{Id}, \overline{\mathbf{Id}} \,\}$ realisiert. Die Transformation

$$U_f : \mathcal{H}^{\otimes 2} \to \mathcal{H}^{\otimes 2}$$

definiert durch

$$U_f(|\mathbf{x},\mathbf{y}\rangle) = |\mathbf{x},\mathbf{y} + f(\mathbf{x})\rangle \tag{6.51}$$

ist unitär, denn es gilt (in $\mathbb{F}_2$ gerechnet)

$$U_f(U_f(|\mathbf{x},\mathbf{y}\rangle)) = U_f(|\mathbf{x},\mathbf{y} + f(\mathbf{x})\rangle) = |\mathbf{x},\mathbf{y} + f(\mathbf{x}) + f(\mathbf{x})\rangle = |\mathbf{x},\mathbf{y}\rangle$$

und damit ist $U_f^{-1} = U_f$.

Für $f \in \{\, \mathbf{O}, \mathbf{E}, \mathbf{Id}, \overline{\mathbf{Id}} \,\}$ gilt:

$$U_f(|\mathbf{0},\mathbf{0}\rangle) = |\mathbf{0},\mathbf{0} + f(\mathbf{0})\rangle = |\mathbf{0},f(\mathbf{0})\rangle \tag{6.52}$$
$$U_f(|\mathbf{1},\mathbf{0}\rangle) = |\mathbf{1},\mathbf{0} + f(\mathbf{1})\rangle = |\mathbf{1},f(\mathbf{1})\rangle \tag{6.53}$$
$$U_f(|\mathbf{0},\mathbf{1}\rangle) = |\mathbf{0},\mathbf{1} + f(\mathbf{0})\rangle = |\mathbf{0},\overline{f(\mathbf{0})}\rangle \tag{6.54}$$
$$U_f(|\mathbf{1},\mathbf{1}\rangle) = |\mathbf{1},\mathbf{1} + f(\mathbf{1})\rangle = |\mathbf{1},\overline{f(\mathbf{1})}\rangle \tag{6.55}$$

Und für $|\mathbf{x},\mathbf{y}\rangle \in \{\, |\mathbf{00}\rangle, |\mathbf{01}\rangle, |\mathbf{10}\rangle, |\mathbf{11}\rangle \,\}$ gilt:

$$U_{\mathbf{O}}(|\mathbf{x},\mathbf{y}\rangle) = |\mathbf{x},\mathbf{y} + \mathbf{0}\rangle = |\mathbf{x},\mathbf{y}\rangle \tag{6.56}$$
$$U_{\mathbf{E}}(|\mathbf{x},\mathbf{y}\rangle) = |\mathbf{x},\mathbf{y} + \mathbf{1}\rangle = |\mathbf{x},\overline{\mathbf{y}}\rangle \tag{6.57}$$
$$U_{\mathbf{Id}}(|\mathbf{x},\mathbf{y}\rangle) = |\mathbf{x},\mathbf{y} + \mathbf{Id}(x)\rangle = |\mathbf{x},\mathbf{y} + \mathbf{x}\rangle \tag{6.58}$$
$$U_{\overline{\mathbf{Id}}}(|\mathbf{x},\mathbf{y}\rangle) = |\mathbf{x},\mathbf{y} + \overline{\mathbf{Id}}(\mathbf{x})\rangle = |\mathbf{x},\mathbf{y} + \overline{\mathbf{x}}\rangle \tag{6.59}$$

Diese Transformationen lassen sich durch die folgenden Matrizen realisieren:

$$\mathbf{U_O} = \begin{pmatrix} 1 & 0 & 0 & 0 \\ 0 & 1 & 0 & 0 \\ 0 & 0 & 1 & 0 \\ 0 & 0 & 0 & 1 \end{pmatrix} \tag{6.60}$$

$$\mathbf{U_E} = \begin{pmatrix} 0 & 1 & 0 & 0 \\ 1 & 0 & 0 & 0 \\ 0 & 0 & 0 & 1 \\ 0 & 0 & 1 & 0 \end{pmatrix} \tag{6.61}$$

$$\mathbf{U_{Id}} = \begin{pmatrix} 1 & 0 & 0 & 0 \\ 0 & 1 & 0 & 0 \\ 0 & 0 & 0 & 1 \\ 0 & 0 & 1 & 0 \end{pmatrix} \tag{6.62}$$

$$\mathbf{U_{\overline{Id}}} = \begin{pmatrix} 0 & 1 & 0 & 0 \\ 1 & 0 & 0 & 0 \\ 0 & 0 & 1 & 0 \\ 0 & 0 & 0 & 1 \end{pmatrix} \tag{6.63}$$

Diese Matrizen sind Permutationsmatrizen, d.h. sie sind unitär (siehe Beispiel 6.3 c) und d); es ist $\mathbf{U_O} = \mathbf{E_4}$ und $\mathbf{U_{Id}} = \mathbf{C_2}$, siehe (6.23)). Sie lassen sich durch folgende unitäre Matrix parametrisieren

$$\mathbf{U_{\mathit{f}}} = \begin{pmatrix} 1-f_0 & f_0 & 0 & 0 \\ f_0 & 1-f_0 & 0 & 0 \\ 0 & 0 & 1-f_1 & f_1 \\ 0 & 0 & f_1 & 1-f_1 \end{pmatrix} \tag{6.64}$$

mit

$$f_0 = \begin{cases} 1, f(0) = 1 \\ 0, f(0) = 0 \end{cases} \qquad f_1 = \begin{cases} 1, f(1) = 1 \\ 0, f(1) = 0 \end{cases} \tag{6.65}$$

Im Folgenden verwenden wir die Hadamard-Matrix $\mathbf{H_2}$ aus Beispiel 6.3 b), die wir in den Gleichungen (6.43) - (6.46) explizit für alle Qubits der Länge 2 ausgerechnet haben.

Der Algorithmus von Deutsch führt folgende Schritte durch:

1. Berechne

$$|\mathbf{w}\rangle = \mathbf{H_2}(\mathbf{U_{\mathit{f}}}(\mathbf{H_2}(|\mathbf{0\,1}\rangle)) \tag{6.66}$$

   Es ergibt sich

$$|\mathbf{w}\rangle = \begin{pmatrix} w_1 \\ w_2 \\ w_3 \\ w_4 \end{pmatrix} = \begin{pmatrix} 0 \\ 1-f_0-f_1 \\ 0 \\ f_1-f_0 \end{pmatrix}$$

   und damit

$$|\mathbf{w}\rangle = 0 \cdot |\mathbf{00}\rangle + (1-f_0-f_1) \cdot |\mathbf{01}\rangle + 0 \cdot |\mathbf{10}\rangle + (f_1-f_0) \cdot |\mathbf{11}\rangle$$

2. Messe das Ergebnis. Es gilt

$$\begin{aligned} p_1 &= \mathit{Prob}[M(|\mathbf{w}\rangle) = |\mathbf{00}\rangle] = 0 \\ p_2 &= \mathit{Prob}[M(|\mathbf{w}\rangle) = |\mathbf{01}\rangle] = |1-(f_0+f_1)|^2 \\ p_3 &= \mathit{Prob}[M(|\mathbf{w}\rangle) = |\mathbf{10}\rangle] = 0 \\ p_4 &= \mathit{Prob}[M(|\mathbf{w}\rangle) = |\mathbf{11}\rangle] = |f_1-f_0|^2 \end{aligned}$$

Da $p_1 = p_3 = 0$ ist, werden für $|\mathbf{w}\rangle$ niemals die Zustände $|\mathbf{00}\rangle$ oder $|\mathbf{10}\rangle$ gemessen.

Für die Ausgaben p_2 oder p_4 betrachten wir die beiden Fälle (siehe (6.50) und (6.65)):

(1) f konstant, d.h. $f(0) + f(1) = 0$, d.h. $f(0) = f(1) = 0$, also $f_0 = f_1 = 0$, oder $f(0) = f(1) = 1$, also $f_0 = f_1 = 1$, d.h. in beiden Fällen $f_0 = f_1$, und

(2) f balanciert, d.h. $f(0) + f(1) = 1$, d.h. $f(0) = 0$ und $f(1) = 1$, also $f_0 = 0$ bzw. $f_1 = 1$, oder $f(0) = 1$ und $f(1) = 0$, also $f_0 = 1$ bzw. $f_1 = 0$, d.h. in beiden Fällen $f_0 \neq f_1$,

Wir erhalten also

$$p_2 = \begin{cases} 1, & f \text{ ist konstant} \\ 0, & f \text{ ist balanciert} \end{cases}$$

$$p_4 = \begin{cases} 0, & f \text{ ist konstant} \\ 1, & f \text{ ist balanciert} \end{cases}$$

3. Hieraus ergibt sich: Falls der Zustand $|\mathbf{01}\rangle$ gemessen wird, dann ist f konstant, falls der Zustand $|\mathbf{11}\rangle$ gemessen wird, dann ist f balanciert.

Der Deutsch-Algorithmus stellt also mit einem Zugriff auf das „Orakel" $\mathbf{U_f}$ fest, ob f konstant oder balanciert ist.

Wir stellen noch eine zweite (eine ursprüngliche) Variante des Deutsch-Algorithmus vor, der $|\mathbf{w}\rangle$ nicht durch Multiplikation der Matrix

$$\mathbf{H_2} \cdot \mathbf{U_f} \cdot \mathbf{H_2} = \begin{pmatrix} 1 & 0 & 0 & 0 \\ 0 & 1 - f_0 - f_1 & 0 & f_1 - f_0 \\ 0 & 0 & 1 & 0 \\ 0 & f_1 - f_0 & 0 & 1 - f_0 - f_1 \end{pmatrix}$$

mit $|\mathbf{01}\rangle$ berechnet, sondern durch unmittelbare Anwendung der Operatoren $\mathbf{H_2}$ und $\mathbf{U_f}$ auf den Tensor $|\mathbf{01}\rangle$: Von (6.44) wissen wir, dass

$$\mathbf{H_2}|\mathbf{01}\rangle = \frac{1}{2}\left(|\mathbf{00}\rangle - |\mathbf{01}\rangle + |\mathbf{10}\rangle - |\mathbf{11}\rangle \right)$$

ist. Wir nennen diesen Zustand $|\boldsymbol{\omega_1}\rangle$, also $|\omega_1\rangle = \mathbf{H_2}|\mathbf{01}\rangle$, und wenden darauf den Operator $\mathbf{U_f}$ wie in (6.51) definiert an und erhalten den Zustand $|\boldsymbol{\omega_2}\rangle$

(durch „normales“ Rechnen, siehe Bemerkung 6.1):

$$
\begin{aligned}
|\boldsymbol{\omega_2}\rangle &= \mathbf{U_f}\left(\frac{1}{2}(\,|\mathbf{00}\rangle - |\mathbf{01}\rangle + |\mathbf{10}\rangle - |\mathbf{11}\rangle\,)\right) \\
&= \frac{1}{2}(\,|\mathbf{0{,}0} + f(\mathbf{0})\rangle - |\mathbf{0{,}1} + f(\mathbf{0})\rangle + |\mathbf{1{,}0} + f(\mathbf{1})\rangle - |\mathbf{1{,}1} + f(\mathbf{1})\rangle\,) \\
&= \frac{1}{2}(\,|\mathbf{0}{,}f(\mathbf{0})\rangle - |\mathbf{0{,}1} + f(\mathbf{0})\rangle + |\mathbf{1}{,}f(\mathbf{1})\rangle - |\mathbf{1{,}1} + f(\mathbf{1})\rangle\,) \\
&= \frac{1}{2}(\,|\mathbf{0}\rangle \otimes (\,|f(\mathbf{0})\rangle - |\mathbf{1} + f(\mathbf{0})\rangle\,) + |\mathbf{1}\rangle \otimes (\,|f(\mathbf{1})\rangle - |\mathbf{1} + f(\mathbf{1})\rangle\,)\,) \\
&= \frac{1}{2}\Big((-1)^{f(\mathbf{0})}\,|\mathbf{0}\rangle \otimes (\,|\mathbf{0}\rangle - |\mathbf{1}\rangle\,) + (-1)^{f(\mathbf{1})}\,|\mathbf{1}\rangle \otimes (\,|\mathbf{0}\rangle - |\mathbf{1}\rangle\,)\Big) \\
&= \frac{1}{2}\Big(\Big((-1)^{f(\mathbf{0})}\,|\mathbf{0}\rangle + (-1)^{f(\mathbf{1})}\,|\mathbf{1}\rangle\Big) \otimes (\,|\mathbf{0}\rangle - |\mathbf{1}\rangle\,)\Big) \\
&= \begin{cases} \pm\frac{1}{2}(\,(\,|\mathbf{0}\rangle + |\mathbf{1}\rangle\,) \otimes (\,|\mathbf{0}\rangle - |\mathbf{1}\rangle\,)\,), & f(0) = f(1)\ \ (f \text{ ist konstant}) \\[2ex] \pm\frac{1}{2}(\,(\,|\mathbf{0}\rangle - |\mathbf{1}\rangle\,) \otimes (\,|\mathbf{0}\rangle - |\mathbf{1}\rangle\,)\,), & f(0) \neq f(1)\ \ (f \text{ ist balanciert}) \end{cases} \\
&= \begin{cases} \pm\frac{1}{2}(\,|\mathbf{00}\rangle - |\mathbf{01}\rangle + |\mathbf{10}\rangle - |\mathbf{11}\rangle\,), & f \text{ ist konstant} \\[2ex] \pm\frac{1}{2}(\,|\mathbf{00}\rangle - |\mathbf{01}\rangle - |\mathbf{10}\rangle + |\mathbf{11}\rangle\,), & f \text{ ist balanciert} \end{cases} \\
&= \begin{cases} \pm\frac{1}{2}\mathbf{H_2}|\mathbf{01}\rangle, & f \text{ ist konstant} \\[2ex] \pm\frac{1}{2}\mathbf{H_2}|\mathbf{11}\rangle, & f \text{ ist balanciert} \end{cases} \qquad \text{(mit (6.44) und (6.46))}
\end{aligned}
$$

Auf $|\boldsymbol{\omega_2}\rangle$ wenden wir nun noch $\mathbf{H_2}$ an und erhalten letztendlich den Zustand $|\boldsymbol{\omega}\rangle$ mit

$$
|\boldsymbol{\omega}\rangle = \mathbf{H_2}|\boldsymbol{\omega_2}\rangle = \begin{cases} \pm 1 \cdot |\mathbf{01}\rangle, & f \text{ ist konstant} \\[2ex] \pm 1 \cdot |\mathbf{11}\rangle, & f \text{ ist balanciert} \end{cases}
$$

Wird $|\boldsymbol{\omega}\rangle$ nun gemessen, dann erhalten wir mit jeweils der Wahrscheinlichkeit $|\pm 1|^2 = 1$ den Zustand $|\mathbf{01}\rangle$, falls f konstant ist, bzw. den Zustand $|\mathbf{11}\rangle$, falls f balanciert ist, und damit – wie zu erwarten – dasselbe Ergebnis wie oben.

6.3.2 Der Deutsch-Jozsa-Algorithmus

Man kann einwenden, dass beim Deutsch-Algorithmus durch den einen Zugriff auf eine Black Box ($\mathbf{U_f}$) gegenüber zwei Zugriffen auf die Black Box f bei einem konventionellem Algorithmus zwar die Hälfte der Zugriffe, letztendlich aber nur ein Zugriff eingespart wird. Ein Vergleich macht zudem nur Sinn, wenn man die Kosten für solche Zugriffe tatsächlich kennt. Wenn wir allerdings die Verallgemeinerung des „Deutsch-Problems" von einstelligen booleschen Funktionen auf n-stellige boolesche Funktionen $f : \mathbb{F}_2^n \to \mathbb{F}_2$ betrachten, wird unabhängig von tatsächlichen Zugriffskosten eine mehr als deutliche Reduktion der benötigten Zugriffe deutlich. Wir nennen eine Funktion $f : \mathbb{F}_2^n \to \mathbb{F}_2$ *konstant*, falls $f(x) = f(y)$ für alle $x, y \in \mathbb{F}_2^n$ ist. Wir nennen f *ausgeglichen* oder *balanciert*, falls f die Hälfte der Elemente von $\mathbb{F}_2^n$ der 0 und die andere Hälfte der 1 zuordnet. Des Weiteren ist vorausgesetzt, dass die infrage kommenden Funktionen entweder konstant oder balanciert sind. Mit einem konventionellen Algorithmus benötigt man im schlimmsten Fall mindestens

$$\frac{|\mathbb{F}_2^n|}{2} + 1 = 2^{n-1} + 1$$

Zugriffe auf f, um die Frage, ob f konstant oder balanciert ist, mit Sicherheit beantworten zu können. Denn, wenn die ersten 2^{n-1} Zugriffe alle die Antwort 0 liefern, liefert erst der nächste Zugriff das richtige Ergebnis: Ist die Antwort 0, dann ist f konstant, ist die Antwort 1, dann ist f balanciert. Der im Folgenden dargestellte Deutsch-Jozsa-Algorithmus ist eine Verallgemeinerung des Deutsch-Algorithmus und löst das gestellte Problem ebenfalls mit einem Zugriff auf ein verallgemeinertes Orakel $\mathbf{U_f}$. Die Anzahl der Zugriffe reduziert sich also in der Größenordnung drastisch, nämlich von 2^{n-1} auf 1.

Wir operieren jetzt auf Eingaben aus dem n-diemnsionalen Tensorraum $\mathcal{H}^{\otimes n}$ mit der Basis $\{|\mathbf{x_0} \ldots \mathbf{x_{n-1}}\rangle \mid x_i \in \mathbb{F}_2,\ 0 \leq i \leq n-1\}$ und erweitern den Operator $\mathbf{U_f}$ auf

$$\mathbf{U_f} : \mathcal{H}^{\otimes n+1} \to \mathcal{H}^{\otimes n+1}$$

definiert durch

$$\mathbf{U_f}(|\mathbf{x{,}y}\rangle) = |\mathbf{x{,}y} + f(\mathbf{x})\rangle \tag{6.67}$$

für $|\mathbf{x}\rangle \in \mathcal{H}^{\otimes n}$ und $|\mathbf{y}\rangle \in \mathcal{H}$.

Die Eingabe für den Deutsch-Jozsa-Algorithmus ist ebenfalls eine entsprechende Erweiterung von $|\mathbf{01}\rangle$ auf

$$|\mathbf{0}\rangle^{\otimes n}|\mathbf{1}\rangle = |\underbrace{\mathbf{0} \ldots \mathbf{0}}_{n-\text{mal}}, \mathbf{1}\rangle$$

Wir schreiben auch diesen Vektor als $|\mathbf{01}\rangle$. Darauf wird die Hadamard-Transformation $\mathbf{H}_{n+1} = \mathbf{H}_n \otimes \mathbf{H}_1$ angewendet:

$$
\begin{aligned}
|\omega_1\rangle &= \mathbf{H}_{n+1}|\mathbf{01}\rangle \\
&= \mathbf{H}_n|\mathbf{0}\rangle \otimes \mathbf{H}_1|\mathbf{1}\rangle && \text{wegen (6.15)} \\
&= \frac{1}{\sqrt{2^n}} \sum_{x \in \mathbb{F}_2^n} |\mathbf{x}\rangle \otimes \frac{1}{\sqrt{2}} (\,|\mathbf{0}\rangle - |\mathbf{1}\rangle\,) && \text{wegen (6.49) und (6.41)} \\
&= \frac{1}{\sqrt{2^{n+1}}} \sum_{x \in \mathbb{F}_2^n} |\mathbf{x}\rangle \otimes (\,|\mathbf{0}\rangle - |\mathbf{1}\rangle\,) \\
&= \frac{1}{\sqrt{2^{n+1}}} \left(\sum_{x \in \mathbb{F}_2^n} |\mathbf{x},\mathbf{0}\rangle - \sum_{x \in \mathbb{F}_2^n} |\mathbf{x},\mathbf{1}\rangle \right)
\end{aligned}
$$

Darauf wenden wir $\mathbf{U}_f$ an:

$$
\begin{aligned}
|\omega_2\rangle &= \mathbf{U}_f|\omega_1\rangle \\
&= \frac{1}{\sqrt{2^{n+1}}}\, \mathbf{U}_f \left(\sum_{x \in \mathbb{F}_2^n} |\mathbf{x},\mathbf{0}\rangle - \sum_{x \in \mathbb{F}_2^n} |\mathbf{x},\mathbf{1}\rangle \right) \\
&= \frac{1}{\sqrt{2^{n+1}}} \left(\sum_{x \in \mathbb{F}_2^n} |\mathbf{x},\mathbf{0} + f(\mathbf{x})\rangle - \sum_{x \in \mathbb{F}_2^n} |\mathbf{x},\mathbf{1} + f(\mathbf{x})\rangle \right) \\
&= \frac{1}{\sqrt{2^{n+1}}} \left(\sum_{x \in \mathbb{F}_2^n} |\mathbf{x},f(\mathbf{x})\rangle - \sum_{x \in \mathbb{F}_2^n} |\mathbf{x},\mathbf{1} + f(\mathbf{x})\rangle \right) \\
&= \frac{1}{\sqrt{2^{n+1}}} \left(\sum_{x \in \mathbb{F}_2^n} |\mathbf{x}\rangle \otimes (\,|f(\mathbf{x})\rangle - |\mathbf{1} + f(\mathbf{x})\rangle\,) \right) \\
&= \frac{1}{\sqrt{2^{n+1}}} \left(\sum_{x \in \mathbb{F}_2^n} (\,-1\,)^{f(x)}\, |\mathbf{x}\rangle \otimes (\,|\mathbf{0}\rangle - |\mathbf{1}\rangle\,) \right) \\
&= \left(\frac{1}{\sqrt{2^n}} \sum_{x \in \mathbb{F}_2^n} (\,-1\,)^{f(x)}\, |\mathbf{x}\rangle \right) \otimes \frac{1}{\sqrt{2}} (\,|\mathbf{0}\rangle - |\mathbf{1}\rangle\,)
\end{aligned}
$$

Auf $|\omega_2\rangle$ wenden wir jetzt wieder $\mathbf{H}_{n+1}$ an, um das dann zu messende Qubit-

Register $|\boldsymbol{\omega}\rangle$ zu berechnen:

$$
\begin{aligned}
|\boldsymbol{\omega}\rangle &= \mathbf{H_{n+1}}|\boldsymbol{\omega_2}\rangle \\
&= \mathbf{H_{n+1}}\left(\left(\frac{1}{\sqrt{2^n}}\sum_{x\in\mathbb{F}_2^n}(-1)^{f(x)}|\mathbf{x}\rangle\right)\otimes\frac{1}{\sqrt{2}}(|\mathbf{0}\rangle-|\mathbf{1}\rangle)\right) \\
&= \frac{1}{\sqrt{2^n}}\sum_{x\in\mathbb{F}_2^n}(-1)^{f(x)}\mathbf{H_n}|\mathbf{x}\rangle\otimes\mathbf{H_1H_1}|\mathbf{1}\rangle \qquad \text{wegen (6.15) und (6.41)} \\
&= \frac{1}{\sqrt{2^n}}\sum_{x\in\mathbb{F}_2^n}(-1)^{f(x)}\frac{1}{\sqrt{2^n}}\sum_{y\in\mathbb{F}_2^n}(-1)^{x\cdot y}|\mathbf{y}\rangle\otimes|\mathbf{1}\rangle \qquad \text{wegen (6.48)} \\
&= \frac{1}{2^n}\sum_{x,y\in\mathbb{F}_2^n}(-1)^{f(x)+x\cdot y}|\mathbf{y}\rangle\otimes|\mathbf{1}\rangle \\
&= \frac{1}{2^n}\sum_{x,y\in\mathbb{F}_2^n}(-1)^{f(x)+x\cdot y}|\mathbf{y},\mathbf{1}\rangle
\end{aligned}
$$

Wir überlegen nun, welche Amplituden der Zustand $|\mathbf{y},\mathbf{1}\rangle = |\mathbf{0}^{\otimes n},\mathbf{1}\rangle$ haben kann: Für $|\mathbf{y}\rangle = |\mathbf{0}^{\otimes n}\rangle$ ist $x\cdot y = 0$ für alle $x \in \mathbb{F}_2^n$, also sind die möglichen Amplituden von $|\mathbf{0}^{\otimes n},\mathbf{1}\rangle$:

$$\frac{1}{2^n}\sum_{x\in\mathbb{F}_2^n}(-1)^{f(x)}$$

Ist f konstant mit $f(x) = 0$ für alle $x \in \mathbb{F}_2^n$, dann ist

$$\frac{1}{2^n}\sum_{x\in\mathbb{F}_2^n}(-1)^{f(x)} = \frac{1}{2^n}\sum_{x\in\mathbb{F}_2^n}1 = \frac{1}{2^n}\cdot 2^n = 1$$

Ist f konstant mit $f = 1$ für alle $x \in \mathbb{F}_2^n$, dann ist

$$\frac{1}{2^n}\sum_{x\in\mathbb{F}_2^n}(-1)^{f(x)} = \frac{1}{2^n}\sum_{x\in\mathbb{F}_2^n}(-1) = \frac{1}{2^n}\cdot -2^n = -1$$

Ist f balanciert, d.h. für die Hälfte der $x \in \mathbb{F}_2^n$ ist $f(x) = 0$ und für die andere Hälfte ist $f(x) = 1$, dann heben sich die Summanden gegeneinander auf, d.h. die Summe wird 0.

Fassen wir diese Ergebnisse zusammen, dann gilt für die Amplitude von $|\mathbf{0}^{\otimes n},\mathbf{1}\rangle$:

$$\frac{1}{2^n}\sum_{x\in\mathbb{F}_2^n}(-1)^{f(x)} = \begin{cases} \pm 1, & \text{falls } f \text{ konstant ist} \\ 0, & \text{falls } f \text{ balanciert ist} \end{cases}$$

Wird $|\boldsymbol{\omega}\rangle$ nun gemessen, dann erhalten wir mit der Wahrscheinlichkeit $|\pm 1|^2 = 1$ den Zustand $|\mathbf{0}^{\otimes n},\mathbf{1}\rangle$, falls f konstant ist. Falls f balanciert ist, liefert die Messung auf keinen Fall den Zustand $|\mathbf{0}^{\otimes n}, \mathbf{1}\rangle$, weil dessen Amplitude dann immer 0 ist. Mit der Messung kann also sicher entschieden werden, ob f konstant oder balanciert ist.

Ein weiterer bekannter Quantenalgorithmus ist der *Shor-Algorithmus*. Er bestimmt in polynomieller Zeit die Primfaktoren einer natürlichen Zahl. Derzeit sind für dieses Problem keine polynomiellen konventionellen Algorithmen bekannt. Aus diesem Grund beruhen aktuelle Verschlüsselungsalgorithmen auf der Komplexität dieses Problems. Die Bestimmung von Schlüsseln durch Angreifer ist zwar im Prinzip möglich, allerdings sehr aufwändig, so dass sich ein Angriff nicht lohnt. Den Shor-Algorithmus können wir im Rahmen dieses Buches nicht behandeln, da er tiefergehende Kenntnisse aus der Zahlentheorie voraussetzt; es sei auf die angegebene Literatur verwiesen.

6.4 Zusammenfassung

Der Deutsch-Algorithmus und der Deutsch-Jozsa-Algorithmus sind einfache Beispiele dafür, dass Problemstellungen mithilfe der Überlagerung von Quantenzuständen und geeigneter unitärer Matrizen mit Operationen der linearen Algebra effizienter gelöst werden können, als es mit konventionellen Algorithmen und klassischen Zuständen möglich ist.

A Anhang: Algebraische Strukturen

Das Rechnen mit Vektoren und Matrizen sowie das Lösen von Gleichungssystemen, Codierung von Daten und Quantenalgorithmen finden in algebraischen Strukturen wie Halbgruppen, Monoiden, Gruppen, Ringen, Integritätsbereichen und Körpern statt. Im Folgenden listen wir die Definitionen dieser Strukturen und einige für das Rechnen in ihnen wichtige Regeln auf.

Bei den folgenden Definitionen bezeichnen wir mit M irgendeine Menge und mit $*$ eine total definierte Operation $*: M \times M \to M$. Dabei schreiben wir das Operationssymbol infix, d.h. wir schreiben $a * b = c$ anstelle von $*(a, b) = c$. Die Totalität der Operation $*$ wird auch als *Abgeschlossenheit* bezeichnet. Sie bedeutet, dass für alle $a, b \in M$ auch $a * b \in M$ ist. So ist z.B. die Addition auf der Menge der geraden ganzen Zahlen abgeschlossen, denn die Summe gerader Zahlen ist wieder gerade, während die Addition ungerader Zahlen nicht abgeschlossen ist, denn die Summe ungerader Zahlen ist gerade.

A.1 Halbgruppen, Monoide, Gruppen

- $\mathcal{H} = (M, *)$ heißt *Halbgruppe* genau dann, wenn die Operation $*$ *assoziativ* auf M ist, d.h. wenn für alle $a, b, c \in M$ gilt

$$(a * b) * c = a * (b * c) \tag{A.1}$$

- $\mathcal{M} = (M, *)$ heißt *Monoid* genau dann, wenn $\mathcal{M}$ eine Halbgruppe ist und ein Element $e \in M$ existiert, so dass für alle $a \in M$ gilt

$$a * e = a = e * a \tag{A.2}$$

  e heißt *Einselement* von $\mathcal{M}$. Man kann zeigen, dass das Einselement eines Monoids eindeutig ist. Ein Synonym für Einselement ist *neutrales Element*.

- $\mathcal{G} = (M, *)$ heißt *Gruppe* genau dann, wenn $\mathcal{G}$ ein Monoid ist und für alle $a \in M$ ein $b \in M$ existiert mit der Eigenschaft

$$a * b = e = b * a \tag{A.3}$$

  b heißt *invers* zu a oder *Inverses* von a. Man kann zeigen, dass das Inverse eindeutig ist. Für das Inverse von a schreiben wir in der Regel a^{-1}. Es gelten für e und alle $a, b \in M$ die Eigenschaften:

$$e^{-1} = e \tag{A.4}$$

$$\left((a)^{-1}\right)^{-1} = a \tag{A.5}$$

$$(a * b)^{-1} = b^{-1} * a^{-1} \tag{A.6}$$

Sei $\mathcal{G} = (M, *)$ eine Gruppe und $U \subseteq M$. Bildet $\mathcal{G}_U = (U, *)$ eine Gruppe, dann heißt $\mathcal{G}_U$ *Untergruppe* von $\mathcal{G}$, was wir mit $\mathcal{G}_U \trianglelefteq \mathcal{G}$ notieren.

Ist $\mathcal{G}$ endlich, dann heißt $|\mathcal{G}|$ *Ordnung* von $\mathcal{G}$.

- Ist die Operation $*$ *kommutativ*, d.h. gilt

$$a * b = b * a \tag{A.7}$$

für alle $a, b \in M$, dann heißen $\mathcal{H}$, $\mathcal{M}$ bzw. $\mathcal{G}$ kommutativ oder auch *abelsch*.

Sind $\mathcal{G} = (M, *)$ und $\mathcal{G}' = (M', *')$ zwei Gruppen. Dann heißt die Abbildung $\varphi : \mathcal{G} \to \mathcal{G}'$ ein *Homomorphismus* genau dann, wenn $\varphi(a * b) = \varphi(a) *' \varphi(b)$ ist. Ist φ zudem bijektiv, dann heißt φ *Isomorphismus*, und $\mathcal{G}$ und $\mathcal{G}'$ heißen *isomorph*, was wir mit $\mathcal{G} \cong \mathcal{G}'$ notieren.

Kern$(\varphi) = \{a \in \mathcal{G} \mid \varphi(a) = e'\}$ heißt *Kern* von φ, und *Bild*$(\varphi) = \varphi(M)$ heißt *Bild* von φ. Es gilt *Kern*$(\varphi) \trianglelefteq \mathcal{G}$ sowie *Bild*$(\varphi) \trianglelefteq \mathcal{G}'$.

Sei $\mathcal{G} = (M, *)$ eine Gruppe, $U \subseteq M$ und $\mathcal{G}_U \trianglelefteq \mathcal{G}$ sowie $a \in \mathcal{G}$. Dann heißt $a * \mathcal{G}_U = \{\, a * x \mid x \in \mathcal{G}_U \,\}$ *Linksnebenklasse* von $\mathcal{G}_U$, und $\mathcal{G}_U * a = \{\, x * a \mid x \in \mathcal{G}_U \,\}$ *Rechtsnebenklasse* von $\mathcal{G}_U$. $\mathcal{G}/\mathcal{G}_U = \{\, a * U \mid a \in \mathcal{G} \,\}$ ist die Menge aller Linsknebenklassen von $\mathcal{G}_U$ und $\mathcal{G}_U \backslash \mathcal{G} = \{\, U * a \mid a \in \mathcal{G} \,\}$ die Menge der Rechtsnebenklassen von $\mathcal{G}_U$. Anstelle von $a * \mathcal{G}_U$ und $\mathcal{G}_U * a$ schreiben wir auch $a\mathcal{G}_U$ bzw. $\mathcal{G}_U a$ oder auch aU bzw. Ua sowie $\mathcal{G}/U$ und $U \backslash \mathcal{G}$ anstelle von $\mathcal{G}/\mathcal{G}_U$ bzw. von $\mathcal{G}_U \backslash \mathcal{G}$. Gilt $aU = Ua$ für alle $a \in \mathcal{G}$, dann heißt U ein *Normalteiler* von $\mathcal{G}$.

Sei $\mathcal{G} = (M, *)$ eine Gruppe, $U \subseteq M$ und $\mathcal{G}_U \trianglelefteq \mathcal{G}$. Dann bilden $(\mathcal{G}/\mathcal{G}_U, *)$ und $(\mathcal{G}_U \backslash \mathcal{G}, *)$ mit $a\mathcal{G}_U * b\mathcal{G}_U = (a * b)\mathcal{G}_U$ bzw. mit $\mathcal{G}_U a * \mathcal{G}_U b = \mathcal{G}_U(a * b)$ Gruppen, die so genannten *Faktorgruppen von $\mathcal{G}$* nach $\mathcal{G}_U$.

Der *Homomorphiesatz für Gruppen* besagt: Ist φ ein Homomorphismus der Gruppe $\mathcal{G}$ in die Gruppe $\mathcal{G}'$, dann gilt $\mathcal{G}/$*Kern*$(\varphi) \cong$ *Bild*(φ).

Ist $\mathcal{G} = (M, *)$ eine endliche Gruppe, $U \subseteq M$ und $\mathcal{G}_U \trianglelefteq \mathcal{G}$, dann gibt es eine Zahl $r \in \mathbb{N}$ mit $|\mathcal{G}| = r \cdot |\mathcal{G}_U|$. Die Ordnungen von Untergruppen sind also immer Teiler der Gruppenordnung. $r = |\mathcal{G}/\mathcal{G}_U| = |\mathcal{G}_U \backslash \mathcal{G}|$ heißt *Index* von $\mathcal{G}_U$ in $\mathcal{G}$. Schreibweise: $[\mathcal{G} : \mathcal{G}_U] = r$. Es gilt also $|\mathcal{G}| = [\mathcal{G} : \mathcal{G}_U] \cdot |\mathcal{G}_U|$.

A.2 Alphabete und Wörter

Ein Alphabet $\Sigma = \{a_1, \ldots, a_n\}$ ist ein endlicher Vorrat von atomaren Symbolen, aus denen Wörter gebildet werden können. Die Menge aller Wörter Σ^* über Σ ergibt sich gemäß folgender Definition:

- $a \in \Sigma$, dann auch $a \in \Sigma^*$: Jedes Symbol des Alphabetes Σ ist auch ein Wort über Σ.
- $x, y \in \Sigma^*$, dann $xy \in \Sigma^*$: Sind x und y Wörter in Σ^*, dann auch ihre *Konkatenation* xy.
- $\varepsilon \in \Sigma^*$: das *leere Wort* gehört zur Menge aller Wörter unabhängig von Σ. Das leere Wort ε ist definiert durch die Eigenschaft, dass $\varepsilon x = x\varepsilon = x$ für alle $x \in \Sigma^*$ gilt.

Wenn wir den Konkatenationsoperator xy durch $x \circ y$ notieren, folgt, dass $(\Sigma^*, \circ)$ ein Monoid ist, denn es gilt $x \circ (y \circ z) = (x \circ y) \circ z$ für alle $x, y, z, \in \Sigma^*$, d.h. die Konkatenation $\circ$ ist assoziativ, und das leere Wort ε ist das Einselement von Σ^*.

Es gilt z.B.

- für $\Sigma = \emptyset$: $\Sigma^* = \{\varepsilon\}$,
- für $\Sigma = \{a\}$: $\Sigma^* = \{\varepsilon, a, aa, aaa, \ldots\} = \{a^n \mid n \in \mathbb{N}_0\}$,
- für $\Sigma = \{a, b\}$:

$$\Sigma^* = \{\varepsilon, a, b, aa, ab, ba, bb, aaa, aab, aba, abb, baa, bab, bba, bbb, \ldots\}$$

Die *Länge* eines Wortes $w \in \Sigma^*$ ist durch die Anzahl der Buchstaben, aus denen w besteht, festgelegt. Für $n \in \mathbb{N}_0$ bezeichnen wir mit Σ^n die Menge aller Wörter der Länge n über Σ.

A.3 Ringe, Integritätsbereiche

- $\mathcal{R} = (M, *_1, *_2)$ heißt *Ring* genau dann, wenn
  - $(M, *_1)$ eine kommutative Gruppe bildet (deren Einselement bezeichnen wir mit e_1),
  - $(M, *_2)$ eine Halbgruppe bildet,
  - die (*Links-* bzw. *Rechts-*) *Distributivgesetze*

$$\begin{aligned} a *_2 (b *_1 c) &= (a *_2 b) *_1 (a *_2 c) \\ (a *_1 b) *_2 c &= (a *_2 c) *_1 (b *_2 c) \end{aligned} \tag{A.8}$$

  für alle $a, b, c \in M$ gelten.
- Ist $*_2$ ebenfalls kommutativ, dann heißt $\mathcal{R}$ *kommutativer Ring*.
- Ist $(M, *_2)$ ein Monoid, dann heißt $\mathcal{R}$ *Ring mit Einselement* (welches wir mit e_2 bezeichnen).

Ein Beispiel für einen kommutativen Ring mit Einselement ist die Menge der ganzen Zahlen mit den Operationen Addition und Multiplikation: $(\mathbb{Z}, +, \cdot)$. Das Einselement der Addition ist die 0, das Einselement der Multiplikation ist die 1. Da $\mathbb{Z}$ ein „Prototyp" für einen Ring ist, bezeichnet man auch im Allgemeinen die Operation $*_1$ als Additon und die Operation $*_2$ als Multiplikation und notiert diese mit $+$ bzw. mit $\cdot$, und man schreibt im Allgemeinen $\mathcal{R} = (M, +, \cdot)$ anstelle von $\mathcal{R} = (M, *_1, *_2)$. Dementsprechend nennt man e_1 das *additive Einselement* und e_2 das *multiplikative Einselement* und notiert diese auch im Allgemeinen mit 0 bzw. mit 1.

Für eine Zahl $m \in \mathbb{N}$ und Zahlen $a, b \in \mathbb{Z}$ schreiben wir

$$a = b\,(m) \tag{A.9}$$

genau dann, wenn $a - b$ durch m teilbar ist, was gleichbedeutend damit ist, dass a und b bei Division durch m denselben Rest lassen. Gilt $a = b\,(m)$, dann nennen wir a und b *kongruent modulo* m. Die dadurch definierte Relation auf $\mathbb{Z}$ ist eine Äquivalenzrelation, welche $\mathbb{Z}$ in m *Restklassen* $[\,i\,]_m$ partitioniert:

$$[\,i\,]_m = \{x \in \mathbb{Z} \mid x = i\,(m)\} = \{x \in \mathbb{Z} \mid x = k \cdot m + i,\ k \in \mathbb{Z}\} \tag{A.10}$$

Man wählt als Repräsentanten die kleinsten positiven Reste $0, 1, \ldots, m-1$ und fast diese in der Menge

$$\mathbb{Z}_m = \{0, 1, \ldots, m-1\} \tag{A.11}$$

zusammen. Definiert man

$$\begin{aligned} [\,i\,]_m +_m [\,j\,]_m &= [\,i + j\,]_m \\ [\,i\,]_m \cdot_m [\,j\,]_m &= [\,i \cdot j\,]_m \end{aligned} \tag{A.12}$$

so erhält man als neue Rechenstruktur $(\mathbb{Z}_m, +_m, \cdot_m)$, den *Restklassenring modulo* m. Dieser bildet wie $\mathbb{Z}$ einen kommutativen Ring mit Einselement. Bei diesem schreibt man $+$ anstelle von $+_m$ und $\cdot$ anstelle von $\cdot_m$, und falls aus dem Zusammenhang klar ist, dass in $\mathbb{Z}_m$ gerechnet wird, lässt man auch die Angabe (m) beim Rechnen weg.

Sei $\mathcal{R}$ ein Ring. Existiert zu $a \in \mathcal{R}$ mit $a \neq 0$ ein $b \in \mathcal{R}$ mit $b \neq 0$ und $a \cdot b = 0$, dann heißt a *Nullteiler* in $\mathcal{R}$. So enthält $\mathbb{Z}_{12}$ die Nullteiler $2, 3, 4, 6, 9, 10$, denn es gilt z.B. $2 \cdot 6 = 0$, $3 \cdot 4 = 0$, $4 \cdot 9 = 0$ und $6 \cdot 10 = 0$ in $\mathbb{Z}_{12}$. Besitzt ein Ring keine Nullteiler, dann nennen wir ihn *nullteilerfrei*. $\mathbb{Z}$ und $\mathbb{Z}_7$ sind Beispiele für nullteilerfreie Ringe.

Einen nullerteilerfreien kommutativen Ring mit Einselement nennt man *Integritätsbereich*. $\mathbb{Z}$, $\mathbb{Z}_7$, $\mathbb{Z}_{11}$ und $\mathbb{Z}_{13}$ sind Beispiele für Integritätsbereiche, $\mathbb{Z}_4$, $\mathbb{Z}_{12}$ unbd $\mathbb{Z}_{20}$ sind keine Integritätsbereiche.

Die bezüglich der Multiplikation invertierbaren Elemente eines Rings mit Einselement nennt man auch *Einheiten*. Man kann zeigen, dass $a \in \mathcal{R}$ eine

Einheit ist genau dann, wenn a kein Nullteiler von $\mathcal{R}$ ist. Die Einheiten eines Rings $\mathcal{R}$ fasst man in der Menge $\mathcal{R}^*$ zusammen. $\mathcal{R}^*$ ist niemals leer, denn es gilt immer $1 \in \mathcal{R}^*$. Man kann zeigen, dass $\mathcal{R}^*$ eine Gruppe, die so genannte *Einheitengruppe* von $\mathcal{R}$, bildet.

Für die Restklassenringe $\mathbb{Z}_m$ kann man zeigen, dass

$$\mathbb{Z}_m^* = \{x \in \mathbb{Z}_m \mid (x, m) = 1\} \tag{A.13}$$

gilt (dabei bedeutet (a, b) der größte gemeinsame Teiler von a und b; $(a, b) = 1$ bedeutet, dass a und b teilerfremd sind). $\mathbb{Z}_m^*$ ist die *Restklassengruppe modulo m*. Die Funktion $\varphi : \mathbb{N} \to \mathbb{N}$ definiert durch

$$\varphi(m) = |\mathbb{Z}_m^*| = |\{x \in \mathbb{Z}_m \mid (x, m) = 1\}|$$

heißt *Eulersche φ-Funktion.*

Es gilt z.B.

$$\begin{aligned}
\mathbb{Z}^* &= \{1, -1\} & & \\
\mathbb{Z}_4^* &= \{1, 3\} & \varphi(4) &= 2 \\
\mathbb{Z}_7^* &= \{1, 2, 3, 4, 5, 6\} & \varphi(7) &= 6 \\
\mathbb{Z}_{11}^* &= \{1, 2, 3, 4, 5, 6, 7, 8, 9, 10\} & \varphi(11) &= 10 \\
\mathbb{Z}_{12}^* &= \{1, 5, 7, 11\} & \varphi(12) &= 4 \\
\mathbb{Z}_{20}^* &= \{1, 3, 7, 9, 11, 13, 17, 19\} & \varphi(20) &= 8
\end{aligned}$$

In Integritätsbereichen gilt die *Kürzungsregel*: Sei $\mathcal{I}$ ein Integritätsbereich und $a, b, c \in \mathcal{I}$ mit $c \neq 0$ und $ac = bc$, dann folgt $a = b$. Denn aus $ac = bc$ folgt $(a-b)c = 0$. Wegen der Nullteilerfreiheit von $\mathcal{I}$ und weil $c \neq 0$ ist, muss $a-b = 0$ und damit $a = b$ sein. Wir können also in Integritätsbereichen beide Seiten einer Gleichung durch denselben Faktor (ungleich Null) „dividieren“, auch wenn dieser Faktor nicht invertierbar ist.

A.4 Körper

$\mathcal{K} = (M, +, \cdot)$ bildet einen *Körper* genau dann, wenn

- $(M, +, \cdot)$ einen kommutativen Ring mit Einselement bildet,
- $(M - \{0\}, \cdot)$ eine Gruppe bildet.

Ein kommutativer Ring mit Einselement bildet also einen Körper genau dann, wenn bezüglich der Multiplikation alle Elemente außer der 0 invertierbar sind, wenn also $\mathcal{K}^* = \mathcal{K} - \{0\}$ gilt. Wegen der Kommutativität braucht man bei Körpern von den beiden Distributivgesetzen (A.8) nur eines fordern.

Die Zahlenmengen $\mathbb{Q}$, $\mathbb{R}$ und $\mathbb{C}$ sind „Prototypen“ für Körper. Man kann zeigen, dass endliche Integritätsbereiche immer Körper sind. Des Weiteren kann man zeigen, dass $\mathbb{Z}_m$ nullteilerfrei, damit ein Integritätsbereich und damit ein Körper ist, genau dann, wenn m eine Primzahl ist. Für $p \in \mathbb{P}$ schreibt man anstelle von $\mathbb{Z}_p$ auch $\mathbb{F}_p$ (oder auch $\mathbb{GF}(p)$).

Es sei $\mathcal{K}$ ein Körper und $a, b, c, d \in \mathcal{K}$, $m, n \in \mathbb{Z}$ und $k \in \mathbb{N}_0$, dann gelten folgende Rechenregeln:

a) $a \cdot 0 = 0$

b) Ist $ab = 0$, dann ist $a = 0$ oder $b = 0$.

c) $ab + (-a)b = 0$

d) $(-a)b = -(ab)$

e) $(-a)(-b) = ab$

f) $a^{-1} \cdot b^{-1} = (ab)^{-1}$

g) $a \cdot b^{-1} \cdot c \cdot d^{-1} = ac \cdot (bd)^{-1}$

h) $a \cdot b^{-1} + c \cdot d^{-1} = (ad + bc) \cdot (bd)^{-1}$

i) $a^n \cdot b^n = (ab)^n$

j) $a^m \cdot a^n = a^{m+n}$

k) $(a^m)^n = a^{m \cdot n}$

l) $(a + b)^k = \sum_{i=0}^{n} \binom{n}{i} a^k \cdot b^{k-i}$

m) $(a + b)(a - b) = a^2 - b^2$

n) Die Gleichung $a + x = b$ ist eindeutig lösbar.

o) Die Gleichung $ax + b = c$ mit $a \neq 0$ ist eindeutig lösbar.

Es sei $\mathcal{K}$ ein Körper, $n \in \mathbb{N}_0$ und $a_i \in \mathcal{K}$, $0 \leq i \leq n$, mit $a_n \neq 0$. Dann heißt

$$p(x) = \sum_{i=0}^{n} a_i x^i = a_0 + a_1 x + a_2 x^2 + \ldots + a_{n-1} x^{n-1} + a_n x^n$$

ein *Polynom vom Grad n* über $\mathcal{K}$. Mit $\mathcal{K}[x]^{(n)}$ bezeichnen wir die Menge aller Polynome vom Grad n über $\mathcal{K}$.

Lösungen zu den Aufgaben

Aufgabe 1.1

Wir überprüfen, ob die vier Vektorraumaxiome aus Definition 1.1 erfüllt sind:

(1) $(\mathcal{V}, +)$ bildet eine abelsche Gruppe:

(i) Ist $\mathbf{A}, \mathbf{B} \in \mathcal{V}$, dann ist $\mathbf{A} + \mathbf{B} \in \mathcal{V}$.

(ii) $\emptyset \in \mathcal{V}$ ist das Einselement: $\mathbf{A} + \emptyset = (\mathbf{A} - \emptyset) \cup (\emptyset - \mathbf{A}) = \mathbf{A}$.

(iii) Es ist $\mathbf{A}^{-1} = \mathbf{A}$: $\mathbf{A} + \mathbf{A} = (\mathbf{A} - \mathbf{A}) \cup (\mathbf{A} - \mathbf{A}) = \emptyset \cup \emptyset = \emptyset$.

(iv) Es gilt: $\mathbf{A} + \mathbf{B} = \mathbf{B} + \mathbf{A}$ sowie $\mathbf{A} + (\mathbf{B} + \mathbf{C}) = (\mathbf{A} + \mathbf{B}) + \mathbf{C}$.

(2) $\mathcal{V}$ ist Vektorraum über $\mathbb{F}_2$:

(i) Axiom (1.1) gilt wegen Festlegung (1.8).

(ii) Wir zeigen die Gültigkeit von Axiom (1.2): Sei $\alpha = 0$, dann gilt:

$$\alpha * (\mathbf{A} + \mathbf{B}) = 0 * (\mathbf{A} + \mathbf{B}) = \emptyset = \emptyset + \emptyset = 0 * \mathbf{A} + 0 * \mathbf{B} = \alpha * \mathbf{A} + \alpha * \mathbf{B}$$

Sei $\alpha = 1$, dann gilt:

$$\alpha * (\mathbf{A} + \mathbf{B}) = 1 * (\mathbf{A} + \mathbf{B}) = \mathbf{A} + \mathbf{B} = 1 * \mathbf{A} + 1 * \mathbf{B} = \alpha * \mathbf{A} + \alpha * \mathbf{B}$$

(iii) Wir zeigen Axiom (1.3): Sei $\alpha = \beta = 1$, dann gilt:

$$(\alpha + \beta) * \mathbf{A} = 0 * \mathbf{A} = \emptyset = \mathbf{A} + \mathbf{A} = 1 * \mathbf{A} + 1 * \mathbf{A} = \alpha * \mathbf{A} + \beta * \mathbf{A}$$

Sei $\alpha = \beta = 0$, dann gilt:

$$(\alpha + \beta) * \mathbf{A} = 0 * \mathbf{A} = \emptyset = \emptyset + \emptyset = 0 * \mathbf{A} + 0 * \mathbf{A} = \alpha * \mathbf{A} + \beta * \mathbf{A}$$

Sei $\alpha = 1$ und $\beta = 0$, dann gilt:

$$(\alpha + \beta) * \mathbf{A} = 1 * \mathbf{A} = \mathbf{A} = \mathbf{A} + \emptyset = 1 * \mathbf{A} + 0 * \mathbf{A} = \alpha * \mathbf{A} + \beta * \mathbf{A}$$

Für $\alpha = 0$ und $\beta = 1$ folgt der Beweis analog.

(iv) Wir zeigen noch Axiom (1.4): Sei $\alpha = \beta = 1$, dann gilt:

$$(\alpha \cdot \beta) * \mathbf{A} = (1 \cdot 1) * \mathbf{A} = 1 * \mathbf{A} = 1 * (1 * \mathbf{A}) = \alpha * (\beta * \mathbf{A})$$

Sei $\alpha = 0$ oder $\beta = 0$, dann gilt:

$$(\alpha \cdot \beta) * \mathbf{A} = 0 * \mathbf{A} = \emptyset = 0 * \mathbf{A} = \alpha * (\beta * \mathbf{A})$$

Aufgabe 1.2

a) Sei $\alpha, \beta \in \mathbb{R}$ und $(a,b),(c,d) \in U_1$, d.h.:

$$3a - 4b = 0 \tag{7.1}$$
$$3c - 4d = 0 \tag{7.2}$$

Gemäß Satz 1.2 ist zu zeigen:

$$\alpha(a,b) + \beta(c,d) \in U_1 \tag{7.3}$$

Es gilt:

$$\begin{aligned} \alpha(a,b) + \beta(c,d) &= (\alpha a, \alpha b) + (\beta c, \beta d) \\ &= (\alpha a + \beta c, \alpha b + \beta d) \end{aligned} \tag{7.4}$$

Gemäß Definition von U_1 sowie wegen (7.3) und (7.4) ist nun zu zeigen:

$$3(\alpha a + \beta c) - 4(\alpha b + \beta d) = 0 \tag{7.5}$$

Es ist:

$$\begin{aligned} 3(\alpha a + \beta c) - 4(\alpha b + \beta d) &= 3\alpha a - 4\alpha b + 3\beta c - 4\beta d \\ &= \alpha(3a - 4b) + \beta(3c - 4d) \\ &= \alpha \cdot 0 + \beta \cdot 0 \text{ (wegen (7.1) und (7.2))} \\ &= 0 \end{aligned}$$

Damit ist (7.5) und damit (7.3) gezeigt.

Mit analoger Vorgehensweise kommt man für U_2, da

$$\begin{aligned} a - 2b &= 1 \\ c - 2d &= 1 \end{aligned}$$

gilt, dazu, dass

$$\begin{aligned} (\alpha a + \beta c) - 2(\alpha b + \beta d) &= \alpha a - 2\alpha b + \beta c - 2\beta d \\ &= \alpha(a - 2b) + \beta(c - 2d) \\ &= \alpha \cdot 1 + \beta \cdot 1 \\ &= (\alpha + \beta) \cdot 1 \end{aligned}$$

ist. Es ist $(\alpha + \beta) \cdot 1 = 1$ nur dann, falls $\alpha + \beta = 1$ ist, und das ist nicht für alle $\alpha, \beta \in \mathbb{R}$ der Fall. Also ist U_2 kein Unterraum.

b) Wir zeigen mithilfe von Satz 1.2: Sind $\mathcal{U}_1$ und $\mathcal{U}_2$ zwei Unterräume eines Vektorraums $\mathcal{V}$, dann ist auch $\mathcal{U}_1 \cap \mathcal{U}_2$ ein Unterraum von $\mathcal{V}$.

Seien $\alpha, \beta \in \mathcal{K}$ sowie $\mathbf{a}, \mathbf{b} \in \mathcal{U}_1 \cap \mathcal{U}_2$. Da $\mathcal{U}_1$ und $\mathcal{U}_2$ Unterräume sind, ist $\alpha * \mathbf{a} + \beta * \mathbf{b} \in \mathcal{U}_1$ und $\alpha * \mathbf{a} + \beta * \mathbf{b} \in \mathcal{U}_2$, woraus unmittelbar folgt: $\alpha * \mathbf{a} + \beta * \mathbf{b} \in \mathcal{U}_1 \cap \mathcal{U}_2$.

Aufgabe 1.3

Zu (1): **a)** Zum Beweis verwenden wir Satz 1.2, d.h. wir zeigen, dass für $\alpha, \beta \in \mathcal{K}$ und $\mathbf{a}, \mathbf{b} \in \mathit{Span}_{\mathcal{K}}(\mathbf{x})$ gilt: $\alpha * \mathbf{a} + \beta * \mathbf{b} \in \mathit{Span}_{\mathcal{K}}(\mathbf{x})$.

Sei also $\alpha, \beta \in \mathcal{K}$ und $\mathbf{a}, \mathbf{b} \in \mathit{Span}_{\mathcal{K}}(\mathbf{x})$. Zu $\mathbf{a}$ und $\mathbf{b}$ gibt es $\gamma, \delta \in \mathcal{K}$ mit $\mathbf{a} = \gamma * \mathbf{x}$ bzw. mit $\mathbf{b} = \delta * \mathbf{x}$. Es folgt:

$$\alpha * \mathbf{a} + \beta * \mathbf{b} = \alpha * (\gamma * \mathbf{x}) + \beta * (\delta * \mathbf{x}) = (\alpha \cdot \gamma) * \mathbf{x} + (\beta \cdot \delta) * \mathbf{x} = (\alpha \cdot \gamma + \beta \cdot \delta) * \mathbf{x}$$

Es ist $\alpha \cdot \gamma + \beta \cdot \delta \in \mathcal{K}$, also $(\alpha \cdot \gamma + \beta \cdot \delta) * \mathbf{x} \in \mathit{Span}_{\mathcal{K}}(\mathbf{x})$, d.h. $\alpha * \mathbf{a} + \beta * \mathbf{b} \in \mathit{Span}_{\mathcal{K}}(\mathbf{x})$. Damit gilt gemäß Satz 1.2, dass $\mathit{Span}_{\mathcal{K}}(\mathbf{x})$ Unterraum von $\mathcal{V}$ ist.

b) Wir zeigen: $\mathit{Span}_{\mathcal{K}}(\mathbf{x}) \subseteq \mathit{Span}_{\mathcal{K}}(\mathbf{y})$ und $\mathit{Span}_{\mathcal{K}}(\mathbf{y}) \subseteq \mathit{Span}_{\mathcal{K}}(\mathbf{x})$.

„$\mathit{Span}_{\mathcal{K}}(\mathbf{x}) \subseteq \mathit{Span}_{\mathcal{K}}(\mathbf{y})$“: Sei $\mathbf{a} \in \mathit{Span}_{\mathcal{K}}(\mathbf{x})$, dann gibt es $\alpha \in \mathcal{K}$ mit $\mathbf{a} = \alpha * \mathbf{x}$. Da $\mathbf{y} \in \mathit{Span}_{\mathcal{K}}(\mathbf{x})$ ist, gibt es ein $\beta \in \mathcal{K}$ mit $\mathbf{y} = \beta * \mathbf{x}$. Da $\mathbf{x} \neq \mathbf{0}$ und $\mathbf{y} \neq \mathbf{0}$ gilt, ist $\mathbf{x} = \beta^{-1} * \mathbf{y}$. Insgesamt gilt also: $\mathbf{a} = \alpha \cdot \beta^{-1} * \mathbf{y} \in \mathit{Span}_{\mathcal{K}}(\mathbf{y})$, da $\alpha \cdot \beta^{-1} \in \mathcal{K}$. Also ist $\mathbf{a} \in \mathit{Span}_{\mathcal{K}}(\mathbf{y})$ und damit $\mathit{Span}_{\mathcal{K}}(\mathbf{x}) \subseteq \mathit{Span}_{\mathcal{K}}(\mathbf{y})$.

„$\mathit{Span}_{\mathcal{K}}(\mathbf{y}) \subseteq \mathit{Span}_{\mathcal{K}}(\mathbf{x})$“: Sei $\mathbf{b} \in \mathit{Span}_{\mathcal{K}}(\mathbf{y})$, dann gibt es $\beta \in \mathcal{K}$ mit $\mathbf{b} = \beta * \mathbf{y}$. Da $\mathbf{y} \in \mathit{Span}_{\mathcal{K}}(\mathbf{x})$ ist, gibt es $\alpha \in \mathcal{K}$ mit $\mathbf{y} = \alpha * \mathbf{x}$. Insgesamt gilt also: $\mathbf{b} = (\beta \cdot \alpha) * \mathbf{x} \in \mathit{Span}_{\mathcal{K}}(\mathbf{x})$, da $\beta \cdot \alpha \in \mathcal{K}$, also $\mathbf{b} \in \mathit{Span}_{\mathcal{K}}(\mathbf{x})$, also $\mathit{Span}_{\mathcal{K}}(\mathbf{y}) \subseteq \mathit{Span}_{\mathcal{K}}(\mathbf{x})$.

Zu (2): Gemäß Satz 1.2 zeigen wir, dass für alle $\mathbf{a}, \mathbf{b} \in \mathit{Span}_{\mathcal{K}}(A)$ und für alle $\alpha, \beta \in \mathcal{K}$ gilt $\alpha\mathbf{a} + \beta\mathbf{b} \in \mathit{Span}_{\mathcal{K}}(A)$. Zu $\mathbf{a}, \mathbf{b} \in \mathit{Span}_{\mathcal{K}}(A)$ gibt es $\alpha_i^a, \alpha_i^b \in \mathcal{K}$, $1 \leq i \leq m$, mit

$$\mathbf{a} = \alpha_1^a\mathbf{x_1} + \alpha_2^a\mathbf{x_2} + \ldots + \alpha_m^a\mathbf{x_m} \text{ sowie } \mathbf{b} = \alpha_1^b\mathbf{x_1} + \alpha_2^b\mathbf{x_2} + \ldots + \alpha_m^b\mathbf{x_m}$$

Es folgt

$$\begin{aligned}
\alpha\mathbf{a} + \beta\mathbf{b} &= \alpha(\alpha_1^a\mathbf{x_1} + \alpha_2^a\mathbf{x_2} + \ldots + \alpha_m^a\mathbf{x_m}) + \beta(\alpha_1^b\mathbf{x_1} + \alpha_2^b\mathbf{x_2} + \ldots + \alpha_m^b\mathbf{x_m}) \\
&= (\alpha\alpha_1^a\mathbf{x_1} + \alpha\alpha_2^a\mathbf{x_2} + \ldots + \alpha\alpha_m^a\mathbf{x_m}) \\
&\quad + (\beta\alpha_1^b\mathbf{x_1} + \beta\alpha_2^b\mathbf{x_2} + \ldots + \beta\alpha_m^b\mathbf{x_m}) \\
&= (\alpha\alpha_1^a + \beta\alpha_1^b)\mathbf{x_1} + (\alpha\alpha_2^a + \beta\alpha_2^b)\mathbf{x_2} + \ldots + (\alpha\alpha_m^a + \beta\alpha_m^b)\mathbf{x_m}
\end{aligned}$$

Da $\alpha\alpha_i^a + \beta\alpha_i^b \in \mathcal{K}$ für $1 \leq i \leq m$ gilt, ist $\alpha\mathbf{a} + \beta\mathbf{b} \in \mathit{Span}_{\mathcal{K}}(A)$, was zu zeigen war.

Aufgabe 1.4

Aus Beispiel 1.3 folgt unmittelbar, dass die n Vektoren $\mathbf{x_i} = (x_{i1}, \ldots, x_{in})$, $1 \leq i \leq n$, mit $x_{ii} \neq 0$ und $x_{ij} = 0$ für $i \neq j$ eine Basis bilden. Die Basis mit den Einheitsvektoren (also mit $x_{ii} = 1$, $1 \leq i \leq n$) heißt Einheitsbasis.

Aufgabe 1.5

a) Sei $\alpha, \beta \in \mathbb{R}$ und $(a, a, b), (c, c, d) \in U$. Zu zeigen ist (wieder gemäß Satz 1.2):

$$\alpha(a, a, b) + \beta(c, c, d) \in U$$

Es gilt:

$$\begin{aligned}\alpha(a,a,b)+\beta(c,c,d) &= (\alpha a,\alpha a,\alpha b)+(\beta c,\beta c,\beta d)\\ &= (\alpha a+\beta c,\alpha a+\beta c,\alpha b+\beta d)\end{aligned}$$

Gemäß Definition von U ist $(\alpha a+\beta c,\alpha a+\beta c,\alpha b+\beta d)\in U$, was zu zeigen war, U ist also Unterraum von $\mathbb{R}$.

Für $\mathcal{B}_U=\{(1,1,0),(0,0,1)\}$ gilt $Span_{\mathbb{R}}(\mathcal{B}_{\mathcal{U}})=U$, denn, ist $(x,x,y)\in\mathbb{R}$, dann ist

$$(x,x,y)\in U \text{ genau dann, wenn } x(1,1,0)+y(0,0,1)=(x,x,y)$$

Es gilt

$$\alpha\cdot\begin{pmatrix}1\\1\\0\end{pmatrix}+\beta\cdot\begin{pmatrix}0\\0\\1\end{pmatrix}=\begin{pmatrix}0\\0\\0\end{pmatrix}$$

genau dann, wenn $\alpha=\beta=0$ ist, d.h. die Vektoren in $\mathcal{B}_U$ sind linear unabhängig.

Insgesamt folgt also, dass $\mathcal{B}_U$ eine Basis von U bildet. Damit ist $\dim(U)=2$.

b) Zu (1): Wir zeigen,

(i) die Elemente von $\mathcal{B}$ sind linear unabhängig,

(ii) und es gilt $Span_{\mathbb{R}}(\mathcal{B})=\mathbb{R}^3$.

Zu (i): Das Gleichungssystem

$$\alpha\begin{pmatrix}1\\1\\0\end{pmatrix}+\beta\begin{pmatrix}1\\0\\1\end{pmatrix}+\gamma\begin{pmatrix}0\\1\\1\end{pmatrix}=\begin{pmatrix}0\\0\\0\end{pmatrix}$$

hat die Lösung $\alpha=\beta=\gamma=0$. Damit ist $\mathcal{B}$ linear unabhängig.

Zu (ii): Das Gleichungssystem

$$\alpha\begin{pmatrix}1\\1\\0\end{pmatrix}+\beta\begin{pmatrix}1\\0\\1\end{pmatrix}+\gamma\begin{pmatrix}0\\1\\1\end{pmatrix}=\begin{pmatrix}x\\y\\z\end{pmatrix}$$

hat die Lösung

$$\alpha=\frac{x+y-z}{2},\quad \beta=\frac{x-y+z}{2},\quad \gamma=\frac{z-x+y}{2}$$

Damit gilt $Span_{\mathbb{R}}(\mathcal{B})=\mathbb{R}^3$.

Es gilt also

$$(x,y,z)=\frac{x+y-z}{2}(1,1,0)+\frac{x-y+z}{2}(1,0,1)+\frac{z-x+y}{2}(0,1,1)$$

und damit

$$(x, y, z)^{\mathcal{B}} = \frac{1}{2}(x + y - z, x - y + z, z - x + y) \tag{7.6}$$

Zu (2): Aus (7.6) folgt für $(x, y, z) = (1, 1, 1)$: $(1, 1, 1)^{\mathcal{B}} = \left(\frac{1}{2}, \frac{1}{2}, \frac{1}{2}\right)$, also

$$(1, 1, 1) = \frac{1}{2} \cdot (1, 1, 0) + \frac{1}{2} \cdot (1, 0, 1) + \frac{1}{2} \cdot (0, 1, 1)$$

Die Koordinaten von $(1, 1, 1)$ bezüglich $\mathcal{B}$ sind also $\left(\frac{1}{2}, \frac{1}{2}, \frac{1}{2}\right)$.

Aufgabe 1.6

a) Es gilt: $\varphi(\mathbf{0}_{\mathcal{V}}) = \varphi(\mathbf{0}_{\mathcal{V}} +_{\mathcal{V}} \mathbf{0}_{\mathcal{V}}) = \varphi(\mathbf{0}_{\mathcal{V}}) +_{\mathcal{W}} \varphi(\mathbf{0}_{\mathcal{V}})$. Daraus folgt durch Subtraktion von $\varphi(\mathbf{0}_{\mathcal{V}})$ (in $\mathcal{W}$) auf beiden Seiten die Behauptung.

b) Erfolgt durch Nachrechnen mithilfe der definierenden Strukturgleichungen in Definition 1.9:

$$\varphi(\alpha *_{\mathcal{V}} \mathbf{a} +_{\mathcal{V}} \beta *_{\mathcal{V}} \mathbf{b}) = \varphi(\alpha *_{\mathcal{V}} \mathbf{a}) +_{\mathcal{W}} \varphi(\beta *_{\mathcal{V}} \mathbf{b}) = \alpha *_{\mathcal{W}} \varphi(\mathbf{a}) +_{\mathcal{W}} \beta *_{\mathcal{W}} \varphi(\mathbf{b})$$

c) Folgt unmittelbar mithilfe von a) und b) für $\alpha = -1$, $\beta = 0$ und $b = \mathbf{0}$.

d) Zu zeigen (gemäß Satz 1.2): Für alle $\alpha, \beta \in \mathcal{K}$ und alle $\mathbf{a}, \mathbf{b} \in \mathit{Bild}(\varphi)$ gilt

$$\alpha *_{\mathcal{W}} \mathbf{a} +_{\mathcal{W}} \beta *_{\mathcal{W}} \mathbf{b} \in \mathit{Bild}(\varphi)$$

Zu $\mathbf{a}, \mathbf{b} \in \mathit{Bild}(\varphi)$ gibt es $\mathbf{x}, \mathbf{y} \in \mathcal{V}$ mit $\varphi(\mathbf{x}) = \mathbf{a}$ und $\varphi(\mathbf{y}) = \mathbf{b}$. Mithilfe von b) folgt

$$\begin{aligned}
\alpha *_{\mathcal{W}} \mathbf{a} +_{\mathcal{W}} \beta *_{\mathcal{W}} \mathbf{b} &= \alpha *_{\mathcal{W}} \varphi(\mathbf{x}) +_{\mathcal{W}} \beta *_{\mathcal{W}} \varphi(\mathbf{y}) \\
&= \varphi(\alpha *_{\mathcal{V}} \mathbf{x}) +_{\mathcal{W}} \varphi(\beta *_{\mathcal{V}} \mathbf{y}) \\
&= \varphi(\alpha *_{\mathcal{V}} \mathbf{x} +_{\mathcal{V}} \beta *_{\mathcal{V}} \mathbf{y}) \\
&\in \mathit{Bild}(\varphi)
\end{aligned}$$

was zu zeigen war.

e) Zu zeigen (gemäß Satz 1.2): Für alle $\alpha, \beta \in \mathcal{K}$ und alle $\mathbf{x}, \mathbf{y} \in \mathit{Kern}(\varphi)$ gilt

$$\alpha *_{\mathcal{V}} \mathbf{x} +_{\mathcal{V}} \beta *_{\mathcal{V}} \mathbf{y} \in \mathit{Kern}(\varphi)$$

Sei $\mathbf{x}, \mathbf{y} \in \mathit{Kern}(\varphi)$, d.h. $\varphi(\mathbf{x}) = \mathbf{0}_{\mathcal{W}}$ und $\varphi(\mathbf{y}) = \mathbf{0}_{\mathcal{W}}$. Es gilt mithilfe von b):

$$\begin{aligned}
\varphi(\alpha *_{\mathcal{V}} \mathbf{x} +_{\mathcal{V}} \beta *_{\mathcal{V}} \mathbf{y}) &= \alpha *_{\mathcal{W}} \varphi(\mathbf{x}) +_{\mathcal{W}} \beta *_{\mathcal{W}} \varphi(\mathbf{y}) \\
&= \alpha *_{\mathcal{W}} \mathbf{0}_{\mathcal{W}} +_{\mathcal{W}} \beta *_{\mathcal{W}} \mathbf{0} \\
&= \mathbf{0}
\end{aligned}$$

Daraus folgt, dass $\alpha *_{\mathcal{V}} \mathbf{x} +_{\mathcal{V}} \beta *_{\mathcal{V}} \mathbf{y} \in \mathit{Kern}(\varphi)$ ist.

Aufgabe 1.7

a) Diese Aussage folgt unmittelbar aus Satz 1.12 a).

b) Es sei φ nicht injektiv. Es gibt also $\mathbf{a}, \mathbf{b} \in \mathcal{V}$ mit $\mathbf{a} \neq \mathbf{b}$ und $\varphi(\mathbf{a}) = \varphi(\mathbf{b})$. Daraus folgt $\varphi(\mathbf{a}) - \varphi(\mathbf{b}) = \mathbf{0}_\mathcal{W}$, damit $\varphi(\mathbf{a} - \mathbf{b}) = \mathbf{0}_\mathcal{W}$ und damit $\mathbf{a} - \mathbf{b} \in$ *Kern*(φ). Da $\mathbf{a} - \mathbf{b} \neq \mathbf{0}_\mathcal{V}$ ist, enthält *Kern*(φ) außer $\mathbf{0}_\mathcal{V}$ einen weiteren Vektor, ein Widerspruch zu *Kern*$(\varphi) = \{\mathbf{0}_\mathcal{V}\}$. φ muss also injektiv sein. Umgekehrt gilt: Enthält *Kern*(φ) außer $\mathbf{0}_\mathcal{V}$ einen weiteren Vektor $\mathbf{x}$, dann muss $\varphi(\mathbf{0}_\mathcal{V}) = \varphi(\mathbf{x}) = \mathbf{0}_\mathcal{W}$ sein, d.h. φ ist nicht injektiv, ein Widerspruch. *Kern*(φ) kann also nur den Nullvektor enthalten, wenn φ injektiv ist.

c) Die Behauptung ist gerade die Definition für die Surjektivität einer Abbildung φ.

d) Aus der Bijektivität von φ folgt unmittelbar die Bijektivität von φ^{-1}. Es sei $\mathbf{a}, \mathbf{b} \in \mathcal{V}$ mit $\varphi(\mathbf{a}) = \mathbf{x}$ und $\varphi(\mathbf{b}) = \mathbf{y}$ sowie $\alpha, \beta \in \mathcal{K}$. Dann gilt

$$\begin{aligned}
\varphi^{-1}(\alpha *_\mathcal{W} \mathbf{x} +_\mathcal{W} \beta *_\mathcal{W} \mathbf{y}) &= \varphi^{-1}(\alpha *_\mathcal{W} \varphi(\mathbf{a}) +_\mathcal{W} \beta *_\mathcal{W} \varphi(\mathbf{b})) \\
&= \varphi^{-1}(\varphi(\alpha *_\mathcal{V} \mathbf{a} +_\mathcal{V} \beta *_\mathcal{V} \mathbf{b})) \\
&= \alpha *_\mathcal{V} \mathbf{a} +_\mathcal{V} \beta *_\mathcal{V} \mathbf{b} \\
&= \alpha *_\mathcal{V} \varphi^{-1}(\mathbf{x}) +_\mathcal{V} \beta *_\mathcal{V} \varphi^{-1}(\mathbf{y})
\end{aligned}$$

womit φ^{-1} die strukturerhaltenden Gleichungen gemäß Definition 1.9 erfüllt. □

Aufgabe 1.8

(1) Wir müssen zeigen, dass

$$\varphi(\alpha \cdot (a, b, c, d) + \beta \cdot (e, f, g, h)) = \alpha \cdot \varphi(a, b, c, d) + \beta \cdot \varphi(e, f, g, h)$$

gilt.

Es ist

$$\begin{aligned}
\varphi(\alpha \cdot (a, b, c, d) + \beta \cdot (e, f, g, h)) &= \varphi((\alpha a, \alpha b, \alpha c, \alpha d) + (\beta e, \beta f, \beta g + \beta h)) \\
&= \varphi(\alpha a + \beta e, \alpha b + \beta f, \alpha c + \beta g, \alpha d + \beta h) \\
&= (\alpha a + \beta e + \alpha b + \beta f, \alpha c + \beta g + \alpha d + \beta h) \\
&= (\alpha a + \alpha b, \alpha c + \alpha d) + (\beta e + \beta f, \beta g + \beta h) \\
&= \alpha \cdot (a + b, c + d) + \beta \cdot (e + f, g + h) \\
&= \alpha \cdot \varphi(a, b, c, d) + \beta \cdot \varphi(e, f, g, h)
\end{aligned}$$

womit die Behauptung gezeigt ist.

(2) Es gilt *Bild*$(\varphi) = \mathbb{R}^2$, denn zu jedem Paar $(x, y) \in \mathbb{R}^2$ existiert z.B. das Quadrupel $(x, 0, y, 0) \in \mathbb{R}^4$ mit $\varphi(x, 0, y, 0) = (x + 0, y + 0) = (x, y)$.

(3) Es ist

$$\begin{aligned} Kern(\varphi) &= \{ (a,b,c,d) \in \mathbb{R}^4 \mid \varphi(a,b,c,d) = (0,0) \} \\ &= \{ (a,b,c,d) \in \mathbb{R}^4 \mid (a+b, c+d) = (0,0) \} \\ &= \{ (a,-a,c,-c) \mid a,c \in \mathbb{R} \} \end{aligned}$$

(4) Es folgt, da $|Kern(\varphi)| > 1$ ist, dass φ nicht injektiv und damit kein Isomorphismus ist. □

Aufgabe 1.9

Die Abbildung φ ist offensichtlich bijektiv. Des Weiteren gilt

$$\begin{aligned} &\varphi(\alpha(a_0,\ldots,a_{n-1}) + \beta(b_0,\ldots,b_{n-1})) \\ &= \varphi((\alpha a_0,\ldots,\alpha a_{n-1}) + (\beta b_0,\ldots,\beta b_{n-1})) \\ &= \varphi(\alpha a_0 + \beta b_0,\ldots,\alpha a_{n-1} + \beta b_{n-1}) \\ &= (\alpha a_0 + \beta b_0) + \ldots + (\alpha a_{n-1} + \beta b_{n-1})x^{n-1} \\ &= (\alpha a_0 + \ldots + \alpha a_{n-1}x^{n-1}) + (\beta b_0 + \ldots + \beta b_{n-1}x^{n-1}) \\ &= \alpha(a_0 + \ldots + a_{n-1}x^{n-1}) + \beta(b_0 + \ldots + b_{n-1}x^{n-1}) \\ &= \alpha\varphi(a_0,\ldots,a_{n-1}) + \beta\varphi(b_0,\ldots,b_{n-1}) \end{aligned}$$

womit die Strukturerhaltungsgleichungen von Definition 1.9 in der Kombination von Satz 1.12 erfüllt sind. Insgesamt folgt also, dass φ ein Isomorphismus von $\mathcal{K}^n$ nach $\mathcal{K}[x]^{(n)}$ ist.

Aufgabe 1.10

a) Es gilt für alle $\alpha, \beta \in \mathcal{K}$ und $\mathbf{x}, \mathbf{y} \in \mathcal{V}$

$$\begin{aligned} (\boldsymbol{\varphi} \circ \boldsymbol{\psi})(\alpha\mathbf{x} + \beta\mathbf{y}) &= \boldsymbol{\varphi}(\boldsymbol{\psi}(\alpha\mathbf{x} + \beta\mathbf{y})) \\ &= \boldsymbol{\varphi}(\alpha\boldsymbol{\psi}(\mathbf{x}) + \beta\boldsymbol{\psi}(\mathbf{y})) \\ &= \alpha\boldsymbol{\varphi}(\boldsymbol{\psi}(\mathbf{x})) + \beta\boldsymbol{\varphi}(\boldsymbol{\psi}(\mathbf{y})) \\ &= \alpha(\boldsymbol{\varphi} \circ \boldsymbol{\psi})(\mathbf{x}) + \beta(\boldsymbol{\varphi} \circ \boldsymbol{\psi})(\mathbf{y}) \end{aligned}$$

womit die Linearität von $\boldsymbol{\varphi} \circ \boldsymbol{\psi}$ gezeigt ist.

b) Wir müssen zeigen, dass für alle $\alpha, \beta \in \mathcal{K}$ und alle $\mathbf{v}, \mathbf{v'} \in \mathcal{V}$ gilt

$$\boldsymbol{\varphi}(\alpha\mathbf{v} + \beta\mathbf{v'}) = \alpha\boldsymbol{\varphi}(\mathbf{v}) + \beta\boldsymbol{\varphi}(\mathbf{v'}) \tag{7.7}$$

gilt. Seien α_i und β_i, $1 \leq i \leq m$, die Koordinaten von $\mathbf{v}$ bzw. von $\mathbf{v'}$; es gilt also

$$\alpha\mathbf{v} = \alpha\sum_{i=1}^{m} \alpha_i\mathbf{v_i} = \sum_{i=1}^{m} \alpha\alpha_i\mathbf{v_i} \tag{7.8}$$

und damit wegen (1.12)

$$\boldsymbol{\varphi}(\alpha\mathbf{v}) = \sum_{i=1}^{m} \alpha\alpha_i \mathbf{w_i} = \alpha \sum_{i=1}^{m} \alpha_i \mathbf{w_i} = \alpha\boldsymbol{\varphi}(\mathbf{v}) \tag{7.9}$$

bzw.

$$\beta\mathbf{v'} = \beta \sum_{i=1}^{m} \beta_i \mathbf{v_i} = \sum_{i=1}^{m} \beta\beta_i \mathbf{v_i} \tag{7.10}$$

und damit ebenfalls wegen (1.12)

$$\boldsymbol{\varphi}(\beta\mathbf{v'}) = \sum_{i=1}^{m} \beta\beta_i \mathbf{w_i} = \beta \sum_{i=1}^{m} \beta_i \mathbf{w_i} = \beta\boldsymbol{\varphi}(\mathbf{v'}) \tag{7.11}$$

Aus (7.8) und (7.10) folgt

$$\alpha\mathbf{v} + \beta\mathbf{v'} = \sum_{i=1}^{m} (\alpha\alpha_i + \beta\beta_i)\mathbf{v_i} \tag{7.12}$$

und hieraus mit (1.12), (7.9) und (7.11)

$$\begin{aligned}\boldsymbol{\varphi}\left(\alpha\mathbf{v} + \beta\mathbf{v'}\right) &= \sum_{i=1}^{m} (\alpha\alpha_i + \beta\beta_i)\mathbf{w_i} \\ &= \sum_{i=1}^{m} \alpha\alpha_i \mathbf{w_i} + \sum_{i=1}^{m} \beta\beta_i \mathbf{w_i} \\ &= \alpha\boldsymbol{\varphi}(\mathbf{v}) + \beta\boldsymbol{\varphi}(\mathbf{v'})\end{aligned}$$

womit die Behauptung (7.7) gezeigt ist.

Aufgabe 1.11

Die Koordinaten $\mathbf{x}^{\mathcal{B}_1} = (1, 1, 1)$ des Vektors $\mathbf{x}$ seien bezüglich der Einheitsbasis $\mathcal{B}_1 = \{(1, 0, 0), (0, 1, 0), (0, 0, 1)\}$ gegeben. Wir stellen zunächst diese Vektoren als Linearkombinationen der Vektoren der Basis $\mathcal{B}_2 = \mathcal{B} = \{(1, 1, 0), (1, 0, 1), (0, 1, 1)\}$ dar:

$$\begin{aligned}\mathbf{b_1} &= (1, 0, 0) = \frac{1}{2}(1, 1, 0) + \frac{1}{2}(1, 0, 1) - \frac{1}{2}(0, 1, 1) \\ &= \frac{1}{2}\mathbf{b_1}' + \frac{1}{2}\mathbf{b_2}' - \frac{1}{2}\mathbf{b_3}' \\ \mathbf{b_2} &= (0, 1, 0) = \frac{1}{2}(1, 1, 0) - \frac{1}{2}(1, 0, 1) + \frac{1}{2}(0, 1, 1) \\ &= \frac{1}{2}\mathbf{b_1}' - \frac{1}{2}\mathbf{b_2}' + \frac{1}{2}\mathbf{b_3}' \\ \mathbf{b_3} &= (0, 0, 1) = -\frac{1}{2}(1, 1, 0) + \frac{1}{2}(1, 0, 1) + \frac{1}{2}(0, 1, 1) \\ &= -\frac{1}{2}\mathbf{b_1}' + \frac{1}{2}\mathbf{b_2}' + \frac{1}{2}\mathbf{b_3}'\end{aligned}$$

Hieraus ergibt sich mit (1.18)

$$\begin{aligned} \mathbf{b_1}' &= \frac{1}{2}\cdot 1 + \frac{1}{2}\cdot 1 - \frac{1}{2}\cdot 1 = \frac{1}{2} \\ \mathbf{b_2}' &= \frac{1}{2}\cdot 1 - \frac{1}{2}\cdot 1 + \frac{1}{2}\cdot 1 = \frac{1}{2} \\ \mathbf{b_1}' &= -\frac{1}{2}\cdot 1 + \frac{1}{2}\cdot 1 + \frac{1}{2}\cdot 1 = \frac{1}{2} \end{aligned}$$

und damit $\mathbf{x}^{\mathcal{B}_2} = (\frac{1}{2}, \frac{1}{2}, \frac{1}{2})$ als Koordinaten von $\mathbf{x}$ bezüglich $\mathcal{B}_2$, was natürlich mit dem Ergebnis aus Aufgabe 1.5 b) (2) übereinstimmt.

Aufgabe 1.12

Zu zeigen ist (1)

$$\begin{aligned} &\left(\alpha\cdot\begin{pmatrix} a\\ b\\ c\end{pmatrix} + \beta\cdot\begin{pmatrix} d\\ e\\ f\end{pmatrix}\right)\otimes\begin{pmatrix} g\\ h\\ i\end{pmatrix} \\ &= \alpha\cdot\begin{pmatrix} a\\ b\\ c\end{pmatrix}\otimes\begin{pmatrix} g\\ h\\ i\end{pmatrix} + \beta\cdot\begin{pmatrix} d\\ e\\ f\end{pmatrix}\otimes\begin{pmatrix} g\\ h\\ i\end{pmatrix} \end{aligned}$$

sowie (2)

$$\begin{aligned} &\begin{pmatrix} a\\ b\\ c\end{pmatrix}\otimes\left(\alpha\cdot\begin{pmatrix} d\\ e\\ f\end{pmatrix} + \beta\cdot\begin{pmatrix} g\\ h\\ i\end{pmatrix}\right) \\ &= \alpha\cdot\begin{pmatrix} a\\ b\\ c\end{pmatrix}\otimes\begin{pmatrix} d\\ e\\ f\end{pmatrix} + \beta\cdot\begin{pmatrix} a\\ b\\ c\end{pmatrix}\otimes\begin{pmatrix} g\\ h\\ i\end{pmatrix} \end{aligned}$$

Wir zeigen (1), (2) erfolgt analog.

Es gilt

$$\begin{aligned} &\left(\alpha\cdot\begin{pmatrix} a\\ b\\ c\end{pmatrix} + \beta\cdot\begin{pmatrix} d\\ e\\ f\end{pmatrix}\right)\otimes\begin{pmatrix} g\\ h\\ i\end{pmatrix} \\ &= \begin{pmatrix} \alpha\cdot a+\beta\cdot d\\ \alpha\cdot b+\beta\cdot e\\ \alpha\cdot c+\beta\cdot f\end{pmatrix}\otimes\begin{pmatrix} g\\ h\\ i\end{pmatrix} \\ &= (\alpha\cdot a+\beta\cdot d)\cdot g + (\alpha\cdot b+\beta\cdot e)\cdot h - (\alpha\cdot c+\beta\cdot f)\cdot i \\ &= \alpha\cdot a\cdot g + \alpha\cdot b\cdot h - \alpha\cdot c\cdot i + \beta\cdot d\cdot g + \beta\cdot e\cdot h - \beta\cdot f\cdot i \\ &= \alpha\cdot(a\cdot g + b\cdot h - c\cdot i) + \beta\cdot(d\cdot g + e\cdot h - f\cdot i) \\ &= \alpha\cdot\begin{pmatrix} a\\ b\\ c\end{pmatrix}\otimes\begin{pmatrix} g\\ h\\ i\end{pmatrix} + \beta\cdot\begin{pmatrix} d\\ e\\ f\end{pmatrix}\otimes\begin{pmatrix} g\\ h\\ i\end{pmatrix} \end{aligned}$$

womit die Behauptung gezeigt ist.

Des Weiteren gilt

$$\begin{pmatrix} a \\ b \\ c \end{pmatrix} \otimes \begin{pmatrix} d \\ e \\ f \end{pmatrix} = ad + be - cf = da + eb - fc = \begin{pmatrix} d \\ e \\ f \end{pmatrix} \otimes \begin{pmatrix} a \\ b \\ c \end{pmatrix}$$

$\otimes$ ist also symmetrisch.

Aufgabe 2.2

Multiplikation der Matrix $\mathbf{A}$ von links mit den Elementaroperationen $\mathbf{S}(2, 1, -2)$, $\mathbf{S}(3, 1, -6)$ und $\mathbf{S}(4, 1, -3)$ ergibt die Matrix

$$\begin{pmatrix} 1 & 2 & 3 & 4 & 5 \\ 0 & 0 & 0 & 0 & 0 \\ 0 & -5 & -10 & -15 & -20 \\ 0 & 0 & 0 & 0 & 5 \end{pmatrix}$$

Multiplikation dieser Matrix von rechts mit $\mathbf{S}(2, 1, -2)$, $\mathbf{S}(3, 1, -3)$, $\mathbf{S}(4, 1, -4)$ und $\mathbf{S}(5, 1, -5)$ ergibt die Matrix

$$\begin{pmatrix} 1 & 0 & 0 & 0 & 0 \\ 0 & 0 & 0 & 0 & 0 \\ 0 & -5 & -10 & -15 & -20 \\ 0 & 0 & 0 & 0 & 5 \end{pmatrix}$$

womit die Form (2.3) im Beweis von Satz 2.2 erreicht ist.

Multiplikation von links mit $\mathbf{C}(2, 3)$ und dann mit $\mathbf{M}\left(2, -\frac{1}{5}\right)$ ergibt die Matrix

$$\begin{pmatrix} 1 & 0 & 0 & 0 & 0 \\ 0 & 1 & 2 & 3 & 4 \\ 0 & 0 & 0 & 0 & 0 \\ 0 & 0 & 0 & 0 & 5 \end{pmatrix}$$

Multiplikation von links mit $\mathbf{C}(3, 4)$ und von rechts mit $\mathbf{C}(3, 5)$ und anschließend von links mit $\mathbf{M}\left(3, \frac{1}{5}\right)$ sowie Multiplikation von rechts mit $\mathbf{S}(3, 2, -4)$, $\mathbf{S}(4, 2, -3)$ und $\mathbf{S}(5, 2, -2)$ ergibt letztendlich die zu $\mathbf{A}$ äquivalente Stufenform (2.2):

$$\begin{pmatrix} 1 & 0 & 0 & 0 & 0 \\ 0 & 1 & 0 & 0 & 0 \\ 0 & 0 & 1 & 0 & 0 \\ 0 & 0 & 0 & 0 & 0 \end{pmatrix}$$

Daraus folgt, dass $rang(\mathbf{A}) = 3$ ist.

Aufgabe 3.1

Es ist:

$$\mathbf{A_1} = \mathbf{C}(1,2)\,\mathbf{A} = \begin{pmatrix} 1 & 3 & 5 & 7 & 9 \\ 2 & 4 & 6 & 8 & 4 \\ 9 & 8 & 7 & 8 & 6 \end{pmatrix}$$

$$\mathbf{A_2} = \mathbf{S}(3,1,-9)\,\mathbf{S}(2,1,-2)\,\mathbf{A_1} = \begin{pmatrix} 1 & 3 & 5 & 7 & 9 \\ 0 & -2 & -4 & -6 & -14 \\ 0 & -19 & -38 & -55 & -75 \end{pmatrix}$$

$$\mathbf{A_3} = \mathbf{M}\left(2, -\frac{1}{2}\right)\mathbf{A_2} = \begin{pmatrix} 1 & 3 & 5 & 7 & 9 \\ 0 & 1 & 2 & 3 & 7 \\ 0 & -19 & -38 & -55 & -75 \end{pmatrix}$$

$$\mathbf{A_4} = \mathbf{S}(1,2,-3)\,\mathbf{A_3} = \begin{pmatrix} 1 & 0 & -1 & -2 & -12 \\ 0 & 1 & 2 & 3 & 7 \\ 0 & -19 & -38 & -55 & -75 \end{pmatrix}$$

$$\mathbf{A_5} = S(3,2,19)\,\mathbf{A_5} = \begin{pmatrix} 1 & 0 & -1 & -2 & -12 \\ 0 & 1 & 2 & 3 & 7 \\ 0 & 0 & 0 & 2 & 58 \end{pmatrix}$$

$$\mathbf{A_6} = \mathbf{M}\left(3, \frac{1}{2}\right)\mathbf{A_5} = \begin{pmatrix} 1 & 0 & -1 & -2 & -12 \\ 0 & 1 & 2 & 3 & 7 \\ 0 & 0 & 0 & 1 & 29 \end{pmatrix}$$

$$\mathbf{A_7} = \mathbf{S}(2,3,-3)\,\mathbf{S}(1,3,2)\,\mathbf{A_6} = \begin{pmatrix} 1 & 0 & -1 & 0 & 46 \\ 0 & 1 & 2 & 0 & -80 \\ 0 & 0 & 0 & 1 & 29 \end{pmatrix}$$

$\mathbf{A_7}$ ist die Zeilenstufenform der Matrix $\mathbf{A}$.

Aufgabe 3.2

Zu (1): Im Beispiel 1.5 lautet das zu lösende Gleichungssystem

$$\begin{aligned} \alpha + \beta + \gamma &= x \\ \alpha + \beta + 2\gamma &= y \\ \alpha + 2\beta + \gamma &= z \end{aligned}$$

Es ist ein Element von $\mathcal{GL}_{3,3}^{\mathbb{R}}[x]$. Die entsprechende erweiterte Koeffizientenmatrix ist

$$(\mathbf{A}, \mathbf{b}) = \left(\begin{array}{ccc|c} 1 & 1 & 1 & x \\ 1 & 1 & 2 & y \\ 1 & 2 & 1 & z \end{array}\right)$$

Wir wenden auf diese die Elementaroperationen $\mathbf{S}(2,1,-1)$, $\mathbf{S}(3,1,-1)$, $\mathbf{C}(2,3)$, $\mathbf{S}(1,2,-1)$ sowie $\mathbf{S}(1,3,-1)$ an und erhalten

$$\left(\begin{array}{ccc|c} 1 & 0 & 0 & 3x - y - z \\ 0 & 1 & 0 & z - x \\ 0 & 0 & 1 & y - x \end{array}\right)$$

Es ergibt sich die eindeutige Lösung

$$\begin{aligned} \alpha &= 3x - y - z \\ \beta &= z - x \\ \gamma &= y - x \end{aligned}$$

Zu (2): In Aufgabe 1.5 b) lautet das zu lösende Gleichungssystem

$$\begin{array}{ccccccc} \alpha & + & \beta & & & = & x \\ \alpha & + & & & \gamma & = & y \\ & & \beta & + & \gamma & = & z \end{array}$$

Wir erhalten die erweiterte Koeffizientenmatrix

$$(\mathbf{A}, \mathbf{b}) = \left(\begin{array}{ccc|c} 1 & 1 & 0 & x \\ 1 & 0 & 1 & y \\ 0 & 1 & 1 & z \end{array}\right)$$

Wir wenden auf diese die Elementaroperationen $\mathbf{S}(2,1,-1)$, $\mathbf{C}(2,3)$, $\mathbf{S}(3,2,1)$, $\mathbf{M}\left(3,\frac{1}{2}\right)$, $\mathbf{S}(2,3,-1)$ sowie $\mathbf{S}(1,2,-1)$ an und erhalten

$$\left(\begin{array}{ccc|c} 1 & 0 & 0 & \frac{x+y-z}{2} \\ 0 & 1 & 0 & \frac{x-y+z}{2} \\ 0 & 0 & 1 & \frac{z-x+y}{2} \end{array}\right)$$

Es ergibt sich die eindeutige Lösung

$$\begin{aligned} \alpha &= \frac{x + y - z}{2} \\ \beta &= \frac{x - y + z}{2} \\ \gamma &= \frac{z - x + y}{2} \end{aligned}$$

Zu (3): Die erweiterte Koeffizientenmatrix ist

$$(\mathbf{A}, \mathbf{b}) = \left(\begin{array}{ccccccccc|c} 1 & 1 & 1 & 1 & 1 & 1 & 1 & 1 & 1 & 10 \\ 1 & 2 & 3 & 4 & 5 & 6 & 7 & 8 & 9 & 10 \end{array}\right)$$

Wir berechnen:

$$\mathbf{S}(1,2,-1)\,\mathbf{S}(2,1,-1)\,(\mathbf{A},\mathbf{b}) = \left(\begin{array}{ccccccccc|c} 1 & 0 & 10 & 9 & 8 & 7 & 6 & 5 & 4 & 10 \\ 0 & 1 & 2 & 3 & 4 & 5 & 6 & 7 & 8 & 0 \end{array}\right)$$

Es ist $rang(\mathbf{A}) = rang(\mathbf{A},\mathbf{b}) = 2 < 9$, das Gleichungssystem besitzt also eine mehrdeutige Lösung, und die Dimension des Lösungsraums $\mathcal{L}(\mathbf{A},\mathbf{0})$ des zugehörigen homogenen Systems ist $9 - 2 = 7$.

Wir wählen die Lösungen $x_i = \lambda_{i-2} \in \mathbb{F}_{11}$, $3 \le i \le 9$. Damit erhalten wir die Lösungen:

$$\begin{aligned}
x_1 &= 10 + \lambda_1 + 2\lambda_2 + 3\lambda_3 + 4\lambda_4 + 5\lambda_5 + 6\lambda_6 + 7\lambda_7 \\
x_2 &= 0 + 9\lambda_1 + 8\lambda_2 + 7\lambda_3 + 6\lambda_4 + 5\lambda_5 + 4\lambda_6 + 3\lambda_7 \\
x_3 &= \lambda_1 \\
x_4 &= \lambda_2 \\
x_5 &= \lambda_3 \\
x_6 &= \lambda_4 \\
x_7 &= \lambda_5 \\
x_8 &= \lambda_6 \\
x_9 &= \lambda_7
\end{aligned}$$

Hieraus erhalten wir, indem wir $\lambda_i = 0$, $1 \le i \le 7$, setzen, die spezielle Lösung

$$\boldsymbol{\ell} = (10,0,0,0,0,0,0,0,0)$$

sowie folgende Basisvektoren von $\mathcal{L}(A,0)$:

$$\begin{aligned}
\boldsymbol{\ell_1} &= (1,9,1,0,0,0,0,0,0) \\
\boldsymbol{\ell_2} &= (2,8,0,1,0,0,0,0,0) \\
\boldsymbol{\ell_3} &= (3,7,0,0,1,0,0,0,0) \\
\boldsymbol{\ell_4} &= (4,6,0,0,0,1,0,0,0) \\
\boldsymbol{\ell_5} &= (5,5,0,0,0,0,1,0,0) \\
\boldsymbol{\ell_6} &= (6,4,0,0,0,0,0,1,0) \\
\boldsymbol{\ell_7} &= (7,3,0,0,0,0,0,0,1)
\end{aligned}$$

Insgesamt erhalten wir die Lösungsmenge

$$\begin{aligned}
\mathcal{L}(\mathbf{A},\mathbf{b}) &= \boldsymbol{\ell} + \mathcal{L}(\mathbf{A},\mathbf{0}) \\
&= \boldsymbol{\ell} + \{\, \lambda_1\boldsymbol{\ell_1} + \ldots + \lambda_7\boldsymbol{\ell_7} \mid \lambda_i \in \mathbb{F}_{11},\ 1 \le i \le 7 \,\}
\end{aligned}$$

Aufgabe 4.1

Entwicklung nach der ersten Zeile ergibt:

$$\begin{vmatrix} 1 & 2 & 3 \\ 4 & 5 & 6 \\ 7 & 8 & 9 \end{vmatrix} = 1\begin{vmatrix} 5 & 6 \\ 8 & 9 \end{vmatrix} - 2\begin{vmatrix} 4 & 6 \\ 7 & 9 \end{vmatrix} + 3\begin{vmatrix} 4 & 5 \\ 7 & 8 \end{vmatrix} = -3 - 2 \cdot -6 + 3 \cdot -3 = 0$$

Die Entwicklung nach der zweiten Spalte führt zum selben Ergebnis:

$$\begin{vmatrix} 1 & 2 & 3 \\ 4 & 5 & 6 \\ 7 & 8 & 9 \end{vmatrix} = -2 \begin{vmatrix} 4 & 6 \\ 7 & 9 \end{vmatrix} + 5 \begin{vmatrix} 1 & 3 \\ 7 & 9 \end{vmatrix} - 8 \begin{vmatrix} 1 & 3 \\ 4 & 6 \end{vmatrix} = -2 \cdot -6 + 5 \cdot -12 - 8 \cdot -6 = 0$$

Aufgabe 4.2

Für $m = 2$ lässt sich leicht nachrechnen, dass die Behauptung stimmt. Es gelte die Behauptung für $m \geq 2$, wir zeigen, dass die Behauptung dann auch für $m+1$ gilt. Sei also $\mathbf{A} \in \mathcal{M}_{m+1}^{\mathcal{K}}$, dann gilt $\mathbf{A_{k1}} \in \mathcal{M}_m^{\mathcal{K}}$ für $1 \leq k \leq m+1$, und gemäß Induktionsvoraussetzung gilt für $1 \leq k \leq i-1$ und $i+2 \leq k \leq m+1$

$$\det(\mathbf{A_{k1}}) = 0 \tag{7.13}$$

denn in diesen Matrizen sind der i-te und der $i+1$-te Zeilenvektor identisch. Da $\mathbf{a_{i*}} = \mathbf{a_{i+1*}}$ ist, ist auch

$$a_{i1} = a_{i+1,1} \tag{7.14}$$

sowie

$$\det(\mathbf{A_{i1}}) = \det(\mathbf{A_{i+1,1}}) \tag{7.15}$$

Mit Definition 4.1 b) und den Gleichungen (7.13 - 7.15) gilt

$$\begin{aligned} \det(\mathbf{A}) = & \sum_{\substack{k=1 \\ k \neq i,\, k \neq i+1}}^{m+1} (-1)^{1+k} \cdot a_{k1} \cdot \det(\mathbf{A_{k1}}) \\ & + (-1)^{1+i} \cdot a_{i1} \cdot \det(\mathbf{A_{i1}}) + (-1)^{1+(i+1)} \cdot a_{i+1,1} \cdot \det(\mathbf{A_{i+1,1}}) \\ = & (-1)^{1+i} \cdot [a_{i1} \cdot \det(\mathbf{A_{i1}}) - a_{i+1,1} \cdot \det(\mathbf{A_{i+1,1}})] \\ = & (-1)^{1+i} \cdot [a_{i1} \cdot \det(\mathbf{A_{i1}}) - a_{i1} \cdot \det(\mathbf{A_{i1}})] \\ = & 0 \end{aligned}$$

Aufgabe 4.3

Wir wissen aus Satz 4.1 b), dass $\det(\mathbf{E}) = 1$ ist. Wir setzen in den Folgerungen 4.2 a) - c) für A die Einheitsmatrix $\mathbf{E}$ ein und erhalten damit:

a) $\det(\mathbf{C}(i,j)) = \det(\mathbf{C}(i,j) \cdot \mathbf{E}) = -\det(\mathbf{E}) = -1$;

b) $\det(\mathbf{M}(i,\alpha)) = \det(\mathbf{M}(i,\alpha) \cdot \mathbf{E}) = \alpha \cdot \det(\mathbf{E}) = \alpha$;

c) $\det(\mathbf{S}(i,j,\alpha)) = \det(\mathbf{S}(i,j,\alpha) \cdot \mathbf{E}) = \det(\mathbf{E}) = 1$.

Aufgabe 4.4

Es sei

$$\mathbf{A} = \begin{pmatrix} a & b \\ c & d \end{pmatrix} \text{ und } \mathbf{B} = \begin{pmatrix} e & f \\ g & h \end{pmatrix} \text{ also } \mathbf{A} \cdot \mathbf{B} = \begin{pmatrix} ae + bg & af + bh \\ ce + dg & cf + dh \end{pmatrix}$$

Es folgt:

$$\begin{aligned} \det(\mathbf{A}) \cdot \det(\mathbf{B}) &= (ad - bc) \cdot (eh - gf) \\ &= adeh - adgf - bceh + bcgf \qquad (7.16) \\ \det(\mathbf{A} \cdot \mathbf{B}) &= (ae + bg)(cf + dh) - (af + bh)(ce + dg) \\ &= acef + adeh + bcfg + bdgh - acef - adfg - bceh - bdgh \\ &= adeh - adgf - bceh + bcgf \qquad (7.17) \end{aligned}$$

Durch Vergleich von (7.16) und (7.17) stellt man fest, dass $\det(\mathbf{A} \cdot \mathbf{B}) = \det(\mathbf{A}) \cdot \det(\mathbf{B})$ gilt.

Aufgabe 4.5

(1) $\big(\mathcal{M}_2^{\mathcal{K}}(1), \cdot\big)$ ist abgeschlossen, denn es gilt für $\mathbf{A}, \mathbf{B} \in \mathcal{M}_2^{\mathcal{K}}(1)$ $\det(\mathbf{A}) = 1$ und $\det(\mathbf{B}) = 1$ und aus Aufgabe 4.4 folgt

$$\det(\mathbf{A} \cdot \mathbf{B}) = \det(\mathbf{A}) \cdot \det(\mathbf{B}) = 1 \cdot 1 = 1$$

also ist auch $\mathbf{A} \cdot \mathbf{B} \in \mathcal{M}_2^{\mathcal{K}}(1)$.

Wir wissen, dass die Matrixmultiplikation assoziativ ist.

Das Einselement ist $\mathbf{E_2} = \begin{pmatrix} 1 & 0 \\ 0 & 1 \end{pmatrix}$, denn es ist $\det(\mathbf{E_2}) = 1$ und $\mathbf{A} \cdot \mathbf{E_2} = \mathbf{A}$ für alle $\mathbf{A} \in \mathcal{M}_2^{\mathcal{K}}(1)$.

Das Inverse von $\mathbf{A} = \begin{pmatrix} a & b \\ c & d \end{pmatrix}$ ist $\mathbf{A}^{-1} = \begin{pmatrix} d & -b \\ -c & a \end{pmatrix}$, denn es ist $\det(\mathbf{A}^{-1}) = da - (-b)(-c) = ad - bc = \det(\mathbf{A}) = 1$, und es ist

$$\mathbf{A} \cdot \mathbf{A}^{-1} = \begin{pmatrix} ad - bc & -ab + ab \\ cd - cd & ad - bc \end{pmatrix} = \begin{pmatrix} \det(\mathbf{A}) & 0 \\ 0 & \det(\mathbf{A}) \end{pmatrix} = \begin{pmatrix} 1 & 0 \\ 0 & 1 \end{pmatrix} = \mathbf{E_2}$$

Insgesamt folgt also, dass $\big(\mathcal{M}_2^{\mathcal{K}}(1), \cdot\big)$ eine Gruppe bildet.

(2) Die Gruppe ist nicht abelsch. Dazu betrachten wir etwa für $a \in \mathcal{K}$ mit $a \neq 0$ die Matrizen

$$\begin{pmatrix} 0 & 1 \\ -1 & 0 \end{pmatrix} \text{ und } \begin{pmatrix} a & a+1 \\ a-1 & a \end{pmatrix}$$

Sie sind Elemente von $\big(\mathcal{M}_2^{\mathcal{K}}(1), \cdot\big)$, denn es ist

$$\begin{vmatrix} 0 & 1 \\ -1 & 0 \end{vmatrix} = 0 \cdot 0 - 1 \cdot (-1) = 1$$

sowie

$$\begin{vmatrix} a & a+1 \\ a-1 & a \end{vmatrix} = a^2 - (a+1)(a-1) = a^2 - (a^2-1) = 1$$

Es gilt nun einerseits

$$\begin{pmatrix} 0 & 1 \\ -1 & 0 \end{pmatrix} \cdot \begin{pmatrix} a & a+1 \\ a-1 & a \end{pmatrix} = \begin{pmatrix} a-1 & a \\ -a & -(a+1) \end{pmatrix} \tag{7.18}$$

sowie andererseits

$$\begin{pmatrix} a & a+1 \\ a-1 & a \end{pmatrix} \cdot \begin{pmatrix} 0 & 1 \\ -1 & 0 \end{pmatrix} = \begin{pmatrix} -(a+1) & a \\ -a & a-1 \end{pmatrix} \tag{7.19}$$

Die beiden Ergebnismatrizen (7.18) und (7.19) sind nur dann gleich, wenn $a = 0$ ist. Das haben wir aber ausgeschlossen.

Aufgabe 4.6

(1) Aus schreibtechnischen Gründen denken wir uns die Zeilen von $\mathbf{A}$ so umnummeriert, dass die erste Zeile $\mathbf{a_{1*}}$ linear abhängig sei von den Zeilen $\mathbf{a_{2*}}, \ldots, \mathbf{a_{k*}}$ für ein k mit $2 \leq k \leq m$, d.h. es gibt $\alpha_2, \ldots, \alpha_k \in \mathcal{K}$ mit

$$\mathbf{a_{1*}} = \alpha_2 \mathbf{a_{2*}} + \ldots + \alpha_i \mathbf{a_{i*}} + \ldots + \alpha_k \mathbf{a_{k*}} \tag{7.20}$$

Es sei $\mathbf{C} = \mathbf{A} \cdot \mathbf{B}$. Es gilt $c_{ij} = \mathbf{a_{i*}} \cdot \mathbf{b_{*j}}$. Die erste Zeile von $\mathbf{C}$ ist also gegeben durch

$$\begin{aligned} \mathbf{c_{1*}} &= (c_{11}, \ldots, c_{1j}, \ldots, c_{1m}) \\ &= (\mathbf{a_{1*}} \cdot \mathbf{b_{*1}}, \ldots, \mathbf{a_{1*}} \cdot \mathbf{b_{*j}}, \ldots, \mathbf{a_{1*}} \cdot \mathbf{b_{*m}}) \end{aligned} \tag{7.21}$$

und die Zeilen $\mathbf{c_{i*}}$ für $2 \leq i \leq k$ sind gegeben durch

$$\begin{aligned} \mathbf{c_{i*}} &= (c_{i1}, \ldots, c_{ij}, \ldots, c_{im}) \\ &= (\mathbf{a_{i*}} \cdot \mathbf{b_{*1}}, \ldots, \mathbf{a_{i*}} \cdot \mathbf{b_{*j}}, \ldots, \mathbf{a_{i*}} \cdot \mathbf{b_{*m}}) \end{aligned} \tag{7.22}$$

Wir setzen (7.20) in (7.21) ein und erhalten

$$\begin{aligned} \mathbf{c_{1*}} = {} & ((\alpha_2 \mathbf{a_{2*}} + \ldots + \alpha_i \mathbf{a_{i*}} + \ldots + \alpha_k \mathbf{a_{k*}}) \cdot \mathbf{b_{*1}}, \ldots \\ & \quad \ldots, (\alpha_2 \mathbf{a_{2*}} + \ldots + \alpha_i \mathbf{a_{i*}} + \ldots + \alpha_k \mathbf{a_{k*}}) \cdot \mathbf{b_{*j}}, \ldots \\ & \qquad \ldots, (\alpha_2 \mathbf{a_{2*}} + \ldots + \alpha_i \mathbf{a_{i*}} + \ldots + \alpha_k \mathbf{a_{k*}}) \cdot \mathbf{b_{*m}}) \\ = {} & ((\alpha_2 \mathbf{a_{2*}} \mathbf{b_{*1}} + \ldots + \alpha_i \mathbf{a_{i*}} \mathbf{b_{*1}} + \cdots + \alpha_k \mathbf{a_{k*}} \mathbf{b_{*1}}), \ldots \\ & \quad \ldots, (\alpha_2 \mathbf{a_{2*}} \mathbf{b_{*j}} + \ldots + \alpha_i \mathbf{a_{i*}} \mathbf{b_{*j}} + \ldots + \alpha_k \mathbf{a_{k*}} \mathbf{b_{*j}}), \ldots \\ & \qquad \ldots, (\alpha_2 \mathbf{a_{2*}} \mathbf{b_{*m}} + \ldots + \alpha_i \mathbf{a_{i*}} \mathbf{b_{*m}} + \ldots + \alpha_k \mathbf{a_{k*}} \mathbf{b_{*m}})) \\ = {} & \alpha_2 (\mathbf{a_{2*}} \mathbf{b_{*1}}, \ldots, \mathbf{a_{2*}} \mathbf{b_{*j}}, \ldots, \mathbf{a_{2*}} \mathbf{b_{*m}}) + \ldots \\ & \quad \ldots + \alpha_i (\mathbf{a_{i*}} \mathbf{b_{*1}}, \ldots, \mathbf{a_{i*}} \mathbf{b_{*j}}, \ldots, \mathbf{a_{i*}} \mathbf{b_{*m}}) + \ldots \\ & \qquad \ldots + \alpha_k (\mathbf{a_{k*}} \mathbf{b_{*1}}, \ldots, \mathbf{a_{k*}} \mathbf{b_{*j}}, \ldots, \mathbf{a_{k*}} \mathbf{b_{*m}}) \end{aligned} \tag{7.23}$$

Aus (7.22) und (7.23) folgt

$$\mathbf{c_{1*}} = \alpha_2 \mathbf{c_{2*}} + \ldots + \alpha_i \mathbf{c_{i*}} + \ldots + \alpha_k \mathbf{c_{k*}}$$

d.h. die erste Zeile der Produktmatrix ist ebenfalls linear abhängig von ihren Zeilen $\mathbf{c_{2*}}, \ldots, \mathbf{c_{k*}}$, was zu zeigen war.

(2) Diese Behauptung folgt unmittelbar aus (1): Ist $rang(\mathbf{A}) < m$, dann ist mindestens eine Zeile von $\mathbf{A}$ linear abhängig von den anderen. Aus (1) folgt, dass dann in $\mathbf{A} \cdot \mathbf{B}$ diese Zeile ebenfalls von den anderen linear abhängig ist, und das bedeutet, dass $rang(\mathbf{A} \cdot \mathbf{B}) < m$ ist.

(3) Diese Behauptung folgt unmittelbar aus (2) unter Beachtung von Folgerung 4.1 g).

Aufgabe 4.7

(1) Es gilt

$$\mathbf{E} = \mathbf{S}\left(1, 3, -\frac{1}{3}\right) \mathbf{S}\left(2, 3, -\frac{1}{3}\right) \mathbf{S}(1, 2, -2) \, \mathbf{M}\left(3, -\frac{3}{4}\right)$$
$$\mathbf{S}(3, 2, -1) \, \mathbf{M}(3, -1) \, \mathbf{M}\left(2, -\frac{1}{3}\right) \mathbf{S}(3, 1, -1) \, \mathbf{S}(2, 1, -2) \, \mathbf{A}$$

(2) Aus (1) folgt

$$\mathbf{A} = \mathbf{S}(2, 1, 2) \, \mathbf{S}(3, 1, 1) \, \mathbf{M}(2, -3) \, \mathbf{M}(3, -1) \, \mathbf{S}(3, 2, 1)$$
$$\mathbf{M}\left(3, -\frac{4}{3}\right) \mathbf{S}(2, 1, 2) \, \mathbf{S}\left(2, 3, \frac{1}{3}\right) \mathbf{S}\left(1, 3, \frac{1}{3}\right)$$

Daraus folgt mit der Gleichung (4.19)

$$\det(\mathbf{A}) = (-3) \cdot (-1) \cdot \left(-\frac{4}{3}\right) = -4$$

Aufgabe 4.8

(1) Ist $\mathbf{A}$ regulär, dann sind die Zeilenvektoren linear unabhängig, und damit sind die Spaltenvektoren linear unabhängig, womit die Zeilenvektoren von $\mathbf{A}^T$ linear unabhängig sind, woraus folgt, das $\det\left(\mathbf{A}^T\right) \neq 0$ und damit $\mathbf{A}^T$ regulär ist.

(2) Mithilfe von Gleichung (2.1) gilt:

$$\mathbf{E} = \mathbf{E}^T = \left(\mathbf{A} \cdot \mathbf{A}^{-1}\right)^T = \left(\mathbf{A}^{-1}\right)^T \cdot \mathbf{A}^T$$

Daraus folgt die Behauptung $\left(\mathbf{A}^T\right)^{-1} = \left(\mathbf{A}^{-1}\right)^T$.

Aufgabe 4.9

Mithilfe des Multiplikationssatzes sowie wegen der Kommutativität der Multiplikation in $\mathcal{K}$ gilt:

$$\det(\mathbf{A}\cdot\mathbf{B}) = \det(\mathbf{A})\cdot\det(\mathbf{B}) = \det(\mathbf{B})\cdot\det(\mathbf{A}) = \det(\mathbf{B}\cdot\mathbf{A})$$

Aufgabe 4.10

(1) Wir zeigen die Behauptung durch vollständige Induktion:
Induktionsanfang: Für $n = 1$ gilt

$$\begin{pmatrix} 1 & 1 \\ 1 & 0 \end{pmatrix} = \begin{pmatrix} F_2 & F_1 \\ F_1 & F_0 \end{pmatrix}$$

womit der Induktionsanfang gezeigt ist.

Induktionsschritt: Es gilt

$$\begin{aligned} \begin{pmatrix} 1 & 1 \\ 1 & 0 \end{pmatrix}^{n+1} &= \begin{pmatrix} 1 & 1 \\ 1 & 0 \end{pmatrix} \cdot \begin{pmatrix} 1 & 1 \\ 1 & 0 \end{pmatrix}^{n} \\ &= \begin{pmatrix} 1 & 1 \\ 1 & 0 \end{pmatrix} \cdot \begin{pmatrix} F_{n+2} & F_{n+1} \\ F_{n+1} & F_n \end{pmatrix} \\ &= \begin{pmatrix} 1\cdot F_{n+2} + 1\cdot F_{n+1} & 1\cdot F_{n+1} + 1\cdot F_n \\ 1\cdot F_{n+2} + 0\cdot F_{n+1} & 1\cdot F_{n+1} + 0\cdot F_n \end{pmatrix} \\ &= \begin{pmatrix} F_{n+3} & F_{n+2} \\ F_{n+2} & F_{n+1} \end{pmatrix} \end{aligned}$$

womit der Induktionsschritt gezeigt ist.

(2) Aus (1) und Folgerung 4.7 folgt

$$\begin{vmatrix} F_{n+2} & F_{n+1} \\ F_{n+1} & F_n \end{vmatrix} = \begin{vmatrix} 1 & 1 \\ 1 & 0 \end{vmatrix}^{n+1}$$

und daraus unmittelbar die Behauptung

$$F_{n+2}\cdot F_n - F_{n+1}^2 = (-1)^{n+1}$$

Aufgabe 4.11

Es ergibt sich

$$[\mathcal{B}_1 \to \mathcal{B}_2] = \begin{pmatrix} \frac{1}{2} & \frac{1}{2} & -\frac{1}{2} \\ \frac{1}{2} & -\frac{1}{2} & \frac{1}{2} \\ -\frac{1}{2} & \frac{1}{2} & \frac{1}{2} \end{pmatrix}$$

und damit die Koordinatentransformation

$$\mathbf{x}^{\mathcal{B}_2} = \begin{pmatrix} \frac{1}{2} & \frac{1}{2} & -\frac{1}{2} \\ \frac{1}{2} & -\frac{1}{2} & \frac{1}{2} \\ -\frac{1}{2} & \frac{1}{2} & \frac{1}{2} \end{pmatrix} \cdot \begin{pmatrix} 1 \\ 1 \\ 1 \end{pmatrix} = \begin{pmatrix} \frac{1}{2} \\ \frac{1}{2} \\ \frac{1}{2} \end{pmatrix}$$

mit dem auch hierfür schon bekannten Ergebnis.

Aufgabe 5.1

Zu **A)**:

a) Die Aussagen (i) und (ii) folgen unmittelbar aus der Definition von h.

Zu (iii) verwenden wir die Funktion $sign : \mathcal{K} \times \mathcal{K} \rightarrow \{0, 1\}$ definiert durch

$$sign(a, b) = \begin{cases} 1, & \text{falls } a \neq b \\ 0, & \text{falls } a = b \end{cases} \tag{7.24}$$

Es gilt dann für $\mathbf{x} = (x_1, \ldots, x_n) \in \mathcal{K}^n$ und $\mathbf{y} = (y_1, \ldots, y_n) \in \mathcal{K}^n$:

$$h(\mathbf{x}, \mathbf{y}) = \sum_{i=1}^{n} sign(x_i, y_i) \tag{7.25}$$

Wir betrachten die i-ten Komponenten der Vektoren $\mathbf{x}, \mathbf{y}, \mathbf{z} \in \mathcal{K}^n$. Für diese gibt es fünf Fälle:

(1) $x_i = y_i = z_i$, dann gilt $sign(x_i, z_i) = 0$, $sign(x_i, y_i) = 0$ und $sign(y_i, z_i) = 0$, also $sign(x_i, z_i) \leq sign(x_i, y_i) + sign(y_i, z_i)$.

(2) $x_i = y_i \neq z_i$, dann gilt $sign(x_i, z_i) = 1$, $sign(x_i, y_i) = 0$ und $sign(y_i, z_i) = 1$, also $sign(x_i, z_i) \leq sign(x_i, y_i) + sign(y_i, z_i)$.

(3) $x_i = z_i \neq y_i$, dann gilt $sign(x_i, z_i) = 0$, $sign(x_i, y_i) = 1$ und $sign(y_i, z_i) = 1$, also $sign(x_i, z_i) \leq sign(x_i, y_i) + sign(y_i, z_i)$.

(4) $y_i = z_i \neq x_i$, dann gilt $sign(x_i, z_i) = 1$, $sign(x_i, y_i) = 1$ und $sign(y_i, z_i) = 0$, also $sign(x_i, z_i) \leq sign(x_i, y_i) + sign(y_i, z_i)$.

(5) $x_i \neq y_i$, $x_i \neq z_i$ und $y_i \neq z_i$, dann gilt $sign(x_i, z_i) = 1$, $sign(x_i, y_i) = 1$ und $sign(y_i, z_i) = 1$, also $sign(x_i, z_i) \leq sign(x_i, y_i) + sign(y_i, z_i)$.

Für alle Fälle gilt also

$$sign(x_i, z_i) \leq sign(x_i, y_i) + sign(y_i, z_i)$$

Hieraus und aus (7.25) folgt

$$\begin{aligned} h(\mathbf{x},\mathbf{z}) &= \sum_{i=1}^{n} sign(x_i, z_i) \\ &\leq \sum_{i=1}^{n} \left(sign(x_i, y_i) + sign(y_i, z_i)\right) \\ &= \sum_{i=1}^{n} sign(x_i, y_i) + \sum_{i=1}^{n} sign(y_i, z_i) \\ &= h(\mathbf{x},\mathbf{y}) + h(\mathbf{y},\mathbf{z}) \end{aligned}$$

womit die Behauptung gezeigt ist.

b) Aus der Definition (7.24) folgt für den Fall $\mathcal{K} = \mathbb{F}_2$, dass $sign(x_i, y_i) = sign(x_i{+}y_i, 0)$ ist. Damit gilt mithilfe der Gleichung (7.25) und der Definition von w

$$h(\mathbf{x},\mathbf{y}) = \sum_{i=1}^{n} sign(x_i, y_i) = \sum_{i=1}^{n} sign(x_i + y_i, 0) = h(\mathbf{x}+\mathbf{y}, 0) = w(\mathbf{x}+\mathbf{y})$$

Für $\mathcal{K} = \mathbb{F}_2$ gilt auch $sign(x_i, y_i) = x_i + y_i$. Daraus folgt mithilfe von (7.25)

$$h(\mathbf{x},\mathbf{y}) = \sum_{i=1}^{n} sign(x_i, y_i) = \sum_{i=1}^{n} (x_i + y_i)$$

was zu zeigen war.

c) Aus der Definition von w und mit b) folgt unmittelbar die Behauptung:

$$w(\mathbf{x}) = h(\mathbf{x}, \mathbf{0}) = \sum_{i=1}^{n} (x_i + 0) = \sum_{i=1}^{n} x_i$$

Zu **B)**:

Zu (1): Es ist $\mathbf{x} \cdot \mathbf{x} = 0$ genau dann, wenn $\sum_{i=1}^{n} x_i \cdot x_i = 0$ ist. Dies gilt genau dann, wenn die Anzahl der Produkte $x_i \cdot x_i$ mit $x_i \cdot x_i = 1$ gerade ist. Da $x_i \cdot x_i = 1$ ist genau dann, wenn $x_i = 1$ ist, folgt insgesamt, dass $\mathbf{x} \cdot \mathbf{x} = 0$ ist genau dann, wenn die Anzahl der Einsen in $\mathbf{x}$ gerade ist, und dieses ist genau dann der Fall, wenn $w(\mathbf{x}) = 0\,(2)$ gilt. Damit ist die Behauptung gezeigt.

Zu (2): Die Anzahl der Komponenten i von $\mathbf{x}$ und $\mathbf{y}$ mit $x_i = y_i = 1$, d.h. für die $x_i \cdot y_i = 1$ ist, ist $w(\mathbf{x} \otimes \mathbf{y})$. Diese Komponenten werden sowohl in der Bestimmung von $w(\mathbf{x})$ als auch in der von $w(\mathbf{y})$ mitgezählt, in $w(\mathbf{x}) + w(\mathbf{y})$ also doppelt gezählt. In $\mathbf{x} + \mathbf{y}$ sind diese Komponenten gleich 0, werden in $w(\mathbf{x} + \mathbf{y})$ also nicht mitgezählt. Aus diesen Überlegungen ergibt sich die Behauptung.

Aufgabe 5.2

Nach Satz 5.2 gilt $\mathbf{H} \cdot \mathbf{G}^T = \mathbf{0}$ und damit auch $\left(\mathbf{H} \cdot \mathbf{G}^T\right)^T = \mathbf{0}$, also $\mathbf{G} \cdot \mathbf{H}^T = \mathbf{0}$. Da $\mathbf{G}$ aus Basisvektoren von C und $\mathbf{H}$ aus Basisvektoren von $C^\perp$ besteht, stellen $\mathbf{H} \cdot \mathbf{G}^T = \mathbf{0}$ sowie $\mathbf{G} \cdot \mathbf{H}^T = \mathbf{0}$ zwei lineare homogene Matrizengleichungssysteme dar.

Ist $\mathbf{H}$ bekannt, dann stellt $\mathbf{H} \cdot \mathbf{G}^T = \mathbf{0}$ insgesamt k lineare homogene Gleichungssysteme $\mathbf{H} \cdot \mathbf{x}_i^T = \mathbf{0}$, $1 \leq i \leq k$, mit jeweils der Koeffizientenmatrix $\mathbf{H}$ dar:

$$\mathbf{H} \cdot \mathbf{G}^T = \begin{pmatrix} y_{1,1} & \dots & y_{1,n} \\ \vdots & \vdots & \vdots \\ y_{n-k,1} & \dots & y_{n-k,n} \end{pmatrix} \cdot \begin{pmatrix} x_{1,1} & \dots & x_{k,1} \\ \vdots & \vdots & \vdots \\ x_{1,n} & \dots & x_{k,n} \end{pmatrix} = \begin{pmatrix} 0 & \dots & 0 \\ \vdots & \vdots & \vdots \\ 0 & \dots & 0 \end{pmatrix}$$

Ein vom Nullvektor verschiedenes Element $\mathbf{x}_i = (x_{i,1}, \dots x_{i,n})$ der Lösungsmenge von

$$\mathbf{H} \cdot \mathbf{x}_i^T = \begin{pmatrix} y_{1,1} & \dots & y_{1,n} \\ \vdots & \vdots & \vdots \\ y_{n-k,1} & \dots & y_{n-k,n} \end{pmatrix} \cdot \begin{pmatrix} x_{i,1} \\ \vdots \\ x_{i,n} \end{pmatrix} = \begin{pmatrix} 0 \\ \vdots \\ 0 \end{pmatrix}$$

kann als i-te Zeile von $\mathbf{G}$ und damit als Basisvektor von C gewählt werden.

Analog können, wenn $\mathbf{G}$ bekannt ist, aus $\mathbf{G} \cdot \mathbf{H}^T = \mathbf{0}$ die Zeilenvektoren von $\mathbf{H}$ bestimmt werden.

Aufgabe 5.3

Zu (1): Es ist offensichtlich, dass $11 \cdots 1$ der Basisvektor von C_{R_n} ist, d.h. die Generatormatrix ist

$$\mathbf{G} = \begin{pmatrix} 1 & 1 & \dots & 1 \end{pmatrix}$$

C_{R_n} ist also ein $(n, 1)$-Linearcode. $\mathbf{G}$ codiert die beiden Elemente $0, 1 \in \mathbb{F}_2$ zu

$$0 \cdot \mathbf{G} = 00 \dots 0 \text{ bzw. } 1 \cdot \mathbf{G} = 11 \dots 1$$

Die schematische Transformation liefert die Kontrollmatrix

$$\mathbf{H} = \begin{pmatrix} 1 & 1 & 0 & \dots & 0 \\ 1 & 0 & 1 & \dots & 0 \\ \vdots & \vdots & \vdots & \ddots & \vdots \\ 1 & 0 & 0 & \dots & 1 \end{pmatrix}$$

Es gilt offensichtlich

$$\mathbf{0} \cdot \mathbf{H}^T = \mathbf{0} \text{ bzw. } \mathbf{1} \cdot \mathbf{H}^T = \mathbf{0}$$

Zu (2): Für Codewörter $x_1x_2\ldots x_nx_{n+1}$, $n \geq 1$, mit gerader Parität gilt

$$x_1 + x_2 + \ldots + x_n + x_{n+1} = 0\,(2)$$

d.h. die Codewörter sind gegeben durch

$$C = \{\, x_1x_2\ldots x_nx_{n+1} \in \mathbb{F}_2^{n+1} \mid x_1 + x_2 + \ldots + x_n + x_{n+1} = 0\,\}$$

C ist also die Lösungsmenge des homogenen linearen Gleichungssystems $\mathbf{x} \cdot \mathbf{H}^T = \mathbf{0}$ mit der Koeffizientenmatrix

$$\mathbf{H} = \begin{pmatrix} 1 & 1 & \ldots 1 & 1 \end{pmatrix}$$

Die Matrix hat den Rang 1. Die Dimension des Lösungsraums ist deshalb $(n+1) - 1 = n$. C ist somit ein $(n+1, n)$-Linearcode.

Durch die schematische Transformation ergibt sich aus $\mathbf{H}$ die Generatormatrix

$$\mathbf{G} = \begin{pmatrix} 1 & 0 & \ldots & 0 & 1 \\ 0 & 1 & \ldots & 0 & 1 \\ \vdots & \vdots & \ddots & \vdots & \vdots \\ 0 & 0 & \ldots & 1 & 1 \end{pmatrix}$$

Durch Multiplikation von Wörtern $\mathbf{x} = x_1x_2\ldots x_n \in \mathbb{F}_2^n$ mit $\mathbf{G}$ wird an $\mathbf{x}$ das Paritätsbit $x_{n+1} = x_1 + x_2 + \ldots + x_n$ als Redundanz angehängt:

$$\mathbf{x} \cdot \mathbf{G} = \mathbf{x} \cdot \begin{pmatrix} 1 & 0 & \ldots & 0 & 1 \\ 0 & 1 & \ldots & 0 & 1 \\ \vdots & \vdots & \ddots & \vdots & \vdots \\ 0 & 0 & \ldots & 1 & 1 \end{pmatrix} = (x_1, x_2, \ldots, x_n, x_1 + x_2 + \ldots + x_n)$$

Aus Aufgabe 5.1 B) (2) folgt unmittelbar, dass die Summe zweier Codewörter mit ungeradem Gewicht gerades Gewicht hat. Somit sind die Codewörter ungerader Parität nicht abgeschlossen gegen Addition, bilden also keinen Vektorraum.

Aufgabe 5.4

Jedes Codewort $\mathbf{x}$ besteht aus 17 Komponenten, $\mathbf{x} = (x_1, \ldots, x_{17}) \in \mathbb{F}_2^{17}$, die wie folgt einen Block bilden sollen:

	1	2	$p(zeile)$
1	x_1	x_7	x_{13}
2	x_2	x_8	x_{14}
3	x_3	x_9	x_{15}
4	x_4	x_{10}	x_{16}
5	x_5	x_{11}	x_{17}
$p(spalte)$	x_6	x_{12}	x_{18}

Jedes Codewort muss folgende Gleichungen erfüllen:

$$\begin{aligned} x_1 + x_2 + x_3 + x_4 + x_5 &= x_6 \\ x_7 + x_8 + x_9 + x_{10} + x_{11} &= x_{12} \\ x_1 + x_7 &= x_{13} \\ x_2 + x_8 &= x_{14} \\ x_3 + x_9 &= x_{15} \\ x_4 + x_{10} &= x_{16} \\ x_5 + x_{11} &= x_{17} \\ x_6 + x_{12} &= x_{13} + x_{14} + x_{15} + x_{16} + x_{17} \end{aligned} \tag{7.26}$$

Die letzte Gleichung folgt unmittelbar aus den anderen. Sie besagt, dass die Summe der Spalten-Paritätsbits immer gleich der Summe der Zeilen-Paritätsbits ist. Es gilt also $x_{18} = x_6 + x_{12}$ und $x_{18} = x_{13} + x_{14} + x_{15} + x_{16} + x_{17}$.

Das Gleichungssystem (7.26) ist also ein homogenes lineares Gleichungssystem mit 17 Unbekannten und 8 Gleichungen. Die letzte Gleichung ist linear abhängig von den anderen Gleichungen, und alle anderen 7 Gleichungen sind linear unabhängig. Die Lösungsmenge dieser Gleichungen legt den Code fest. Der Rang des Gleichungssystems ist 7, d.h. es ist $\dim(C) = 17 - 7 = 10$. C bildet also einen $(17, 10)$-Linearcode.

Aus dem Gleichungssystem ergibt sich die Kontrollmatrix

$$\mathbf{H} = \begin{pmatrix} 1 & 1 & 1 & 1 & 1 & 1 & 0 & 0 & 0 & 0 & 0 & 0 & 0 & 0 & 0 & 0 & 0 \\ 0 & 0 & 0 & 0 & 0 & 0 & 1 & 1 & 1 & 1 & 1 & 1 & 0 & 0 & 0 & 0 & 0 \\ 1 & 0 & 0 & 0 & 0 & 0 & 1 & 0 & 0 & 0 & 0 & 0 & 1 & 0 & 0 & 0 & 0 \\ 0 & 1 & 0 & 0 & 0 & 0 & 0 & 1 & 0 & 0 & 0 & 0 & 0 & 1 & 0 & 0 & 0 \\ 0 & 0 & 1 & 0 & 0 & 0 & 0 & 0 & 1 & 0 & 0 & 0 & 0 & 0 & 1 & 0 & 0 \\ 0 & 0 & 0 & 1 & 0 & 0 & 0 & 0 & 0 & 1 & 0 & 0 & 0 & 0 & 0 & 1 & 0 \\ 0 & 0 & 0 & 0 & 1 & 0 & 0 & 0 & 0 & 0 & 1 & 0 & 0 & 0 & 0 & 0 & 1 \end{pmatrix}$$

Vertauschen der 6. und 11. Spalte liefert eine kanonische Kontrollmatrix:

$$\mathbf{H}' = \begin{pmatrix} 1 & 1 & 1 & 1 & 1 & 0 & 0 & 0 & 0 & 0 & 1 & 0 & 0 & 0 & 0 & 0 & 0 \\ 0 & 0 & 0 & 0 & 0 & 1 & 1 & 1 & 1 & 1 & 0 & 1 & 0 & 0 & 0 & 0 & 0 \\ 1 & 0 & 0 & 0 & 0 & 0 & 1 & 0 & 0 & 0 & 0 & 0 & 1 & 0 & 0 & 0 & 0 \\ 0 & 1 & 0 & 0 & 0 & 0 & 0 & 1 & 0 & 0 & 0 & 0 & 0 & 1 & 0 & 0 & 0 \\ 0 & 0 & 1 & 0 & 0 & 0 & 0 & 0 & 1 & 0 & 0 & 0 & 0 & 0 & 1 & 0 & 0 \\ 0 & 0 & 0 & 1 & 0 & 0 & 0 & 0 & 0 & 1 & 0 & 0 & 0 & 0 & 0 & 1 & 0 \\ 0 & 0 & 0 & 0 & 1 & 1 & 0 & 0 & 0 & 0 & 0 & 0 & 0 & 0 & 0 & 0 & 1 \end{pmatrix}$$

Die schematische Transformation liefert die kanonische Generatormatrix

$$\mathbf{G}' = \begin{pmatrix} 1&0&0&0&0&0&0&0&0&0&1&0&1&0&0&0&0\\ 0&1&0&0&0&0&0&0&0&0&1&0&0&1&0&0&0\\ 0&0&1&0&0&0&0&0&0&0&1&0&0&0&1&0&0\\ 0&0&0&1&0&0&0&0&0&0&1&0&0&0&0&1&0\\ 0&0&0&0&1&0&0&0&0&0&1&0&0&0&0&0&1\\ 0&0&0&0&0&1&0&0&0&0&0&1&0&0&0&0&1\\ 0&0&0&0&0&0&1&0&0&0&0&1&1&0&0&0&0\\ 0&0&0&0&0&0&0&1&0&0&0&1&0&1&0&0&0\\ 0&0&0&0&0&0&0&0&1&0&0&1&0&0&1&0&0\\ 0&0&0&0&0&0&0&0&0&1&0&1&0&0&0&1&0 \end{pmatrix}$$

Multiplikation eines Vektors $\mathbf{x} \in \mathbb{F}_2^{10}$ mit $\mathbf{G}$ liefert den Vektor

$$\begin{aligned} \mathbf{x}' &= (x_1, x_2, x_3, x_4, x_5, x_6, x_7, x_8, x_9, x_{10}) \cdot \mathbf{G} \\ &= (x_1, x_2, x_3, x_4, x_5, x_6, x_7, x_8, x_9, x_{10}, \\ &\qquad x_1 + x_2 + x_3 + x_4 + x_5, x_6 + x_7 + x_8 + x_9 + x_{10}, \\ &\qquad x_1 + x_7, x_2 + x_8, x_3 + x_9.x_4 + x_10, x_5 + x_6) \end{aligned}$$

Vertauschen der 6. und 11. Spalte liefert den Codevektor

$$\begin{aligned} \mathbf{x} = (&x_1, x_2, x_3, x_4, x_5, x_1 + x_2 + x_3 + x_4 + x_5, x_7, x_8, x_9, x_{10}, \\ &x_{11}, x_7 + x_8 + x_9 + x_{10} + x_{11}, x_1 + x_7, x_2 + x_8, x_3 + x_9.x_4 + x_10, x_5 + x_{11}) \end{aligned}$$

der genau die Bedingungen (7.26) des gesicherten Blocks erfüllt.

Aufgabe 5.5

C sei (n, k)-Linearcode mit Kontrollmatrix $\mathbf{H}$, d.h. $\mathbf{x} \in C$ gdw. $\mathbf{x} \cdot \mathbf{H}^T = \mathbf{0}$. Wir setzen:

$$\begin{aligned} C_g &= \{\, \mathbf{x} \in \mathbb{F}_2^n \mid h(\mathbf{x}, \mathbf{0}) \text{ ist gerade} \,\} \\ C_u &= \{\, \mathbf{x} \in \mathbb{F}_2^n \mid h(\mathbf{x}, \mathbf{0}) \text{ ist ungerade} \,\} \end{aligned}$$

Es gilt:

$$\begin{aligned} C &= C_g \cup C_u \\ C_g \cap C_u &= \emptyset \\ |C| &= |C_g| + |C_u| \end{aligned} \tag{7.27}$$

Es sei $\mathbf{1} = (\underbrace{1, \ldots, 1}_{n\text{-mal}})$. Für jedes $\mathbf{x} \in \mathbb{F}_2^n$ gilt

$$h(\mathbf{x}, \mathbf{0}) \text{ gerade, genau dann, wenn } \mathbf{x} \cdot \mathbf{1}^T = 0$$

ist. Daraus folgt

$$\mathbf{x} \in C \text{ und } h(\mathbf{x}, \mathbf{0}) \text{ gerade genau dann, wenn } \mathbf{x} \cdot \mathbf{H}^T = 0 \text{ und } \mathbf{x} \cdot \mathbf{1}^T = 0$$

ist, und daraus folgt

$$\mathbf{x} \in C \text{ und } h(\mathbf{x}, \mathbf{0}) \text{ gerade genau dann, wenn } \mathbf{x} \cdot \begin{pmatrix} \mathbf{H} \\ 1 \dots 1 \end{pmatrix}^T = 00 \quad (7.28)$$

ist. Wir setzen

$$\mathbf{H'} = \begin{pmatrix} \mathbf{H} \\ 1 \dots 1 \end{pmatrix}$$

und unterscheiden zwei Fälle:

(i) Der Zeilenvektor **1** ist linear abhängig von **H**, dann gilt mit (7.28):

$$\begin{aligned} &\mathbf{x} \in C \text{ und } h(\mathbf{x}, \mathbf{0}) \text{ gerade genau dann,} \\ &\qquad \text{wenn } \mathbf{x} \cdot \mathbf{H'}^T = \mathbf{x} \cdot \begin{pmatrix} \mathbf{H} \\ 1 \dots 1 \end{pmatrix}^T = 00 \\ &\qquad \text{genau dann, wenn } \mathbf{x} \cdot \mathbf{H}^T = 0 \\ &\qquad \text{genau dann wenn } \mathbf{x} \in C \end{aligned}$$

Alle Vektoren von C haben also gerades Gewicht.

(ii) Der Zeilenvektor **1** ist linear unabhängig von **H**, dann gilt: $\mathbf{H'}$ ist Kontrollmatrix von C_g mit $rang(\mathbf{H'}) = rang(\mathbf{H}) + 1$.

Allgemein gilt: Ist C ein (n, k)-Linearcode, d.h. die Generatormatrizen von C haben den Rang k, dann ist der duale Code $C^\perp$ ein $(n, n-k)$-Linearcode, d.h. die Generatormatrizen von $C^\perp$ haben den Rang $n-k$, d.h. die Kontrollmatrizen von C haben den Rang $n-k$. Umgekehrt bedeutet dies: Hat eine Kontrollmatrix eines Linearcodes C den Rang $n-k$, dann haben die Generatormatrizen den Rang $n-(n-k) = k$, d.h. C ist ein (n, k)-Linearcode, und C enthält 2^k Elemente.

Mit dieser Überlegung gilt für C_g: C ist (n, k)-Linearcode, woraus folgt, dass $rang(\mathbf{H}) = n-k$, d.h. $rang(\mathbf{H'}) = n-k+1$ ist. Der Rang der Kontrollmatrix $\mathbf{H'}$ von C_g ist also $n-k+1$, d.h. C_g ist ein $(n, n-(n-k+1)) = (n, k-1)$-Linearcode und enthält 2^{k-1} Elemente.

Hieraus und mit (7.27) folgt

$$|C_u| = |C| - |C_g| = 2^k - 2^{k-1} = 2^{k-1}(2-1) = 2^{k-1} = |C_g|$$

was zu zeigen war.

Aufgabe 5.6

Zu **a)**:

(1) Es ist $C \subseteq \mathbb{F}_2^6$ und die Codewörter

$$\mathbf{x_1} = 100\,110$$
$$\mathbf{x_2} = 010\,101$$
$$\mathbf{x_3} = 001\,011$$

bilden eine Basis von C. Es folgt: C ist $(6,3)$-Linearcode.

(2) Aus a) folgt unmittelbar, dass

$$\mathbf{G} = \begin{pmatrix} \mathbf{x_1} \\ \mathbf{x_2} \\ \mathbf{x_3} \end{pmatrix} = \begin{pmatrix} 1 & 0 & 0 & 1 & 1 & 0 \\ 0 & 1 & 0 & 1 & 0 & 1 \\ 0 & 0 & 1 & 0 & 1 & 1 \end{pmatrix}$$

die kanonische Generatormatrix von C ist.

Daraus folgt unmittelbar, dass

$$\mathbf{H} = \begin{pmatrix} \mathbf{y_1} \\ \mathbf{y_2} \\ \mathbf{y_3} \end{pmatrix} = \begin{pmatrix} 1 & 1 & 0 & 1 & 0 & 0 \\ 1 & 0 & 1 & 0 & 1 & 0 \\ 0 & 1 & 1 & 0 & 0 & 1 \end{pmatrix}$$

die kanonische Kontrollmatrix von C ist.

(3) $\mathbf{H}$ ist Generatormatrix von $C^\perp$, d.h. $\{\, \mathbf{y_1}, \mathbf{y_2}, \mathbf{y_3} \,\}$ ist eine Basis von $C^\perp$, und $C^\perp$ ist somit ebenfalls ein $(6,3)$-Linearcode.

Die Codewörter (Vektoren) von C^* ergeben sich durch alle Linearkombinationen dieser Basisvektoren: $C =$

$$\{\, 000\,000, 110\,100, 101\,010, 011\,001, 011\,110, 101\,101\,101, 110\,011, 000\,111 \,\}$$

oder durch Lösung des Gleichungssystems $\mathbf{G} \cdot \mathbf{y}^T = \mathbf{0}$.

(4) Syndrome sind alle Vektoren aus $\mathbf{s} \in \mathbb{F}_2^3$. Ein Element jeder Fehlerklasse erhält man durch Bestimmen jeweils einer speziellen Lösung der Gleichungssysteme $\mathbf{y} \cdot \mathbf{H}^T = \mathbf{s}$ für jedes Syndrom $\mathbf{s}$. Die restlichen Elemente der Fehlerklasse erhält man, indem man diese Lösung zu allen Codevektoren addiert. In Abbildung 7.1 sind alle Klassen mit Syndromen und Führern dargestellt.

(5) Es ist $\mathbf{S_H}(010\,110) = 010\,110 \cdot \mathbf{H}^T = 011 \neq 000$, d.h. $010\,110$ ist kein Codewort. Der Führer der Fehlerklasse mit dem Syndrom 011 ist $001\,000$, diesen addieren wir zum empfangenen Wort:

$$010\,110 + 001\,000 = 011\,110$$

Das empfangene Wort $010\,110$ wird also zum Codewort $011\,110$ decodiert.

Syndrome	Führer	Weitere Elemente der Fehlerklasse						
000	000 000	100 110	010 101	001 011	110 011	101 101	011 110	111 000
001	000 001	100 111	010 100	001 010	110 010	101 100	011 111	111 001
010	000 010	100 100	010 111	001 001	110 001	101 111	011 100	111 010
011	001 000	101 110	011 101	000 011	111 011	100 101	010 110	110 000
100	000 100	100 010	010 001	001 111	110 111	101 001	011 010	111 100
101	010 000	110 110	000 101	011 011	100 011	111 101	001 110	101 000
110	100 000	000 110	110 101	101 011	010 011	001 101	111 110	011 000
111	100 001	000 111	110 100	101 010	010 010	001 100	111 111	011 001

Abbildung 7.1 Fehlerklassen zum Code C.

Es ist $\mathbf{S_H}(010\,010) = 010\,010 \cdot \mathbf{H}^T = 111 \neq 000$, d.h. 010 010 ist kein Codewort. Der Führer der Fehlerklasse mit dem Syndrom 111 ist 100 001, diesen addieren wir zum empfangenen Wort:

$$010\,010 + 100\,001 = 110\,011$$

Das empfangene Wort 010 010 wird also zum Codewort 110 011 decodiert.

Zu **b)**:

(1) Es ist

$$\begin{aligned} C &= \{\, \alpha\mathbf{g_1} + \beta\mathbf{g_2} \mid \alpha, \beta \in \mathbb{F}_3 \,\} \\ &= \{\, 0000, 1020, 0102, 1122, 2010, 0201, 2112, 1221, 2211 \,\} \end{aligned}$$

Offensichtlich ist $n = 4$ und $k = 2$.

Mit der schematischen Transformation ergibt sich:

$$\mathbf{H} = \begin{pmatrix} \mathbf{h_1} \\ \mathbf{h_2} \end{pmatrix} = \begin{pmatrix} 1 & 0 & 1 & 0 \\ 0 & 1 & 0 & 1 \end{pmatrix}$$

(2) Das Syndrom von 2222 ist

$$\mathbf{S_H}(2\,2\,2\,2) = 2\,2\,2\,2 \cdot \mathbf{H}^T = 2\,2\,2\,2 \cdot \begin{pmatrix} 1 & 0 \\ 0 & 1 \\ 1 & 0 \\ 0 & 1 \end{pmatrix} = 1\,1 \neq \mathbf{0}$$

Die Fehlerklasse ergibt sich zu

$$2222 + C = \{\, 2222, 0212, 2021, 0011, 1202, 2120, 1001, 0110, 1100 \,\}$$

Mögliche Führer sind 0011, 1001, 0110, 1100.

(3) Mögliche Korrekturen:

$$\begin{aligned} 2222 &- 0011 = 2211 \\ 2222 &- 1001 = 1221 \\ 2222 &- 0110 = 2112 \\ 2222 &- 1100 = 1122 \end{aligned}$$

(4) Der zu C duale Code ist

$$\begin{aligned} C^{\perp} &= \{ \alpha \mathbf{h_1} + \beta \mathbf{h_2} \mid \alpha, \beta \in \mathbb{F}_3 \} \\ &= \{ 0000, 1010, 0101, 1111, 2020, 0202, 2121, 1212, 2222 \} \end{aligned}$$

(5) Es gilt $x_1x_2x_3x_4 \in C$ genau dann, wenn $(x_1, x_2, x_3, x_4) \cdot \mathbf{H}^T = (0, 0)$ ist. Da

$$(x_1, x_2, x_3, x_4) \cdot \mathbf{H}^T = (x_1 + x_3, x_2 + x_4)$$

ist, folgt $C = \{ x_1x_2x_3x_4 \in \mathbb{F}_3^4 \mid x_1 + x_3 = x_2 + x_4 = 0 \}$, was zu zeigen war.

(6) Wir bezeichnen mit $z(x_1x_2x_3x_4) = x_4x_1x_2x_3$ die zyklische Verschiebung von $\mathbf{x} = x_1x_2x_3x_4$. Dann gilt für die beiden Basisvektoren $\mathbf{g_1}$ und $\mathbf{g_2}$:

$$\begin{aligned} z(\mathbf{g_1}) &= \mathbf{g_2} \\ z(\mathbf{g_2}) &= 2 \cdot \mathbf{g_1} \end{aligned}$$

Diese beiden Vektoren sind linear unabhängige Elemente von C, bilden also eine Basis von C. Es folgt, dass für jeden Vektor $\mathbf{x} \in C$ auch $z(\mathbf{x}) \in C$ ist.

Aufgabe 5.7

a) Sei $\mathbf{x} = (x_1, \ldots, x_n) \in \mathcal{K}^n$. Wie viele Vektoren $\mathbf{y} = (y_1, \ldots, y_n) \in \mathcal{K}^n$ gibt es, die sich von $\mathbf{x}$ in genau i Stellen unterscheiden? Nun, es gibt $\binom{n}{i}$ Möglichkeiten i Komponenten $x_{j_1}, \ldots, x_{j_i}$ der n Komponenten von $\mathbf{x}$ auszuwählen. Anstelle von x_{j_s} können jeweils $k-1$ andere Elemente $y_{j_s} \in \mathcal{K}$ gewählt werden. Es folgt,dass es $\binom{n}{i} \cdot (k-1)^i$ Möglichkeiten für Vektoren $\mathbf{y}$ gibt, die sich von $\mathbf{x}$ an genau i Stellen unterscheiden. Daraus folgt die Behauptung

$$|S_d^n(\mathbf{x})| = \sum_{i=0}^{d} \binom{n}{i} (k-1)^i$$

b) Da $\bigcup_{\mathbf{x} \in C} S_d^n(x) \subseteq \mathcal{K}^n$ für alle $\mathbf{x} \in C$ ist, gilt

$$\left| \bigcup_{\mathbf{x} \in C} S_d^n(\mathbf{x}) \right| \leq |\mathcal{K}^n| = |\mathcal{K}|^n = k^n \tag{7.29}$$

Für das gewählte d gilt, dass $S_d^n(\mathbf{x}) \cap S_d^n(\mathbf{y}) = \emptyset$ für $\mathbf{x}, \mathbf{y} \in C$ mit $\mathbf{x} \neq \mathbf{y}$ ist. Daraus folgt

$$\left| \sum_{\mathbf{x} \in C} S_d^n(\mathbf{x}) \right| = \sum_{\mathbf{x} \in C} |S_d^n(\mathbf{x})| = |C| \cdot |S_d^n(\mathbf{x})|$$

woraus mit (7.29) unmittelbar die Behauptung

$$|C| \leq \frac{k^n}{|S_d^n(\mathbf{x})|}$$

folgt.

Aufgabe 5.8

a) Für die Codierung $c : \{A, B, C, D\} \to \mathbb{F}_2^5$ mit

$$\begin{aligned} c(A) &= 00000 \\ c(B) &= 10110 \\ c(C) &= 01101 \\ c(D) = c(B) + c(C) &= 11011 \end{aligned}$$

gilt: $h(A, B) = h(A, C) = h(B, D) = h(C, D) = 3$, $h(A, D) = h(B, C) = 4$.[19]

Es gilt also $h(X, Y) \geq 3 = 2 \cdot 1 + 1$, $X, Y \in \{A, B, C, D\}$, d.h. 1-Bit-Fehler sind erkenn- und korrigierbar.

Die Menge $G = \{10\,110, 01\,101\}$ bildet eine Basis unseres Codes $C = \{0000, 10110, 01101, 11011\}$. Er ist also ein $(5, 2)$-Linearcode mit der kanonischen Generatormatrix $\mathbf{G}$ und der Kontrollmatrix $\mathbf{H}$:

$$\mathbf{G} = \begin{pmatrix} 10\,110 \\ 01\,101 \end{pmatrix} \qquad \mathbf{H} = \begin{pmatrix} 11\,100 \\ 10\,010 \\ 01\,001 \end{pmatrix}$$

b) Für die Codierung $c : \{A, B, C, D\} \to \mathbb{F}_2^8$ mit

$$\begin{aligned} c(A) &= 00000000 \\ c(B) &= 10111100 \\ c(C) &= 01001111 \\ c(D) = c(B) + c(C) &= 11110011 \end{aligned}$$

gilt: $h(A, B) = h(A, C) = h(B, D) = h(C, D) = 5$, $h(A, D) = h(B, C) = 6$.

Es gilt also $h(X, Y) \geq 5 = 2 \cdot 2 + 1$, $X, Y \in \{A, B, C, D\}$, d.h. 1-Bit-Fehler sind erkenn- und korrigierbar.

Die Menge $G = \{10\,111100, 01\,001111\}$ bildet eine Basis unseres Codes $C = \{00000000, 10111100, 01001111, 11110011\}$. Er ist also ein $(8, 2)$-Linearcode mit der kanonischen Generatormatrix $\mathbf{G}$ und der Kontrollmatrix $\mathbf{H}$:

$$\mathbf{G} = \begin{pmatrix} 10\,111100 \\ 01\,001111 \end{pmatrix} \qquad \mathbf{H} = \begin{pmatrix} 10\,100000 \\ 10\,010000 \\ 11\,001000 \\ 11\,000100 \\ 01\,000010 \\ 01\,000001 \end{pmatrix}$$

19 Wir schreiben anstelle von $c(X)$ nur X für alle $X \in \{A, B, C, D\}$.

Aufgabe 5.9

(1) Wir bestimmen das Syndrom von $\mathbf{y}$ mit der Kontrollmatrix aus Beispiel 5.9:

$$\mathbf{S_H}(\mathbf{y}) = \mathbf{y} \cdot \mathbf{H}^T = 1000001 \cdot \begin{pmatrix} 0 & 0 & 1 \\ 0 & 1 & 0 \\ 0 & 1 & 0 \\ 1 & 0 & 0 \\ 1 & 0 & 1 \\ 1 & 1 & 0 \\ 1 & 1 & 1 \end{pmatrix} = 110$$

Es ist $\mathbf{S_H}(\mathbf{y}) \neq \mathbf{0}$, also liegt ein fehlerhafter Vektor vor.

(2) Es ist $wert(110) = 6$, also wird das 6. Bit als fehlerhaft betrachtet, und die Decodierung von 1000001 zu 1000011 vorgenommen.

Aufgabe 5.10

Sei $w \in \mathbb{Z}_m^*$. Wir müssen zeigen, dass π_w total, injektiv und surjektiv ist.

Wegen der Abgeschlossenheit ist $w \cdot x$ für alle $x \in \mathbb{Z}_m$ definiert, damit ist π_w total.

Es sei $\pi_w(x) = \pi_w(y)$, d.h. es ist $w \cdot x = w \cdot y$. Da w invertierbar ist, folgt $x = y$. Aus $\pi_w(x) = \pi_w(y)$ folgt also $x = y$, womit die Injektivität von π_w gezeigt ist.

Wir müssen zeigen, dass zu $y \in \mathbb{Z}_m$ ein $x \in \mathbb{Z}_m$ existiert mit $\pi_w(x) = y$. Es sei also $y \in \mathbb{Z}_m$. Wir setzen $x = w^{-1} \cdot y$. Dann gilt

$$\pi_w(x) = \pi_w(w^{-1} \cdot y) = w \cdot (w^{-1} \cdot y) = (w \cdot w^{-1}) \cdot y = y$$

Es folgt, dass π_w surjektiv ist.

Aufgabe 5.11

Zu (1): Es sei also $x_i = x \in \mathbb{F}_{11}$ für $1 \leq i \leq 10$. Dann gilt

$$\sum_{i=1}^{10} i \cdot x_i = \sum_{i=1}^{10} i \cdot x = x \cdot \sum_{i=1}^{10} i = x \cdot 55 = x \cdot 0 = 0$$

womit die Behauptung gezeigt ist.

Zu (2): Es sei $\mathbf{x} = x_1 \ldots x_{10} \in$ *ISBN*. Dann gilt $\sum_{i=1}^{10} i \cdot x_i = 0$. Für $\overline{\mathbf{x}} = x_{10} \ldots x_1 \in \mathbb{F}_{11}^{10}$ gilt damit: $1 \cdot x_{10} + 2 \cdot x_9 + \ldots + 9 \cdot x_2 + 10 \cdot x_1 =$

$$\sum_{i=1}^{10} (11 - i) \cdot x_i = \sum_{i=1}^{10} 11 \cdot x_i - \sum_{i=1}^{10} i \cdot x_i = 0 - 0 = 0$$

womit die Behauptung gezeigt ist.

Aufgabe 5.12

a) Wir berechnen zunächst das Syndrom von $\mathbf{y}$:

$$\mathbf{S_{H'}}(3528159214) = (5, 7)$$

Es ist also $S_1 = 5$ und $S_2 = 7$. Daraus ergibt sich $i = S_1 \cdot S_2^{-1} = 5 \cdot 7^{-1} = 5 \cdot 8 = 7$ sowie $-S_2 = -7 = 4$ und damit $x_7 = y_7 - S_2 = 9 + 4 = 2$. $\mathbf{y} = 3528159214$ wird also decodiert zu $\mathbf{x} = 3528152214$.

b) Gemäß Aufgabe a) wird $\mathbf{y} = 3528159214$ zu 3528152214 decodiert. Wir erhalten also nicht die ursprüngliche ISBN'-Nummer $\mathbf{x} = 3528059214$ zurück, sondern eine andere.

Aufgabe 5.13

(1) Es sei $\mathbf{x} = x_1 \dots x_9$ eine korrekte Ziffernfolge sowie e, $1 \leq e \leq 9$, ein Fehler an der Stelle i, $1 \leq i \leq 9$. Dann gilt:

$$S(x_1 \dots x_i + e \dots x_9) = p_i \cdot e$$

Wir betrachten drei Fälle:

1. $i = 1$, d.h. $p_1 = 2$: Es ist $2 \cdot e \neq 0$ für alle $e \neq 5$ und $2 \cdot 5 = 0$ (2 und 5 sind Nullteiler in $\mathbb{Z}_{10}$). Die Fehler $y_1 = x_1 + 5$ werden also nicht erkannt.
2. $i = 3$, d.h. $p_3 = 5$: Es ist $5 \cdot e = 0$ für alle $e \in \{2, 4, 6, 8\}$ (Nullteiler in $\mathbb{Z}_{10}$), für alle anderen e ist $5 \cdot e \neq 0$. Die Fehler $y_3 = x_3 + e$, $e \in \{2, 4, 6, 8\}$, werden also nicht erkannt.
3. Für $i = 2$ und $4 \leq i \leq 9$ gilt $(p_i, 10) = 1$ und damit $p_i \cdot e \neq 0$. Es werden also alle Einzelfehler $y_i = x_i + e$ für $i = 2$ und $4 \leq i \leq 9$ erkannt.

(2) Es sei $x = x_1 \dots x_9$ korrekt. Für eine Nachbartransposition $x_i x_{i+1} \rightarrow x_{i+1} x_i$, $1 \leq i < 9$, gilt

$$S(x_1 \dots x_i x_{i+1} \dots x_9) = S(x_1 \dots x_{i+1} x_i \dots x_9)$$

genau dann, wenn

$$p_i \cdot x_i + p_{i+1} \cdot x_{i+1} = p_i \cdot x_{i+1} + p_{i+1} \cdot x_i$$

gilt, und dieses gilt genau dann, wenn

$$(p_{i+1} - p_i) \cdot (x_i - x_{i+1}) = 0$$

ist. Nur für $x_i \neq x_{i+1}$ liegt tatsächlich eine Nachbartransposition vor, so dass wir nur diese Fälle betrachten. Wir setzen $a = x_i - x_{i+1}$, d.h. es ist $a \neq 0$, und untersuchen $(p_{i+1} - p_i) \cdot a = 0$ für drei Fälle:

1. $i = 1$: Es ist $(p_2 - p_1) \cdot a = (3 - 2) \cdot a = a \neq 0$.
2. $i \in \{2, 3, 5, 7\}$: Es ist $(p_{i+1} - p_i) \cdot a = 2a \neq 0$ für $a \neq 5$.

3. $i \in \{4, 6, 8\}$: Es ist $(p_{i+1} - p_i) \cdot a = 4a \neq 0$ für $a \neq 5$.

Es werden also alle Transpositionen $x_1 x_2 \to x_2 x_1$ erkannt, und es werden alle Transpositionen $x_i x_{i+1} \to x_{i+1} x_i$ für $i \geq 2$ erkannt, falls $x_i - x_{i+1} \neq 5$ ist.

Aufgabe 6.1

(1) folgt unmittelbar aus (6.5).

(2) Mithilfe der Gleichungen (6.2), (6.3), (6.5) und (6.7) folgt

$$\begin{aligned} \langle \alpha\mathbf{x} + \beta\mathbf{y} \,|\, \mathbf{z} \rangle &= \langle \mathbf{z} \,|\, \alpha\mathbf{x} + \beta\mathbf{y} \rangle^* \\ &= (\alpha\langle \mathbf{z} \,|\, \mathbf{x} \rangle + \beta\langle \mathbf{z} \,|\, \mathbf{y} \rangle)^* \\ &= (\alpha\langle \mathbf{z} \,|\, \mathbf{x} \rangle)^* + (\beta\langle \mathbf{z} \,|\, \mathbf{y} \rangle)^* \\ &= \alpha^*\langle \mathbf{z} \,|\, \mathbf{x} \rangle^* + \beta^*\langle \mathbf{z} \,|\, \mathbf{y} \rangle^* \\ &= \alpha^*\langle \mathbf{x} \,|\, \mathbf{z} \rangle + \beta^*\langle \mathbf{y} \,|\, \mathbf{z} \rangle \end{aligned}$$

was zu zeigen war.

(3) Es gilt mit (6.7)

$$\langle \mathbf{x} \,|\, \mathbf{0} \rangle = \langle \mathbf{x} \,|\, \mathbf{y} - \mathbf{y} \rangle = \langle \mathbf{x} \,|\, \mathbf{y} \rangle - \langle \mathbf{x} \,|\, \mathbf{y} \rangle = \mathbf{0}$$

woraus die Behauptung folgt.

Literatur

Arrighi, P.: Quantum Computation explained to my Mother, *Bulletin of the EATCS*[20] *80*, 2003, 134 – 142

Artin, M.: *Algebra;* Birkhäuser, Basel, 1998

Berendt, G.: *Mathematik für Informatiker;* Spektrum Akademischer Verlag, Heidelberg, 1995

Betten, A., Fripertinger, H., Kerber, A., Wassermann, A., Zimmermann, K.-H.: *Codierungstheorie - Konstruktion und Anwendung Linearer Codes;* Springer, Berlin/Heidelberg, 1998

Beutelspacher, A.: *Lineare Algebra, 7. Auflage;* Vieweg+Teubner, Wiesbaden 2010

Brill, M.: *Mathematik für Informatiker;* Hanser, München, 2001

Dankmeier, W.: *Codierung, 3. Auflage;* Vieweg, Braunschweig/Wiesbaden, 2006

Deutsch, D.: Quantum Theory, the Curch-Turing principle and the universal quantum computer, *Proc. Royal Society London, Series A 400*, 1985, 97 – 117

Deutsch, D., Jozsa, R.: Rapid solution of problems by quantum computation, *Proc. Royal Society London, Series A 439*, 1992, 553 – 558

Dörfler, W., Peschek,W.: *Einführung in die Mathematik für Informatiker;* Hanser, München, 1988

Fenner, S. A.: A Physiscs-Free Introduction to the Quantum Computation Model, *Bulletin of the EATCS 79*, 2003, 69 – 85

Hartmann, P.: *Mathematik für Informatiker, 5. Auflage;* Vieweg+Teubner, Wiesbaden 2012

Heise, W., Quattrochi, P.: *Informations- und Codierungstheorie - Mathematische Grundlagen der Daten-Kompression und -sicherung in diskreten Kommunikationssystemen;* Springer, Berlin/Heidelberg, 1995

Hirvensalo, M.: *Quantum Computing, Second Edition;* Springer-Verlag, Berlin, 2004

Homeister, M.: *Quanten Computing verstehen, 2. Auflage;* Vieweg+Teubner, Wiesbaden 2008

Jungnickel, D.: *Codierungstheorie;* Spektrum Akademischer Verlag, Heidelberg, 1995

Lüneburg, H.: *Gruppen, Ringe, Körper;* Oldenbourg, München, 1999

20 European Association of Theoretical Computer Science

Lütkebomert, W.: *Codierungstheorie;* Vieweg, Braunschweig/Wiesbaden, 2003

Matthes, R.: *Algebra, Kryptologie und Kodierungstheorie;* Fachbuchverlag, Leipzig, 2003

Meintrup, D.: Zur Mathematik von Quantencomputern, *Mathematische Semesterberichte 53*, 2006, 109 – 128

Nielsen, M. A., Chuang, I. L.: *Quantum Computation and Quantum Information*, Cambridge University Press, 2000

Preuß, W., Wenisch, G.: *Lehr- und Übungsbuch Mathematik – Band 3: Lineare Algebra - Stochastik;* Fachbuchverlag Leipzig, 1996

Preuß, W., Wenisch, G.: *Lehr- und Übungsbuch Mathematik für Informatiker;* Fachbuchverlag Leipzig, 1997

Salomon, D.: *Coding for Data and Computer Communications;* Springer, New York, NY, 2005

Shor, P.: Poynomial-time algorithms for prime factorization and discrete logarithms on a quantum computer, *SIAM*[21] *Journal of Computing 26*, 1997, 1484 – 1509

Schulz, R.-H.: *Codierungstheorie – Eine Einführung, 2. Auflage;* Vieweg, Braunschweig/Wiesbaden 2003

Witt, K.-U.: *Algebraische Grundlagen der Informatik, 3. überarb. u. erw. Auflage;* Vieweg, Braunschweig/Wiesbaden, 2007

21 Society of Industrial and Applied Mathematics

Stichwortverzeichnis

Abbildung
  längentreue, 118
  lineare, 15, 53, 92
  orthogonale, 118
Abgeschlossenheit, 143
Abstand
  Hamming-, 82
  Minimal-, 83
Addition
  von Spalten, 34
  von Zeilen, 34
Alphabet, 144
  Kanal-, 80
  Sender-, 80
Assoziativität, 143
Austauschsatz von Steinitz, 10

Basis
  duale, 77
  eines Vektorraums, 11
Basisvektoren, 11
Basiswechsel, 22
Basiswechselmatrix, 74
Bell-Zustände, 129
Betrag, 117, 118
Bildraum
  einer linearen Abbildung, 16
Bilinearform, 24
  symmetrische, 24

Code
  Block-, 82
  Dual-, 82
  dualer, 89
  einfacher, 82
  Fehler erkennender, 98
  Fehler korrigierender, 98
  gleichwertiger, 88
  Hamming-, 101
  Linear-, *siehe* Linearcode
  mit Blocksicherung, 85
  Paritäts-, 84
  perfekter, 97
  Repetitions-, 84
Codewort, 80
Codierung, 80

Decodierausfall, 98, 100
Decodierung, 80
  Maximum likelihood-, 84
Decodierungsritual
  für Hamming-Codes, 102
  für Linearcodes, 94
  für erweiterte ISBN-Nummern, 112
  für den Repetitionscode, 84
Defekt, 19
Determinante, 56
  axiomatische Definition, 69
Deutsch-Algorithmus, 133
Deutsch-Jozsa-Algorithmus, 138
Diagonalmatrix, 30
Dimension
  eines Vektorraums, 13
Dimensionsformel, 18
Dreiecksmatrix
  obere, 30
  untere, 30
Dualraum, 77

Einheit, 146
Einheitengruppe, 147
Einheitsbasis, 12, 151
Einheitsmatrix, 30, 31
Einheitsvektoren, 12, 123
Einselement, 143
  additives, 146
  multiplikatives, 146
Einzelfehler, 104
Element
  neutrales, *siehe* Einselement
Elementaroperationen, 37
Elementarmatrizen, 37
Empfänger, 80
Entwicklungssatz
  für Determinanten, 71

Faktorgruppe, 144
Fehlererkennung, 84
Fehlergüte, *siehe* Syndrom
Fehlerklasse, 93, *siehe* Syndrom
Fehlerklassenführer, 93
Fehlerkorrektur, 84
Fehlertoleranz, 81
Fehlervektor, 101
Funktion
    balancierte boolesche, 133, 138
    konstante boolesche, 133, 138

Gauss-Eliminationsverfahren, 47
Generatormatrix, 87
    in Normalform, *siehe* kanonische Generatormatrix
    kanonische, 88
    normierte, *siehe* kanonische Generatormatrix
Gewicht
    Hamming-, 82
    Minimal-, 83
Gewichte
    eines Prüfziffernsystems, 107
Gleichungssystem
    homogenes, 43
    inhomogenes, 43
    lineares, 43
Gleichungssysteme
    äquivalente, 44
Gruppe, 143
    allgemeine lineare, 72
    spezielle lineare, 72

Hadamard-Matrix, 122
Halbgruppe, 143
Hammingsphäre, 98
Hauptsatz
    für Determinanten, 70
Hilbertraum, 119
Homomorphiesatz
    für Gruppen, 144
Homomorphismus, 144

Imaginärteil, 117
Index
    einer Untergruppe, 144
Informationsrate, 82, 84, 85
Integriätsbereich, 146
Inverses, 143
Isomorphismus, 144

Kanal, 80
    -Störung, 81
Kern, 144
    einer linearen Abbildung, 16
Ket-Notation, 125
Koeffizientenmatrix, 44
    erweiterte, 44
Kommutativität, 144
Kongruenzrelation, 146
Konjugierte, 117
Konkatenation, 144
Kontrollgleichung, 105
Kontrollmatrix, 90
Kontrollsymbol, 105
Koordinaten
    eines Vektors, 13
Koordinatentransformation, 23
Koordinatentransformationsformel, 73, 76
Koordinatenvektor, 13
Kürzungsregel, 147

Linearcode, 86
Lineare Abhängigkeit, 8
Lineare Unabhängigkeit, 8, 11
Linearform, 77
Linearkombination, 8
Linksnebenklasse, 144
Lösung
    spezielle, 48
Lösungsmenge
    eines linearen Gleichungssystems, 44
Lösungsraum, 45

Matrix
    invertierbare, 65
    $m \times n$-, 29
    quadratische, 30
    reguläre, 65

symmetrische, 30
transponierte, 30
unitäre, 121
Matrixoperation
elementare, 33
Matrizen
äquivalente, 39
Matrizeneinheit, 33
Matrizenprodukt, 31
Matrizensumme, 30
Medium, *siehe* Kanal
Messung, 120, 125
Monoid, 143
Multiplikation
einer Spalte mit einem Skalar, 34
einer Zeile mit einem Skalar, 34
Multiplikationssatz
für Determinanten, 71

n-Qubit-Register, 128
Nachbartransposition, 104
Nebenklasse, 144
Norm, 118
Normalteiler, 144
Nullität, *siehe* Defekt
Nullmatrix, 30
Nullteiler, 146
Nullvektor, 3

Ordnung einer Gruppe, 144
Orthogonalraum, 24

Parität, *siehe* Paritätscode
gerade, 84
ungerade, 84
Paritätsbit, 85
Permutationsmatrizen, 123, 135
Pivot, Pivotelement, 45
Polynom, 148
Produkt
inneres, *siehe* Skalarprodukt, 118
Produktraum, 121
Produktzustand, 121
Prüfbit, *siehe* Paritätsbit
Prüfzeichencodierung, 104
Prüfziffer, 107
Prüfziffernsystem, 107

Quantenbit, 124
Quantenzustand, 119
separabler, 121
verschränkter, 121
Qubit, 124

Rang
einer linearen Abbildung, 19
einer Matrix, 40
Rauschen, *siehe* Kanal-Störung
Realteil, 117
Rechtsnebenklasse, 144
Redundanz, 81, 84, 85, 87
Restklasse, 146
Restklassengruppe, 147
Restklassenring, 146
Ring, 145
kommutativer, 145
mit Einselement, 145
nullteilerfreier, 146

Sender, 80
Shor-Algorithmus, 141
Skalar, 3
Skalarprodukt, 25
Spaltenaddition, 34
Spaltenmultiplikation, 34
Spaltenrang, 38
Spaltenreduktion, 38
Spaltentausch, 34
Stufenform, 40
Superposition, 125
Syndrom, 92

Tensorprodukt, 120
Transponierte, *siehe* transponierte Matrix

Überlagerung, 125
Untergruppe, 144
Untervektorraum, 4

Vektor, 3
orthogonaler, 26
selbstorthogonaler, 26
Vektorraum, 3
aufgespannter, 8
endlichdimensionaler, 11
-Isomorphie, 16
vollständiger, 119
Vertauschen
von Spalten, 34
von Zeilen, 34

Wörter über einem Alphabet, 144
Wahrscheinlichkeitsamplituden, 120
Wort, 144
leeres, 145
Wortlänge, 145

Zahl
komplexe, 117
Zeilenaddition, 34
Zeilenmultiplikation, 34
Zeilenrang, 38
Zeilenreduktion, 38, 45
Zeilentausch, 34

GPSR Compliance

The European Union's (EU) General Product Safety Regulation (GPSR) is a set of rules that requires consumer products to be safe and our obligations to ensure this.

If you have any concerns about our products, you can contact us on ProductSafety@springernature.com

In case Publisher is established outside the EU, the EU authorized representative is:

Springer Nature Customer Service Center GmbH
Europaplatz 3
69115 Heidelberg, Germany

Batch number: 10577946

Printed by Printforce, the Netherlands